Verbesserung des tribologischen Systems Spindellager im Hinblick auf kritische Schmierungszustände

Von der Fakultät für Maschinenwesen
der Rheinisch-Westfälischen Technischen Hochschule Aachen
zur Erlangung des akademischen Grades eines
Doktors der Ingenieurwissenschaften
genehmigte Dissertation

vorgelegt von

Jan Gero Gerlach

Berichter:

Univ.-Prof. Dr.-Ing. Christian Brecher
Univ.-Prof. Dr.-Ing. Georg Jacobs

Tag der mündlichen Prüfung: 27. Februar 2014

ERGEBNISSE AUS DER PRODUKTIONSTECHNIK

Jan Gero Gerlach

Verbesserung des tribologischen Systems Spindellager im Hinblick auf kritische Schmierungszustände

Herausgeber:
Prof. Dr.-Ing. Dr.-Ing. E.h. Dr. h.c. Dr. h.c. F. Klocke
Prof. Dr.-Ing. Dipl.-Wirt.Ing. G. Schuh
Prof. Dr.-Ing. C. Brecher
Prof. Dr.-Ing. R. H. Schmitt

Band 25/2014

WZL RWTHAACHEN

Fraunhofer IPT

Bibliografische Information der Deutschen Nationalbibliothek
Die Deutsche Nationalbibliothek verzeichnet diese Publikation in der Deutschen Nationalbibliografie; detaillierte bibliografische Daten sind im Internet über http://dnb.ddb.de abrufbar.

Jan Gero Gerlach :

Verbesserung des tribologischen Systems Spindellager im Hinblick auf kritische Schmierungszustände

1. Auflage, 2014

Gedruckt auf holz- und säurefreiem Papier, 100% chlorfrei gebleicht.

Apprimus Verlag, Aachen, 2014
Wissenschaftsverlag des Instituts für Industriekommunikation und Fachmedien an der RWTH Aachen
Steinbachstr. 25, 52074 Aachen
Internet: www.apprimus-verlag.de, E-Mail: info@apprimus-verlag.de

Druck: KN Digital Printforce GmbH, Stuttgart

ISBN 978-3-86359-223-3

D 82 (Diss. RWTH Aachen University, 2014)

Vorwort

Die vorliegende Arbeit entstand während meiner Tätigkeit als wissenschaftlicher Mitarbeiter am Werkzeugmaschinenlabor (WZL) der Rheinisch-Westfälischen Technischen Hochschule Aachen.

Mein besonderer Dank gilt Herrn Professor Christian Brecher, der mir diese Arbeit ermöglicht hat. Seine Erfahrungen und fachlichen Anregungen sowie sein Vertrauen haben maßgeblichen zum Gelingen dieser Arbeit beigetragen. Herrn Professor Georg Jacobs danke ich für die Übernahme des Koreferats und den letzten Feinschliff des Manuskripts sowie Herrn Professor Bernd Markert für die freundliche Übernahme des Vorsitzes.

Durch die große Unterstützung zahlreicher Mitarbeiter des Werkzeugmaschinenlabors ist das Gelingen dieser Arbeit erst möglich gewesen. Für die Unterstützung im Aufbau der Auswerteelektronik möchte ich insbesondere Horst Schauer und für die zahlreichen geometrischen Messungen Thomas Fischer danken. Die umfangreichen Umbauten an der Prüfmaschine, die Vielzahl der Prüfstandsversuche, Messreihen, Analysen und Auswertungen sowie Simulationen waren nur durch den unermüdlichen Einsatz meiner studentischen Mitarbeiter, Studien- und Diplomarbeiter zu realisieren. Hervorheben möchte ich hierbei Martin Fütterer, Christian Costante, Frank Müller, Nico Schön, Tobias Schneider, Christian Wetzel und Max Hoffmann.

Meinen ehemaligen Kollegen danke ich für die Kollegialität, gute Zusammenarbeit und freundliche Arbeitsatmosphäre. Insbesondere möchte ich den Herren Dr. Guido Spachtholz, Dr. Wieland Klein, Dr. Türker Yagmur, Dr. Jens Rossaint und Alexander Hoffmann für die fachlichen Diskussionen und Anregungen zur Gestaltung der Arbeit sowie Frank Müller, Jens Falker und Petra Wagner für die Unterstützung während des Promotionsverfahrens danken. Den vielen Freunden danke ich, die mich unterstützt und motiviert haben weiterzuarbeiten sowie meinem Bruder Ingo für das Aufzeigen weiterer Sicht- und Denkweisen.

Ganz besonders danke ich meinen Eltern, die mir meinen Ausbildungsweg erst ermöglicht haben, mir bei wichtigen Entscheidungen immer beratend zur Seite standen und die mich jederzeit unterstützen.

Zu guter Letzt danke ich meiner Lebensgefährtin Olga Sauerwein für ihr Verständnis und ihre Rücksichtnahme während der letzten Jahre die Arbeit voranzubringen und abzuschließen.

Düsseldorf, im Mai 2014 — Jan Gero Gerlach

Inhaltsverzeichnis

Content

0 Zeichen, Einheiten und Benennungen

Characters, units and declarations

Lateinische Zeichen

Zeichen	Einheit	Benennung
A	m²	Fläche
A_V	Ns/m²	Parameter Vogelgleichung
AM	Nm	Antriebsmoment
B_V	°C	Parameter Vogelgleichung
C	F	Kapazität
C_{RS}	-	Korrekturfaktor
C_V	°C	Parameter Vogelgleichung
D	1/min	Drehzahl
DW	°	Druckwinkel
E	N/mm²	E-Modul
F	N	Kraft
F_C	N	Schnittkraft
F_F	N	Fliehkraft
F_N	N	Normalkraft im Wälzkontakt
F_R	N	Reibungskraft
F_Z	N	Zentrifugalkraft am Wälzkörper
G	-	Belastungskennzahl, EHD-Schmierfilmhöhe
G	mm/s	Wuchtgüte
KGL	m	Kugelvor-/nachlauf
M	Nm	Reibmoment
P	N	dynamisch äquivalente Lagerlast
R_{pk}	m	reduzierte Spitzenhöhe
$R_{q,x}$	m	Mittenrauwert des Kontaktpartners x
R_K	m	Kugelradius
R_T	m	Teilkreisradius
R_{vk}	m	reduzierte Riefentiefe
R_Y	m	Ersatzradius in Rollrichtung
R_Z	m	Rautiefe
S	m	Exzentrizität
SFH	m	Schmierfilmhöhe
T	°C, K	Temperatur

U	-	Geschwindigkeitskennzahl, EHD-Schmierfilmhöhe
W	-	Belastungskennzahl, EHD-Schmierfilmhöhe
W	°	Wälzwinkel
W_v	m^3	Verschleißvolumen
a, b	m	Halbachsen der Kontaktellipse nach HERTZ
a_1, a_2	bar, bar/°C	schmierstoffabhängige Konstanten
a_p	M	Schnitttiefe
b_1, b_2	-, 1/°C	schmierstoffabhängige Konstanten
bpir	1/s	Überrollungsfrequenz am Innenring
bpor	1/s	Überrollungsfrequenz am Außenring
d	m	Durchmesser
f	Hz	Frequenz
f_Z	m	Vorschub pro Zahn
h, h_0	µm	Schmierfilmhöhe
$n \times d_m$	mm/min	Drehzahlkennwert
p	bar	Druck
p_H	N/mm^2	Hertzsche Pressung
p_{Sp}	mN/m	Spreitungsdruck
q, q_{zu}	m^3/h	Schmierstoffvolumenstrom
r, r'	mm	Hauptkrümmungsradius
t	s	Zeit
u	m/s	Relativgeschwindigkeit im Kontakt
v_c	m/s	Schnittgeschwindigkeit
v_f	m/s	Vorschubgeschwindigkeit
w_0	mm	Annäherung

Griechische Zeichen

Symbol	Einheit	Benennung
Λ_0	-	spezifische Schmierfilmhöhe
α	°	Druckwinkel
$\alpha_{T,p}$	m^2/N	Druck-Viskositäts-Koeffizient
α	K	Wärmeausdehnungskoeffizient
δ	-	Deformation im Punktkontakt nach HERTZ
ε_0	As/Vm	Dielektrizitätskonstante
ε_r	-	relative Dielektrizitätszahl

η	-	Hilfsgröße zur Kontaktberechnung
η	mPa·s	dynamische Viskosität
$\eta_{T,p}$	mPa·s	dynamische Viskosität, druck- und schmierstoffabhängig
μ	-	Reibbeiwert
μ_H , v_H	-	Hertzsche Beiwerte
v	mm²/s	kinematische Viskosität
v	-	Querkontraktionszahl
θ	°	Kontaktwinkel im Tripelpunkt
θ_L	°C	Lagertemperatur
ρ	kg/m³	Dichte
ρ_0	kg/m³	Dichte im Ausgangszustand
σ	mN/m	Oberflächenenergie, -spannung
σ_{Tresca}	N/mm²	Vergleichsspannung nach TRESCA
σ_V	N/mm²	Vergleichsspannung von MISES
σ_0	N/mm²	maximale Normalspannung
$\sigma_{I,II,III}$	N/mm²	Hauptspannungen
$\tau_{Tresca,\max}$	MPa	maximale Schubspannungsamplitude nach TRESCA
ω	rad	Rotationsfrequenz
ξ	-	Hilfsgröße zur Kontaktberechnung, Widerstandszahl
ψ	-	Hilfsgröße zur Kontaktberechnung

Abkürzungen, Indices

ABEC	Annular Bearing Engineering Committee
AEGD	Arc Enhanced Glow Discharge (Plasmaätzprozess)
AlMn4,5Mg	Aluminiumlegierung (Werkstoffnummer: 3.3547)
AR	Außenring, Außenringkontakt
B	Bohrbewegung
BL	Beschleunigungslauf
BOD	Ball On Disc
BRV	Bohr-Roll-Verhältnis
C45	unlegierter Stahl (Werkstoffnummer: 1.0503)
CrAlN	Chromaluminiumnitrid
CVD	Chemical Vapour Deposition
D	Düse
DC	Gleichspannung

DL	Dauerlauf
DLC	Diamond Like Carbon
DS	Drucksensor
DSS	Durchflusssensor
DW	Druckwinkel
E	Einbauten
EHD	elastohydrodynamisch
EDX	Energy Dispersive X-Ray Spectroscopy
FL	Festlager
GTO	Glycerintrioleat
HCB	Spindellagerbezeichnung nach [SCHA11a]
HF	Hochfrequenz-Technologie (Wechselspannung)
HIGTS	Hydroxyisobutoxyglycerintristearat
HISM	Hydroxyisobutoxystearinsäuremethylester
HL	Hochlauf
HNS	High Nitrogen Steel
HPC	High Performance Cutting (Hochleistungszerspanung)
HPA, HPI	Hertzsche Pressung im Wälzkontakt am Außen-/Innenring
HRC	Härtegrad nach Rockwell
HSC	High Speed Cutting (Hochgeschwindigkeitszerspanung)
HSK	Hohlschaftkegel
HWB	Halbwertsbreite
IR	Innenring, Innenringkontakt
IS	Iterationsstufe
K	Kapillare
KK	Koppelkondensator
KR	Kontaktrand
KVL	Kugelvor-/nachlauf
KZ	Kontaktzentrum
LL	Loslager
LS	Laufspur
Me	Metall
MF	Mittelfrequenztechnologie
MSIP	Magnetron Sputter Ion Plating

NewSpiLad	Berechnungssoftware für Spindellagersysteme, Werkzeugmaschinenlabor WZL der RWTH Aachen
OME	Olsäuremethylester
P	Puls
PACVD	Plasma Assisted Chemical Vapour Deposition
PAO	Polyalphaolefine
PECVD	Plasma Enhanced Chemical Vapour Deposition
PEEK	Polyetheretherketon
POD	Pin On Disc
PL	Pendellauf
PVD	Physical Vapour Deposition
R	Widerstand, Reservoir, Wandreibung
REF	Referenz
RMS	Root Means Square
S	Schaden, Oberflächenschädigung
S1, S2, S3	Wärmebehandlungstypen
SEM	Sekundärelektronenmikroskopie
SFB	Sonderforschungsbereich
SFH	Schmierfilmhöhe
Skt	Sektion
Si_3N_4	Siliziumnitrid
SL	Stufenlauf, Stützlager
SL, SPL	Spindellager
TA	Temperatur am Außenring
TCP	Tool Centre Point
TMP	Trimethylolpropanoctyl/decylester
ÜL	Übergang zur Laufspur
V	Ventil, Verlust, Vorspannung
W	Wälzkörper
WC	Wolframcarbid
WinLager	Berechnungssoftware für Spindellager, Werkzeugmaschinenlabor WZL der RWTH Aachen
WZM	Werkzeugmaschine
Zst	Zustand

a	außen
a-C:H:W	amorphe, metalldotierte Kohlenwasserstoffschicht
appr	approximiert
ax	axial
bes	beschichtet
beschl	Beschleunigungszeit
fl	fluidisch
gef	gefiltert
gem	gemittelt
ges	gestrahlt
get	getaktet
h	Haltedauer
i	innen
i, j, k	Laufzähler
kap	kapazitiv ermittelt
kinemat	kinematisch
l	liquid, flüssig
n.e.	nicht ermittelt
offn	Öffnungszeit
p	Pulsdauer
rad	radial
real	real gemessen
res	resultierend
s	solid, fest, Schließzeit
th	theoretisch
therm	thermisch
theo	theoretisch berechnet
unbes	unbeschichtet
v	vapour, gasförmig

1 Einleitung

Im Umfeld intensiven weltweiten Wettbewerbs führen kontinuierlich geforderte Produktivitätssteigerungen zur fortschreitenden Entwicklung von Produktionsprozessen und -maschinen. Durch den Wettbewerbsdruck sind viele produzierende Unternehmen gezwungen, an die Leistungsgrenzen ihrer Produktionssysteme zu gehen, was teilweise auf Kosten von Zuverlässigkeit und Verfügbarkeit geschieht. Produktivität und Verfügbarkeit bestimmen maßgeblich die Gesamtbetriebskosten, welche zur Bewertung von Produktionssystemen herangezogen werden. Die zur Leistungssteigerung teilweise gegensätzlichen Anforderungen hinsichtlich Ressourcenschonung und -effizienz rücken zunehmend durch die Politik in den Fokus der Wirtschaft [AWK11].

Bei spanenden Werkzeugmaschinen führen die Leistungsanforderungen primär zur Weiterentwicklung der verwendeten Schneidstoffe und Werkzeuge hinsichtlich eingesetzter Drehzahlen, Vorschübe und Lastkollektive. Die Beschichtung von Schneidstoffen und Werkzeugen hat durch Reibungs- und Verschleißreduktion seit Ende der neunziger Jahre zu einem Leistungssprung geführt [Lugs98]. Im Zuge dessen erhöhten sich die Leistungsanforderungen an die Hauptspindel, die das Werkstück oder Werkzeug positioniert, führt, antreibt und häufig die leistungsbegrenzende Komponente darstellt. Die zunehmende Orientierung der Maschinenentwicklung am Kundenbedarf [AWK05] resultiert aus den unterschiedlichen Anforderungen bezüglich Drehzahl, Drehmoment, Steifigkeit und Bauraum unter Berücksichtigung der Kosten in verschiedenen Bauformen. Lagerungen der Hauptspindel zur Fräsbearbeitung sind vorwiegend wälzgelagert ausgeführt. Grund hierfür sind gute Rundlaufeigenschaften und geringe Reibmomente über einem weiten Einsatzbereich und nicht zuletzt die Normung sowie die hohe Verfügbarkeit der Komponente.

Ein Ausfall der Hauptspindel bedingt das Stilllegen der gesamten Maschine bzw. des Produktionssystems und kann durch Reparatur und Produktionsstillstand immense Kosten nach sich ziehen. Die häufigste Ursache eines Spindelausfalls ist mit über 40 % der Lagerschaden [Abel06], welcher bei Wälzlagern mit über 80 % auf den Schmierungszustand zurückzuführen ist. Der Lagerschaden wird aus dem Ein- oder Abtrag weicher und harter Partikel sowie dem Mangel an geeignetem Schmierstoff im Lager selbst verursacht [Enge79]. Abriebpartikel, Verunreinigungen sowie Mangelschmierung führen aufgrund mangelnder Oberflächentrennung zu lokal erhöhter Reibung und Verschleiß wie z.B. Pittingbildung. Ausbreitung und Erweiterung des Verschleißes u.a. durch die zunehmenden Verschleißpartikel haben letztendlich einen Ausfall des Lagers zur Folge.

Als Schmiermedien kommen Fette oder feinstgefilterte Öle zur Anwendung. Eingesetzte Schmierprinzipien sind die Fettlebensdauerschmierung und -nachschmierung oder die Öl-Luft-Schmierung. Letztere bewirkt eine kontinuierliche Versorgung mit frischem Öl über Schmierkanäle und ermöglicht im Vergleich höhere Drehzahlkennwerte bei größerem Konstruktions- und Kostenaufwand. Die Kanalführung durch die Spindel kann durch strömungstechnische Ungleichförmigkeiten einen Abriss der Schliere zur Folge haben und erfordert daher eine Mehrmengenzufuhr. Überschmierungszustände führen durch Planscharbeitsverluste zu erhöhter Reibung, Temperaturerhöhungen der Lager und somit zu Präzisionsverlust und Leistungseinbußen der Hauptspindel sowie einer Ressourcenverschwendung. Für die Reduktion von Überschmierungszuständen mittels zuverlässiger Schmierstoffversorgung, die sowohl quantitativ überwacht als auch zeitnah angepasst werden kann, ist eine Öl-Luft-Schmierung nicht einsetzbar, da Schlierenausbildung und -transport eine systeminhärente Totzeit verursachen.

Das tribologische System Spindellager wird somit in seiner Leistungsfähigkeit durch auftretende Überschmierungszustände begrenzt, während Mangelschmierungszustände die Zuverlässigkeit und Lebensdauer einschränken.

Das Ziel dieser Arbeit ist es, Lösungen zu entwickeln, welche die Mangelschmierungseigenschaften des Lagers bei gleichwertigem Laufverhalten verbessern und einen Überschmierungszustand durch eine optimierte Schmierstoffzuführung vermeiden.

Zunächst werden die generellen Betriebszustände des Spindellagers und deren Einflüsse betrachtet sowie aktuelle Systeme zur Schmierung und der PVD-Beschichtung von Spindellagern nach dem Stand der Technik vorgestellt.

Den ersten Teil dieser Arbeit bildet die Vorstellung der Grundlagen zur experimentellen Untersuchung von Messtechnik, Prüfständsaufbauten, Prüfmittel sowie der Versuchsprogramme. Anschließend wird das Betriebsverhalten unter verschiedenen Lastbedingungen diskutiert und die Schmierungszustände im Betriebsbereich anhand der Messung der Schmierfilmhöhe qualitativ untersucht.

Im zweiten Teil folgt ausgehend von der simulativen Betrachtung des Beanspruchungszustands anhand oberflächennaher Spannungsverläufe die Untersuchung und Analyse auf das Spindellager angepasster, applizierter PVD-Beschichtungen zur Verbesserung der Mangelschmierungseigenschaften. Grundlage ist die Analyse und der Vergleich des Verschleißverhaltens der Beschichtungssysteme auf Analogiekörpern mittels optischer, taktiler, topographischer und elektronenmikroskopischer Verfahren. Anschließend erfolgen die Übertragung auf die Realkomponente und der Vergleich des Lauf- und Verschleißverhaltens der un- und PVD-beschichteten Spindellager im Prüfstands- und Maschineneinsatz unter Last- und Drehzahlvariation sowie im Mangelschmierungszustand.

Der dritte Teil untersucht das Vermeiden von Überschmierungszuständen. Da konventionelle Schmierungssysteme prinzipbedingt nicht die Möglichkeit einer zeitnahen Anpassung bieten, wird eine direkte Schmierstoffversorgung umgesetzt. Dazu werden ausgehend von den strömungstechnischen Grundlagen die notwendigen formelmäßigen Zusammenhänge hergeleitet und zwei Systeme unterschiedlicher Volumenstromerzeugung ausgelegt und prototypisch aufgebaut. Anschließend erfolgen die Untersuchungen des Systemverhaltens in Grundlagenversuchen sowie des Betriebsverhaltens der Spindel und -lager bei Einsatz dieser Schmiersysteme in einer Motorspindel. Abschließend wird das Betriebsverhalten bei reduzierter Volumenstromzufuhr unter exemplarischen Zerspanungsversuchen im Feldeinsatz erprobt.

Mit Abschluss der Arbeit liegen somit zum einen Spindellager vor, deren Lauf- und Mangelschmierungseigenschaften durch Beschichtung verbessert und deren Einsatzgrenzen evaluiert sind. Zum anderen ist ein zeitnah anpassfähiges Schmierungssystem prototypisch aufgebaut und in seinen Betriebseigenschaften verifiziert, welches Überschmierungszustände vermeidet und somit ressourceneffizient die Leistungsfähigkeit von Spindeln erhöht.

Abstract

Due to intensive worldwide competition the constant demand for increasing production efficiency leads to a progressive development of production processes and machines. Many manufacturing companies are forced by competitive constraints to push limits of production systems performance, which, in some cases correlates with a lack of reliability and availability. Productivity and availability are the dominant factors of the total production costs, which are used to classify production systems. Resource protection and efficiency are demands, which are set by politics and focused upon by to the market, and at the same time they are opposed to the major goal of improving the performance [AWK11].

In the case of cutting machine tools the requirement of increasing performance leads primarily to an advance in cutting materials, tools regarding speeds, feeds and load spectrum. The coating of cutting materials and tools has been leading to an important step forward in performance by reducing friction and wear since the late nineties [Lugs98]. The main spindle positions, guides and rotates the tool or workpiece and often proves to be the limiting component. Demands to improve its performance have steadily been increasing. The growing orientation towards customer demands [AWK05] regarding speed, torque, stiffness, space and costs leads to different designs. High positioning accuracy, low friction torques over a wide range of usages, standardization and a high availability of bearings are reason for the prevalent use in main spindle systems for the milling process that consist of different combination of angular contact ball bearings.

A failure of the main spindle leads to a breakdown of the whole machine or production system and causes immense additional costs by downtimes or repair work. More than 40 % of spindle defects are caused by bearing failures which relate to the lubrication condition with over 80 %. This is efected by soft and hard particles which are brought into, or ablated in, the bearing or by a lack of appropriate lubricant [Enge79]. Due to the insufficient separation of the surfaces which are in contact, particles, impurities and starvation conditions cause locally increased friction and wear e.g. pitting, which also leads to bearing failures through a reinforcement of its effects.

Lubricants in use are greases or fine filtered oils. Lubrication principles are grease lifetime and relubrication or oil air lubrication which achieves higher speed coefficients at higher design efforts and costs by a continuous supply of unused oil via lubrication channels. The inner design of these channels can cause an interruption of the streak by fluidic irregularities and requires an additional amount of oil. Overlubrication by squeezing out oil leads to higher friction and temperature of the bearings, a loss of precision and performance of the main spindle system as well as a waste of resources. The oil air lubrication is not an appropriate means of reducing overlubrication if a reliable, controllable and in real time adaptable supply is wanted, since system-inherent dead times occur because of streak formation and transport delays.

The tribological system spindle bearing is limited in its performance by occurring overlubrication conditions and in its longevity and reliability by starvation conditions.

Therefore this PhD thesis aims at solving the problem of how to improve the bearing properties with similar running behavior at starvation conditions and to prevent overlubrication condition by an optimized lubrication system.

First of all the general operating condition of spindle bearings and their influence will be targeted as well as the state of the art of actual lubrication systems. Furthermore, PVD-coatings will be presented.

The first part deals with the fundamentals of the experimental analyses on test benches, measuring systems and test specimen. Then the operational behavior at different load condition is discussed and the lubrication condition is analyzed by lubrication film thickness measurement in the operating range.

In the second part, starting with the simulative analysis of the load condition of superficial equivalent stresses, the analysis of PVD coatings for bearing application is focused on the improvement at starvation condition. The experimental basis is the analysis and comparison of the wear behavior of analogue specimen by optic, tactile, topographic and scanning electron micrograph analysis. In the following part the coating is adapted to the bearing rings and the running and wear behavior of the un- and PVD coated spindle bearings at different loads and speeds is analyzed at standard lubricated condition as well as exemplary at starvation condition.

The third part prescribes the possibilities to prevent overlubrication condition. Conventional lubrication systems do not offer an in real time adaptable supply because of their function principle. Therefore a system with a direct lubrication supply is implemented. Based on the theoretical fluidic qualities the required formulas are derived and two systems of different flow generation principles are designed and implemented into a prototype. The system characteristics and operating behavior of the spindle and spindle bearings by use of these lubrication systems will be analyzed in a motor spindle system. Finally the operating behavior at exemplary machining tests in field use by a reduced lubricant supply will be examined.

As a main result, this PhD thesis on the one hand will present spindle bearings with optimized behavior at starvation condition by coating application and their limitation of use. On the other hand an in real time adaptable lubrication system will be established prototypically and verified in his operational behavior, which can avoid conditions of overlubrication and might increase the performance of spindle units resource efficiently.

2 Stand der Technik

State of the art

Werkzeugmaschinen müssen hohe Anforderungen an Präzision, Zuverlässigkeit und Verfügbarkeit erfüllen. Neben der reinen technischen Optimierung werden die Wirtschaftlichkeit und ihre Bewertung auf Basis der vorhandenen Kostenstruktur für den Betrieb der gesamten Produktionsmaschine immer wichtiger.

Das in der Hauptspindel eingesetzte Spindel-Lager-System bestimmt die Eigenschaften von Werkzeugmaschinen (WZM) mit rotatorischer Hauptbewegung. Wesentlich für seinen Betrieb sind die Eigenschaften des Tribosystems. Neben der Schmierungstechnologie wird der Fokus auf die Möglichkeit der Oberflächenbeschichtung gerichtet.

2.1 Hauptspindeln und Lagertechnologie für Werkzeugmaschinen

Main spindles units and bearing technology for machine tools

Die Hauptspindel ist eine zentrale Komponente von spanenden WZM. Sie muss die erforderliche Schnittleistung übertragen und die für den Zerspanvorgang erforderliche rotative Bewegung des Werkstücks oder Werkzeugs mit der geforderten, präzisen Positionierung und Rundlaufgenauigkeit erzeugen [Weck06]. Derzeit in der Fräsbearbeitung eingesetzte Hauptspindelsysteme werden nach technischen Anforderungen in Anwendungsgebiet, Bauweise, Baugröße, Leistungsbereich (Drehmoment und Drehzahlen) und nach der Werkzeugschnittstelle klassifiziert [Voll94, Klug95, Lehn10]. Wirtschaftliche Betrachtungen beziehen sich vor allem auf die Anschaffungs- und Betriebskosten. Faktoren wie Zuverlässigkeit, Lebensdauer und Wartungsfreundlichkeit der eingesetzten Systeme sind als unabhängige Kennzahlen nicht verfügbar und können als Kriterien bei der Komponentenauswahl nicht herangezogen werden.

Während Ende der 90er Jahre Hauptspindeln noch ausschließlich fremdgetrieben eingesetzt wurden, sind heute durch die fortgeschrittene Umrichtertechnik ca. 90 % als Motorspindeln ausgeführt [Gebe06, Abel10]. Bei Fremdtrieben stellen Spindel und Antrieb zwei separate Baugruppen dar. Einsatzfälle, in denen neben geringen bis mittleren Drehzahlkennwerten ($n \times d_m$) die axiale Baugröße keine Restriktion darstellt, werden mit fremdgetriebenen Spindeln ausgeführt. Vorteile sind die geringere Komplexität und die einfache Austauschbarkeit bspw. über so genannte Nullspindelsysteme [HELL09], welche Ausfallzeiten deutlich reduzieren können.

Anhand der Fortschritte im Bereich der Elektromotoren und der Lagertechnologie wurde u.a. durch die kompaktere Bauweise der Motor zwischen die Lagerstellen der Welle verlegt. Der Wegfall vieler mechanischer Komponenten und ihrer zusätzlichen Massen und -trägheiten führt zu geringeren Hochlauf- und Abbremszeiten, einer höheren Laufruhe und Rundlaufgenauigkeit der Motorspindel [Reim04]. Je nach Einsatzgebiet finden Synchron- oder Asynchronmotoren Verwendung. Synchronmotoren besitzen bei intensiver Wasserkühlung im Vergleich eine geringere Rotorerwärmung bei höherer verfügbarer Dauer- und Grenzleistung und werden eingesetzt, wenn hohe Drehzahlen bei hoher Dynamik gefordert sind. Zudem besitzen sie eine höhere Laufruhe und Rundlaufgenauigkeit [Levi11]. Nachteilig ist zu werten, dass im Feldschwächebereich die Wärmeverluste durch den eingeprägten Feldschwächstrom bis zur Maximaldrehzahl deutlich ansteigen [Spac08]

Asynchronmotoren decken einen weiten Anwendungsbereich ab, speziell im Niedrigdrehzahlbereich bei hohen Momenten, und zeichnen sich überdies bei hohen Drehzahlen und geringem Leistungsbedarf durch sehr niedrige Verlustleistungen aus [EUND11], so dass ein geringes thermisch bedingtes Wellenwachstum sichergestellt werden kann. Durch die kontinuierlichen Weiterentwicklungen überschneiden sich die Anwendungsgebiete der Motortypen, so dass keine strikte Zuordnung möglich ist [Gebe06].

Die Verlustleistung des Rotors wird sehr stark durch die Signalqualität des Frequenzumrichters bedingt [Scho11]. Sie beeinflusst durch die Erwärmung der Umgebungsbauteile die Lagerung und somit durch thermische Effekte die Bearbeitungsgenauigkeit der Motorspindel. Die Nähe zur Wärmequelle des Motors erfordert eine Zwangskühlung des Motor- und Spindelgehäuses.

Die Konstruktion von Werkzeugmaschinenhauptspindeln richtet sich vor allem nach den späteren Anforderungen bezüglich der Bearbeitungsstrategie. Hohe Anforderungen an das Leistungsvermögen bezüglich Zeitspanvolumina und Oberflächengüte stellen die Luft- und Raumfahrtindustrie und der Werkzeug- und Formenbau. Die Verfahren gliedern sich dabei in die Hochgeschwindigkeits(HSC)- und Hochleistungs(HPC)-Zerspanung [Schu92]. Bei der HSC-Bearbeitung stehen Oberflächengüte und eine geringe Werkstückdeformation durch das Vermeiden des Einbringens von Eigenspannungen in den Werkstoff im Vordergrund (Schlichtprozess) [Rahm06], während bei der HPC-Bearbeitung ein maximales Zeitspanvolumen im Vordergrund steht (Schruppprozess). Aus den beiden vorgestellten Fertigungsstrategien resultieren unterschiedliche Anforderungen an die Hauptspindel sowie an die Spindellagerung. Bei der HSC-Zerspanung muss die Spindellagerung die Realisierung höchster Drehzahlen bei vergleichsweise geringen Lasten ermöglichen. Die HPC-Bearbeitung erfolgt dagegen im Bereich mittlerer bis hoher Schnittgeschwindigkeiten, jedoch bei maximalem Vorschub im Grenzbereich der Spindelleistungsfähigkeit. Es muss somit neben ausreichender Drehzahleignung ebenfalls eine hohe Belastbarkeit und Steifigkeit der Werkzeugschnittstelle und Spindellager gewährleistet werden, was überwiegend mit Schnittstellen der Größe HSK 63 und dem Lagerbohrungsdurchmesser 70 erreicht wird [Weck06].

Durch die Kombination mehrerer Lager können Lasten aufgeteilt und Steifigkeiten erhöht werden. Je nach Anwendung und Anforderungen hinsichtlich Drehzahleignung, Steifigkeit, Montierbarkeit, Verlustleistung und Wirtschaftlichkeit haben sich typische Lageranordnungen etabliert. Eine detaillierte Übersicht geben [Tuel99, Weck06, Butz07, Metz07, Spac08] und klassifizieren die Fest-Los-Lagerung, die elastische und die starr angestellte Lagerung. Bei der starren Lageranstellung wird über eingeschliffene Distanzhülsen der thermisch kompensierte Lagerabstand eingehalten. In fremdgetriebenen Spindeln findet diese Bauform Verwendung, während sie in Motorspindeln durch den zwischen den Lagern liegenden Motor nicht eingehalten werden. Sind die Lager zueinander über eine Feder verspannt, so liegt eine elastische Anstellung vor. In diesem Fall können kinematische und thermische Effekte des Lagers durch die Änderung der Einfederung ausgeglichen und ein schlupfarmer Lauf sichergestellt werden [Weck06]. Bei der Fest-Los-Lagerung nimmt die Festlagerung radiale und axiale Kräfte auf, während die Loslagerung die Aufgabe hat, axiale Verlagerungen auszugleichen und nur radiale Lasten aufnimmt.

Einen Vergleich der Bauweisen und charakteristischen Eigenschaften fremdgetriebener Spindeln und Motorspindeln zeigt Tabelle 2.1. Grundlage bildet die derzeitige Produktpalette verschiedener Hersteller. Ausnahme stellt hierbei die Laufgenauigkeit dar, die bei fremdgetriebenen Spindeln in Präzisionsbauweise auch deutlich verbessert werden kann.

Tabelle 2.1: Vergleich der Bauweisen und Eigenschaften von Spindeleinheiten, nach [Lehn10]

Comparison of design and properties of spindle units, see [Lehn10]

	fremdgetriebene Spindel	**Motorspindel**
	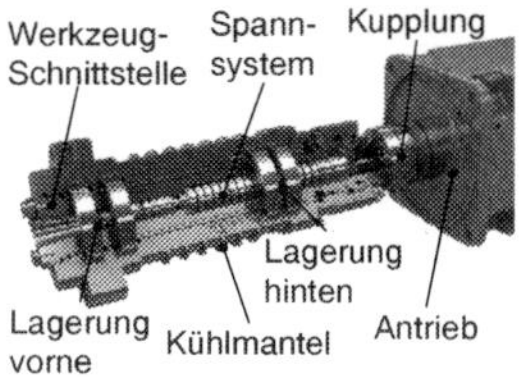	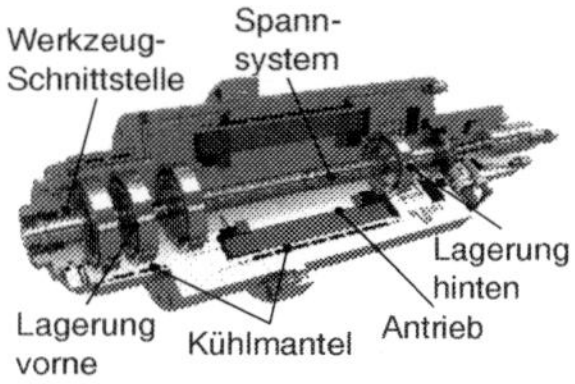
Drehmoment (auf Bauraum bezogen)	Θ	+
Drehzahlkennwerte n x d_m [mm/min]	Θ (bis $1{,}6 \cdot 10^6$) (Kupplung/Riemen)	+ (bis $3{,}2 \cdot 10^6$)
Laufgenauigkeit	Θ ($\geq$ 2 µm)	+ ($\leq$ 2 µm)
Baugröße (radial/axial)	+/Θ	Θ/+
Komplexität/Austauschbarkeit	+/o	Θ/o
Kosten (Anschaffung/Betrieb)	+/o	Θ/o

Legende: + gut, o neutral, Θ schlecht; Wertangaben in Bezug auf Werkzeugschnittstelle HSK A63, Bildquelle [WEIS08]

2.2 Tribologisches System Spindellager

Tribological system spindle bearing

Das Spindellager kann als tribologisches System verstanden werden. Ausgehend von den Grundlagen des Spindellagers werden das Betriebsverhalten erläutert sowie Reibung, Kontaktbedingungen und Schadensmechanismen diskutiert, die innerhalb des Lagers zu einem Ausfall führen können.

2.2.1 Grundlagen des Spindellagers

Fundamentals of spindle bearings

Spindellager sind ultrapräzise Schrägkugellager, mit einem Druckwinkelbereich von 12° bis 30°, die kombinierte axiale und radiale Kräfte über tragen können. Die Bezeichnung resultiert aus dem Einsatzgebiet in schnell drehenden Hauptspindeln von Werkzeugmaschinen. Sie zeichnen sich durch eine hohe Arbeitsgenauigkeit bei hohen Belastungen über einen breiten Drehzahlbereich sowie einer hohen Kugeldichte aus [Brae98]. Gegenüber anderen Wälzlagerbauarten besitzen sie durch den Punktkontakt eine kleinere Kontaktfläche zwischen Lagerringen und Wälzkörpern, wodurch eine bessere Schmierung der Kontaktstelle sichergestellt werden kann und folglich eine geringere Reibleistung erreicht wird [Weck06]. Die wesentlichen Eigenschaften wie Form-, Plan- und Rundlaufabweichungen entsprechen den Genauigkeitsklassen P4 und P2 (ABEC 7, ABEC 9) [DIN99, GMN10b, SKF11a, SCHA11b] und liegen im Bereich von wenigen Mikrometern. Der Anwendung entsprechend werden die Lager mit unterschiedlichen Vorspannungen eingesetzt, um einen schlupfarmen Betrieb bei gleichzeitig ausreichender Steifigkeit zu gewährleisten. Durch die Verwendung verschiedener Materialien von Lagerring und Wälzkörper und deren Geometrie werden diverse Lagertypen mit spezifischen Kennwerten unterschieden [DIN99, GMN10, SKF11a, SCHA11].

Spindellager als tribologisches System

Ein tribologisches System (synonym: Tribosystem) definiert sich aus einem Grund- und Gegenkörper sowie dem dazwischen liegenden Zwischenstoff und dem Umgebungsmedium [Czic10]. Der Zwischenstoff kann sowohl einen verschleißmindernden (z.B. Schmierstoff) als auch einen verschleißverstärkenden Effekt (z.B. Stoffpartikel) aufweisen. Die Summe der äußeren Lasteinwirkungen bildet das Beanspruchungskollektiv, welches als Systemeingang verstanden werden kann. Die Wechselwirkungen innerhalb des Tribosystems lassen sich in tribophysikalische und tribochemische Vorgänge unterteilen [Hein84]. Das Resultat der Wechselwirkungen bilden neben den Nutzgrößen zur Kraft- und Bewegungsübertragung die Verlustgrößen Reibung und Verschleiß. Diese sind sowohl abhängig von der Struktur des Tribosystems als auch vom Beanspruchungskollektiv und ergeben die Systemantwort [Jaco10, Czic10].

In Bild 2.1 ist dargestellt, wie das allgemeine tribologische System auf das Maschinenelement Spindellager als erweitertes Systemmodell übertragen werden kann.

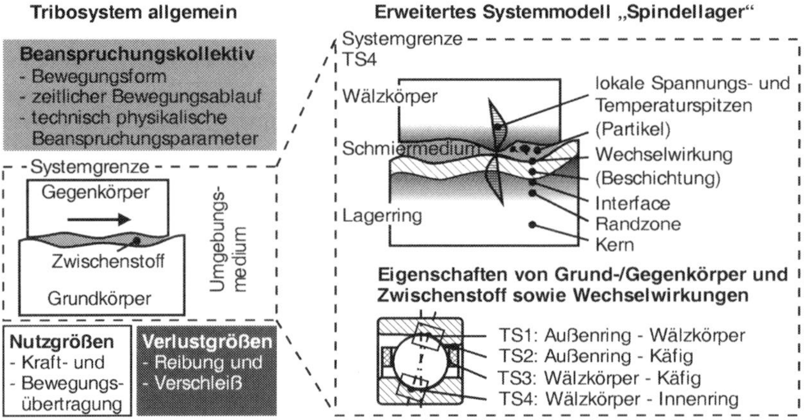

Bild 2.1: Definition des allgemeinen Tribosystems (links) und erweiterten Systemmodells Spindellager (rechts)

Definition of a common tribological system (left) and the system model of the spindle bearing (right)

Das Spindellager lässt sich in vier unterschiedlich ausgeprägte Tribosysteme (TSi) einteilen. Am Beispiel des im Rahmen der Arbeit fokussierten Tribosystems zwischen Wälzkörper und Lagerring (TS1/4) kann das System-Model eines einzelnen Kontaktes beschrieben werden. Grund- und Gegenkörper bilden Lagerring und Wälzkörper, welche in ihrer Struktur vom Kern hin bis zur Wechselwirkung mit dem Zwischenstoff – dem Schmiermedium – unterteilt werden können. Das Beanspruchungskollektiv (Kap. 2.2.2) sowie Reibung (Kap. 2.2.3) und Verschleiß (Kap. 2.2.4) werden diskutiert. Durch den sich ständig wiederholenden Kontakt zwischen Innen- und Außenring mit den Wälzkörpern liegt ein geschlossenes Tribosystem vor.

Werkstoffe im Spindellager

Für die Herstellung der Komponenten eines Spindellagers kommen verschiedene Materialien zum Einsatz. Als Werkstoff für die Lagerringe hat sich der durchgehärtete, martensitische

Wälzlagerstahl 100Cr6 (Werkstoffnummer: 1.3505) durchgesetzt, da er sich durch ein reines, homogenes Gefüge, eine gleichmäßige Durchhärtbarkeit sowie eine hohe statische und dynamische Festigkeit bei gleichzeitig hoher Zähigkeit auszeichnet [Brae98]. Nach der Wärmebehandlung verbleibt verfahrensbedingt eine geringe Konzentration an kubisch flächenzentriertem (kfz) Restaustenit im Gefüge, das bei Überschreiten der Anlasstemperaturen in kubisch raumzentriertes (krz) Martensit zerfällt. Durch die unterschiedlichen Packungsdichten von 0,74 bei der kfz- und von 0,68 bei der krz-Anordnung wird deutlich, dass die Atome in letztgenannter Anordnung weniger dicht gepackt sind, wodurch mehr Volumen beansprucht wird [Beis07]. Diese Anordnungsveränderung der Atome erklärt die Ausdehnung des Werkstoffvolumens bei der Restaustenitumwandlung. Die Warmfestigkeit des Werkstoffes beträgt im Standardfall 150 °C, für Sonderbedingungen 200 °C (S1), 250 °C (S2) sowie bis zu 300 °C (S3) [GMN11a]. Ein weitere r Werkstoff aus der Gruppe der hochnitrierten Stähle (HNS) ist Cronidur®30 (X30CrMoN15-1, Werkstoffnummer: 1.4108). Dieser Stahl besitzt eine hohe Reinheit, ein homogenes Gefüge, hohe Warmfestigkeiten und eine sehr gute Korrosionsbeständigkeit. Einsatzgebiete dieses Stahls sind vor allem Sonderanwendungen mit höheren Anforderungen bezüglich Drehzahleignung und Tragvermögen. Für besonders hohe Betriebstemperaturen bis zu 500 °C kommen warmfeste Stähle zum Einsatz [GMN11a, Spac08].

Als Werkstoffe für Wälzkörper werden der Wälzlagerstahl 100Cr6 oder das keramische Siliziumnitrid Si_3N_4 eingesetzt. Die Vorteile von Si_3N_4 gegenüber Stahl liegen in einer geringeren Dichte (3,19 g/cm³), einer hohen Härte (> 76 HRC), einem höheren E-Modul (305 GPa), einer hohen Warmhärte, einem geringeren Wärmeausdehnungskoeffizienten sowie verbesserten tribologischen Eigenschaften im Kontakt mit Stahl durch geringere Adhäsionsneigung dieser Materialpaarung. Die Eigenschaften typischer Lagerwerkstoffe werden in Tabelle 2.2 gegenübergestellt. Durch die Einführung von Keramik als Wälzkörperwerkstoff konnten die Drehzahleignung, das Verschleißverhalten, die Steifigkeiten, die Verlustleistung und die Gebrauchsdauer deutlich verbessert werden [Kres03, Spac08].

Tabelle 2.2: Eigenschaften von Lagerring- und wälzkörperwerkstoffen [DIN00, ASTM03]
Properties of bearing ring and rolling element materials [DIN00, ASTM03]

Eigenschaften	**Dichte**	**E-Modul**	**Härte**	**Poissonszahl**	**Risszähigkeit**	**therm. Ausdehnungskoeffizient**	**therm. Leitfähigkeit**	**zulässige Pressung**
Werkstoffe	kg/m³	GPa	kg/mm²	-	$MPa \cdot m^{1/2}$	10^{-6} 1/K	$W \cdot m^{-1} \cdot K^{-1}$	MPa
100Cr6	7830	208	700	0,3	12-20	11,5	40-45	2000
X30CrMoN15-1	7670	214	700	(0,3)	17,5	9,9	14	2500
Si_3N_4	3000-3600	270-305	1270-1600	0,23-0,29	5-6	2-3,7	20-38	2500-4000

Als Käfigmaterialien werden für Hochleistungsspindellager überwiegend Polyamide, gewebeverstärkte duroplastische Phenolharze oder das thermoplastische Polyetheretherketon (PEEK) bei thermisch hoch beanspruchten Anwendungen eingesetzt. Kunststoffe haben sich als Käfigmaterialien weitestgehend aufgrund ihrer guten Gleiteigenschaften, ihrem geringen Gewicht, der hohen Elastizität und der wirtschaftlichen Herstellbarkeit durchgesetzt [Brae95, SKF04].

2.2.2 Kinematik und Betriebsverhalten des Spindellagers

Kinematic and running behavior of spindle bearings

In einem Spindellager vollziehen die Wälzkörper eine Rotation relativ zur eigenen Achse α_W, um die Relativbewegung zwischen Außen- und Innenring auszugleichen. In den Berührungspunkten am Innen- und Außenring wälzen die Wälzkörper mit den Winkelgeschwindigkeiten ω_i und ω_a ab. Die grundlegenden Verhältnisse zeigt Bild 2.2.

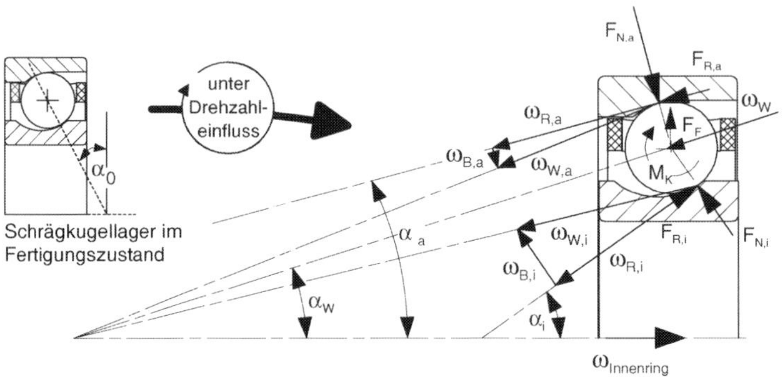

F_F	- Fliehkraft	$\omega_{B,i/a}$	- Bohrgeschwindigkeit (innen/außen)
$F_{N,i/a}$	- Normalkraft (innen/außen)	ω_W	- Wälzwinkelgeschwindigkeit der Kugel
$F_{R,i/a}$	- Reibkraft (innen/außen)	α_W	- Wälzwinkel der Kugel
M_K	- Kreiselmoment	$\alpha_{i/a}$	- Druckwinkel (innen/außen)
$\omega_{R,i/a}$	- Wälzkörperrollwinkelgeschwindigkeit (innen/außen)	α_0	- Nenndruckwinkel im Fertigungszustand
$\omega_{W,i/a}$	- Wälzkörperwälzwinkelgeschwindigkeit (innen/außen)	$\omega_{Innenring}$	- Winkelgeschwindigkeit des Innenrings

Bild 2.2: Kinematische Bedingungen des Spindellagers unter Drehzahleinfluss [Weck06]

Kinematic condition of a spindle bearings by influence of speed [Weck06]

Die Winkelgeschwindigkeiten setzen sich aus einer tangentialen, rollenden $\omega_{R,i/a}$ und einer normalen, bohrenden $\omega_{B,i/a}$ Komponente zusammen. Der Zusammenhang zwischen diesen wird durch das Bohr-Roll-Verhältnis (Gl. 2.1) wiedergegeben [Weck06].

$$\tan \varepsilon_{i/a} = \frac{\omega_{Bi/a}}{\omega_{Ri/a}} \qquad \text{Gl. 2.1}$$

Hohe Werte für das Bohr-Roll-Verhältnis deuten auf ungünstige Abwälzverhältnisse hin, wogegen bei einem Wert von 0 reines Rollen vorliegt. Im Stillstand entsprechen sich die Druckwinkel am Innen- und Außenring, sodass von einem Nenndruckwinkel α_0 gesprochen wird. Die Wälzkörper werden durch einen Käfig auf einem gleichmäßigen Abstand gehalten. Je nach Belastungsfall laufen die Wälzkörper der mittleren Position im Käfig vor oder nach (Kugelvor-/-nachlauf KVL), die Differenz muss kleiner als das halbe Taschenspiel sein [Brae98]. In den Kontaktbereichen tritt eine Gleitbewegung zwischen den Körpern auf.

Das Verhalten der Lager wird stark durch die Einflüsse Drehzahl, Last und Temperatur geprägt. Optimierungen betreffen überwiegend die innere Laufbahn- und Käfiggeometrie oder die Kontaktbedingungen, um die Reibungs- und Steifigkeitsverluste zu reduzieren [Spac08] sowie alternative Lagerkonzepte für höhere Drehzahlanwendungen zu entwickeln [Butz07].

Drehzahleinfluss

In Folge der rotatorischen Bewegung treten Fliehkräfte F_F an den Wälzkörpern auf, die zu einer Erhöhung der Normalkraft $F_{N,a}$ am Außenring führen. Bei ansteigenden Drehzahlen nimmt der Betriebsdruckwinkel α_a am Außenring ab, während er am Innenring ansteigt. Insgesamt divergieren die Druckwinkel am Innen- und Außenring, sodass sich eine so genannte Druckwinkelschere ausbildet [Weck06]. Während am Innenring im Stillstand eine höhere Flächenpressung durch die konvexe Form der Laufrille vorliegt, können sich diese Verhältnisse unter Drehzahleinfluss umkehren. Bedingt durch die Elastizität der Komponenten kommt es zu einer Vergrößerung der Kontaktfläche zwischen Außenring und Wälzkörper und zu einer Reduktion der Kontaktfläche zwischen Innenring und Wälzkörper (Bild 2.3). Die Wälzkörper werden bei höheren Drehzahlen zunehmend am Außenring geführt, wodurch dort eine Bohrbewegung weitestgehend unterbunden wird, während sie am Innenring verstärkt auftritt. Durch die Rotation des Innenrings wirken auch auf diesen Fliehkräfte, die für eine elastische Aufweitung sorgen und die im Grenzfall zum Abheben des Innenrings von der Welle führen kann [Brae98].

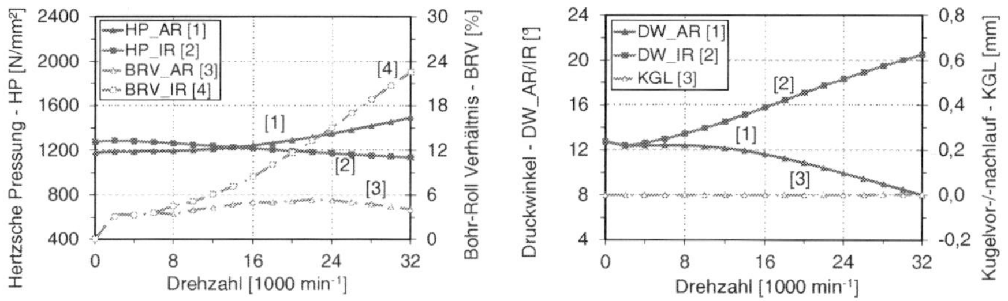

Bild 2.3: Hertzsche Pressung, Bohr-Roll-Verhältnis, Druckwinkel und Kugelvor-/-nachlauf bei axialer Last

Hertzian pressure, spin-roll ratio, contact angle and ball backlash at axial load condition

Letztlich tritt an den Wälzkörpern durch die fortlaufende Richtungsänderung der Wälzkörperdrehachse ein zusätzliches Kreiselmoment M_K tangential zur Bewegungsrichtung auf. Diese Momente führen zu unerwünschten Rotationsbewegungen der Wälzkörper, da es zu Gleitbewegungen zwischen Lagerringen und den Wälzkörpern kommt. Um diesem Gleiten in der Kontaktzone entgegenzuwirken und einen erhöhten Verschleiß zu vermeiden, müssen die Lager mit einer drehzahlabhängigen Mindestvorspannung beaufschlagt werden [Weck06].

Temperatureinfluss

Die Temperatur beeinflusst durch die thermische Ausdehnung wesentlich die Kinematik. Grundsätzlich besitzt der Außenring gegenüber dem Innenring eine größere Fläche zur Wärmeleitung und kann bauartbedingt einen zusätzlichen Kühlmantel besitzen. Diese Bedingungen führen zu einer mehr oder weniger stark ausgeprägten Temperaturdifferenz zwischen Innen- und Außenring im Betrieb. Durch die thermische Aufweitung des Innenrings verkleinern sich die Betriebsdruckwinkel α_i und α_a [Weck06]. Eine verstärkte Kühlung des Außenrings hat einen höheren Temperaturgradienten zur Folge.

Lasteinfluss

Axiale Belastungen wirken sich unmittelbar auf den Druckwinkel und die Pressungen aus. Bei steigender axialer Last vergrößern sich die Druckwinkel an Innen- und Außenring. Die Pressungen erhöhen sich mit der Laststeigerung. Sofern eine radiale Belastung an der Welle hinzukommt, verschiebt sich der Innenring gegenüber dem Außenring und verkippt je nach Fixierung. Die kinematischen Verhältnisse sind im Vergleich zur Axiallast über den Umfang nicht mehr konstant, sondern ändern sich in Abhängigkeit des Umfangswinkels (siehe Kap. 5.1). Eine höhere Last führt durch die Pressungszunahme zu einer erhöhten Temperatur mit den bereits beschriebenen Folgen [Weck06]. Für eine genauere Beschreibung der Einflussfaktoren sei auf [Harr07] oder [Spac08] verwiesen.

2.2.3 Reibung im Spindellager

Friction in the spindle bearings

In geschmierten Wälzlagern treten unterschiedliche Reibungszustände auf, die sich entsprechend der Schmierungszustände verhalten. In Anlehnung an die STRIBECK-Kurve können diese in Festkörper- bzw. Grenzreibung, Mischreibung und elastohydrodynamische (EHD)-Reibung unterschieden werden (siehe Bild 4.1 links).

Festkörperreibung liegt in einem ungeschmierten, trockenen Kontakt vor. Flüssigkeitsreibung beschreibt einen Zustand, in dem ausschließlich Reibung in Stoffbereichen mit Flüssigkeitseigenschaften auftritt, sodass der Reibungswiderstand ausschließlich durch den Verschiebungswiderstand der Flüssigkeitsteilchen entsteht [DIN93, Moel01]. Die Kontaktflächen sind folglich durch einen tragfähigen Schmierfilm voneinander getrennt [Czic10]. Mischreibung bezeichnet den Übergang von der Festkörperreibung zur Flüssigkeitsreibung [DIN93, Moel01]. Bei diesem Reibungszustand kommt es nicht zum Aufbau eines tragfähigen Schmierfilms, sodass sich die Rauheitsspitzen der festen Oberflächen berühren und somit neben der Flüssigkeits- auch Festkörperreibung vorliegt [Czic10]. Die elastohydrodynamische(EHD)-Reibung bildet sich bei nicht konformen Kontaktpartnern unter hohen Drücken sowie hohen Relativgeschwindigkeiten aus und beschreibt den Übergangsbereich von der Mischreibung zur Flüssigkeitsreibung. Als Maß für die Unterteilung der Reibungszustände dient die spezifische Schmierfilmhöhe Λ_0, die durch Division der Schmierfilmhöhe h_0 bezogen auf den gemittelten Mittenrauwert R_q nach Gl. 2.2 berechnet wird [GFT93, DIN93, Czic09].

$$\Lambda_0 = \frac{h_0}{\sqrt{R_{q,1}^2 + R_{q,2}^2}} \qquad \text{Gl. 2.2}$$

Die Reibung des Spindellagers kann je nach Detaillierungsgrad in unterschiedliche Anteile aufgeteilt werden [DIN93]. Für überschlägige Rechnungen kann das Produkt aus Reibbeiwert μ, dynamisch äquivalenter Lagerlast P und halbem Durchmesser der Lagerbohrung d angenommen werden. PALMGREN differenziert in einen drehzahlabhängigen (M_0) und einen lastabhängigen (M_1) Reibungsanteil $M = M_0 + M_1$ [Palm57, DIN93, GFT93]. STEINERT [Stei96] entkoppelt die Reibungsanteile und ordnet die Anteile der äußeren Reibung dem Entstehungsgrund zu. Diese setzt sich aus der irreversiblen Verformungsarbeit $M_{A\Sigma}$, der Rollreibung $M_{B\Sigma}$ und der Bohrreibung $M_{C\Sigma}$ zwischen Lagerringen und Kugeln, Gleitreibung zwischen den Lagerringen und dem Käfig $M_{D\Sigma}$ sowie Gleitreibung zwischen den Kugeln und Käfig $M_{E\Sigma}$ zusammen. In Erweiterung der Formel erhöht die innere Reibung des Schmierstoffs verbunden mit der Verdrängungsreibung des nicht im Kontakt befindlichen Schmierstoffs die Gesamtreibung. Dazu wird von verschiedenen Autoren [Baly05, Itoi98, SKF11a] ein Verdrängungsfaktor Φ_{FS} als Vorfaktor der Rollreibung eingeführt.

$$M_{Gesamt} = \underbrace{M_{A\Sigma} + M_{B\Sigma} + M_{C\Sigma} + M_{D\Sigma} + M_{E\Sigma}}_{Äußere\ Reibung} + \underbrace{\phi_{FS} \cdot M_{B\Sigma}}_{Innere\ Reibung} \qquad \text{Gl. 2.3}$$

Bild 2.4 stellt die Reibungs- und Lastanteile der äußeren und inneren Reibung im Wälzkontakt gegenüber.

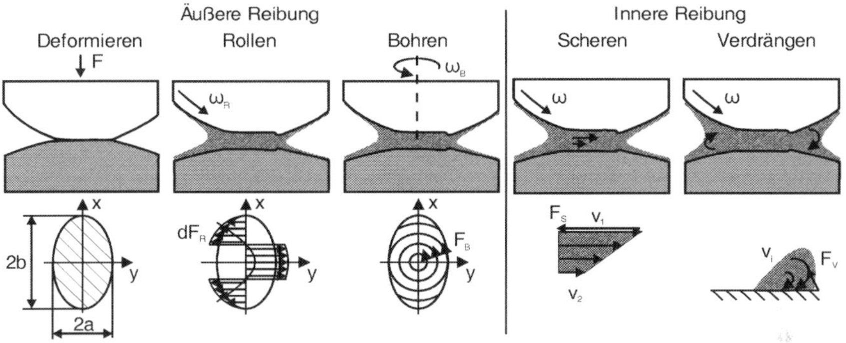

Bild 2.4: Reibungs- und Lastanteile im Wälzkontakt
Friction and load shares of the rolling contact

Die Reibung innerhalb des Lagers hat durch die Erwärmung Einfluss auf des Betriebsverhalten.

2.2.4 Kontaktbedingungen, Schadensmechanismen und Ausfallursachen

Contact mechanics, wear mechanism and failure causes

Die in einem Lager bestehenden Kontaktbedingungen können unter bestimmten Randbedingungen Schadensmechanismen initiieren, die letztendlich zu einem Ausfall der Komponente führen.

Kontaktbedingungen

Die Kontaktbedingungen im Wälzlager sind durch die einzelnen tribologischen Teilsysteme geprägt. Erste Berechnungsansätze für die Berührung zweier beliebig gekrümmter Körper gehen auf HERTZ zurück [Hert95, Hert96]. Seine Arbeiten umfassen den Zusammenhang zwischen Normalkraft und der resultierenden Deformation und Normalspannungsverteilung der beiden Körper und führten zur sogenannten Hertzschen Theorie. Die Annahmen basieren auf ideal glatten Kontaktflächen, Reibungsfreiheit sowie ideal isotropem und elastischem Materialverhalten. Trotz dieser idealisierten Annahmen hat sich die Anwendbarkeit der Hertzschen Theorie auf Wälzlager durch eine Vielzahl von Arbeiten bestätigt [Foep36, Lund47, Brae98, Tuel99, Harr07, DIN09]. Die Vorgänge zwischen Lagerringlaufbahn und Wälzkörper haben einen wesentlichen Einfluss auf das gesamte Betriebsverhalten sowie die Bedingungen im Tribokontakt. Für die Komponenten ergibt sich durch die Rotation von Wälzkörper und Ring bei Ortskonstanz eine Druck-Schwell-Belastung der Normalkraft.

Die Bestimmung des Betriebsverhaltens kann durch Einbeziehen der kinematischen Einflüsse über quasistatische oder dynamische Modelle erfolgen. Bei letzteren wird die Differentialgleichung der Bewegung genutzt, um ggf. auch instabile Zustände bestimmen zu können. Quasistatische Modelle basieren auf der Berechnung des Kräfte- und Momentgleichgewichts im Lager nach JONES und HARRIS [Jone60, Harr07]. Das WZL interne Berechnungstool nach [Ophe86, Stei95, Koch96, Tuel99] „WinLager" [WinL11] nutzt dieses ebenfalls zur Ermittlung der Kinematik von Spindellagern in Abhängigkeit von Lagergeometrie, Einbauzustand, Lastkollektiv, Drehzahl und Temperatur. Neben den produktbezogenen Berechnungsprogrammen führender Lagerhersteller wie BEARINX® [SCHA11a], GMN Globus [GMN11a], BEAST [SKF11a] sind weitere kommerziell verfügbar wie bspw. KISSOFT [KISS11].

Die Arbeiten von LUNDBERG und PALMGREN [Lund47] über die dynamische Tragfähigkeit von Wälzlagern bilden die Grundlage für die Lagerlebensdauerberechnung nach Norm [DIN03a]. Als Grenzwert für die Auslegung wird das Ermüdungsverhalten des Werkstoffs unter der wirkenden Last nach [DIN03a] angenommen. Die Hertzsche Pressung (im Folgenden Pressung genannt) sollte die werkstoffspezifische Grenze nicht überschreiten (bspw. für 100Cr6: $p_{H,100Cr6} = 2000$ MPa). Die Berechnung der zu erwartenden Lebensdauer erfolgt nach [DIN03a, DIN03b] und bezieht den realen Betrieb wie Lastverhältnisse, Schmierung, Schmierstoffe und Verschmutzung durch Beiwerte (Faktoren) in die Berechnung ein.

Schadensmechanismen

Die meisten Verschleißphänomene haben gemein, dass der Schaden von der Oberfläche ausgeht. Die dafür kritischen Betriebszustände treten oft nur kurze Zeit auf. Bei den Verschleißphänomenen ist zwischen oberflächenfernem und -nahem Verschleiß zu unterscheiden. In 90% der Fällen ist die Schadensursache oberflächennaher Verschleiß [Jaco10].

Der klassische Ermüdungsschaden im Wälzkontakt beginnt in Tiefen der maximalen Spannungen, der aufgrund des dreiachsigen Spannungszustands unterhalb der Oberfläche liegt. Risse bilden sich zunächst parallel zu dieser aus und wachsen dann bis zur Oberfläche. Durch die Rissvereinigung kommt es zu schollenartigen Ausbrüchen, sogenannten Grübchen oder Pittings [Volg91, Gles09].

Oberflächennahes Versagen tritt bei lokalen Spannungen an den Rauheitskontakten (Mischreibung oder Partikel) auf, welche die Plastizitätsgrenze des Werkstoffs überschreiten und plastische Verformungen verursachen. Infolge dieser plastischen Verformungen ändert sich die Werkstoffstruktur und es entstehen Eigenspannungsänderungen. Oberflächenzerrüttung kann auftreten, was nicht direkt zum Versagen führt, aber weitere Verschleißmechanismen begünstigen kann [Gles09, Zwir82]. Das Spannungsmaximum liegt in jedem Mikrokontakt aufgrund der kleinen Druckellipse definiert geringfügig unter der Oberfläche, was durch Rissbildung und -ausbreitung zu sogenannten Mikropittings, Graufleckigkeit oder auch zur Delamination (Ermüdungsverschleiß) führen kann [Maes07, Frit09]. Durch die vielen aneinandergereihten kleinen Ausbrüche schält sich eine dünne Oberflächenschicht ab. Bei überlagerter Gleitbeanspruchung verschieben sich die Tangentialspannungen in der Laufbahn in Richtung Oberfläche [Kuhn06, Schl06, Schl07]. Unter EHD-Bedingungen können beim Lagerhochlauf oder durch ein Abscheren des Schmierfilms in Folge von Last- oder Kinematikänderungen, kurzzeitige Kontaktpunkte entstehen, da die Schmierfilmhöhen bei Minimalmengenschmierung relativ gering sind. Aufgrund der hohen Differenzgeschwindigkeiten unterliegen diese Kontakte erhöhtem abrasiven oder adhäsiven Verschleiß. Werden Partikel in das Lager extern oder durch internen Verschleiß eingebracht, werden diese bei einer geringeren Härte als der Grundkörper eingedrückt. Partikel höherer Härte führen durch lokale Überlastungen des Materials zu einem Fließen – plastischer Verformung des Grundmaterials – und der Randbereich des Eindrucks wirft sich auf. Bei weiterer Überrollung treten in diesen

Aufwürfen Belastungsspitzen auf, welche Risse und Abrasion also zunächst lokalen, dann fortschreitenden Verschleiß bewirken [Brae95, Harr07].

Ausfallursachen

Die Ursachen für den Ausfall von Werkzeugmaschinenhauptspindeln können unterschiedlicher Natur sein. In der Untersuchung nach [Abel06] von über 200 Motorspindeln lassen sich 52 % der Ausfälle auf organisatorische Fehler (Fehlbedienung und Crash) und 48 % auf technische Gründe zurückführen. Die Betrachtung der komponentenbezogenen technischen Ausfallursachen zeigt, dass der Lagerschaden mit einer absoluten Häufigkeit von über 40 % die mit Abstand häufigste Ursache vor der Drehdurchführung, dem Drehgeber und dem Spannsystem ist.

Hersteller und Anwender haben zu den Ausfallursachen unterschiedliche Sichtweisen, wie eine Marktanalyse von Feil [Feil93] von mehr als 6500 Maschinen von Spindel- und WZM-Herstellern sowie Anwendern zeigt. Das auf ölgeschmierte Spindellager bezogene Ergebnis weist deutliche Unterschiede in den Hauptgründen Ölmangel (32 % zu 46 %), Verunreinigungen (8 % zu 15 %) und Gewaltbruch (32 % zu 15 %) auf. Die Gründe hierfür sind, dass die Ursachen gegenläufig beurteilt werden sowie Ursache und Auswirkung nachträglich nicht eindeutig spezifiziert werden können [Feil93].

Verlässliche Aussagen werden von den Herstellern als Betriebsgeheimnis angesehen und nur selten publiziert. Eine grundlegende, häufig zitierte Quelle ist eine Veröffentlichung aus dem Jahr 1979 [Enge79, Feil93, SCHA00, Mart05, Wahl06], in welcher die Schadensursachen für Wälzlager aufgegliedert sind (Bild 2.5, links). Auf den Schmierstoff durch Alterung, Fehlauswahl und Mangel entfallen 54 % und auf feste und flüssige (Wasser) Verunreinigungen nochmals 25 %.

Eine aktuelle Auswertung nach Herstellerangaben [Voll10] zeigt die Schadensursachen von Spindellagern im Vergleich zu Wälzlagern mit deutlich geringeren Anteilen hinsichtlich Schmierung und Verunreinigungen von je 15 %, allerdings lassen sich Teile der Überhitzung (14 %) wiederum auf den Schmierungszustand zurückführen (Bild 2.5, rechts).

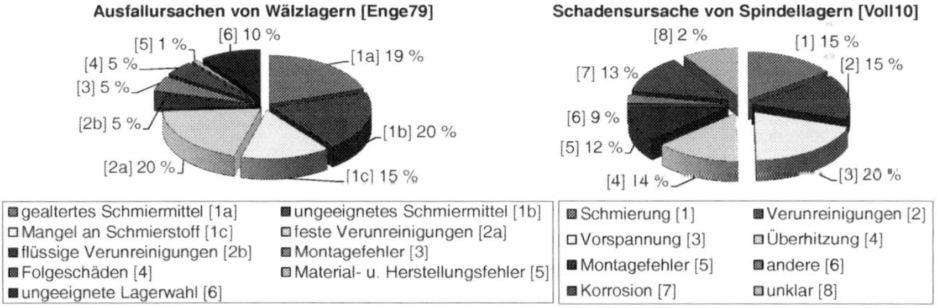

Bild 2.5: Ausfallursachen von Wälzlagern (links) und Spindellagern (rechts)

Failure causes of rolling (left) and spindle bearings (right)

Der Grund für die geringeren Anteile liegt in der aufwändigen Konstruktion von Hauptspindeln durch entsprechende Dichtungssysteme (Labyrinthe und Sperrluft) sowie an der Form der Schmierstoffbereitstellung und des Schmierstoffs selbst (siehe Kap. 2.3).

Der klassische Ermüdungsschaden kommt durch die entsprechende Auslegung von Spindellagern unterhalb der Belastungsgrenze nahezu nicht vor [Brae98, Harr07, Gles09].

2.3 Schmierungstechnologie für Werkzeugmaschinenhauptspindeln

Lubrication technology for machine tool main spindle units

Bereits in der Konstruktionsphase wird das Schmierverfahren in Abhängigkeit der Betriebsbedingungen (Drehzahlkennwert), Umgebungseinflüsse, Wartungsaufwand, für eine Temperaturgrenze und Kostenstruktur des Schmierungssystems ausgewählt (siehe Anhang A1) [GFT93]. Im Folgenden werden die Anforderungen an die Schmierung, die Grundlagen der Schmierstoffe sowie die verschiedenen Schmierungsarten vorgestellt.

2.3.1 Schmierungsanforderungen

Requirements for lubrication

Für den Betrieb des Spindellagers muss den Tribokontakten eine ausreichende Menge geeigneten Schmierstoffs bereitgestellt werden. Dieser dient der Bildung eines Schmierfilms, für die Trennung der Oberflächen zur Reibungs- (vgl. Kap 2.2.3) und Verschleißreduktion, dem Korrosionsschutz, ggf. der Wärmeabfuhr und dem Herausbringen von Partikeln [Weck06].

Der Schmierstoff muss die Anforderungen des Lagers hinsichtlich Drehzahl, Temperatur, Tragfähigkeit und Lebensdauer sowie ggf. Zusatzaufgaben wie Abdichtung, Wärmeabfuhr oder Geräuschdämmung ausreichend erfüllen [Hamr81]. Für die Schmierstoffe werden von den Herstellern Reinheitsklassen [DIN99] vorgegeben, um mit dem Schmierstoff keine zusätzlichen abrasiven Partikel in das Lager einzubringen, welche die Lebensdauer stark reduzieren können [DIN03a].

Die für den Betrieb notwendigen Schmierstoffmengen werden je nach Lagerbaugröße empirisch ermittelt und finden sich in verschiedenen Gestaltungsrichtlinien und Herstellerinformationen [GFT93, SCHA11b, SKF11a]. Der Schmierstoff sollte möglichst kontinuierlich in das Lager bzw. den Wälzkontakt eingebracht werden, da Volumenstromschwankungen zu inkonstanten Verhältnissen bezüglich Reibung, Wärmeentwicklung, Temperatur und somit der Positionsgenauigkeit führen.

Abriebpartikel sowie verbrauchter Schmierstoff sollten möglichst nicht wieder in den Wälzkontakt gelangen, sondern gebunden, abgeführt oder abgesaugt werden.

2.3.2 Schmierstoffe

Lubricants

Die Viskosität gilt als Maß für die negativ korrelierenden Eigenschaften der inneren Reibung und der Tragfähigkeit des Schmierstoffs (Gl. 2.4). Sie ist definiert als die Eigenschaft eines Stoffs unter Einwirkung einer Spannung zu fließen (viskos = zähflüssig) und irreversibel verformt zu werden [DIN03a] und beschreibt den Widerstand, den benachbarte Schichten eines Schmierstoffs ihrer gegenseitigen Verschiebung entgegensetzen können [Brae98].

$$\eta = \nu \cdot \rho = \frac{\tau}{du/dy} \qquad \text{Gl. 2.4}$$

Die Charakterisierung von Schmierstoffe erfolgt durch Angbabe des Viskositätsgrades (VG) sowie der Viskosität bei 40 °C und Normaldruck. Innerhalb der weiten Einsatzbereiche fällt die Viskosität mit steigender Temperatur exponentiell ab (VT-Verhalten) und steigt mit steigendem Druck an (Vp-Verhalten) [Brae98, Jaco10]. Bei idealisiert reinviskose – sogenannte newtonsche – Flüssigkeiten besteht zwischen Schubspannung und Schergeschwindigkeit ein linearer Zusammenhang. Bei strukturviskosen – nicht newtonschen – Flüssigkeiten hängt die Viskosität zusätzlich vom Schergefälle du/dy ab. Diese Eigenschaft besitzen alle Fette bedingt durch den Verdicker sowie selbst newtonsche Flüssigkeiten bei sehr hohen Scherraten. Neben der Viskosität nimmt auch die Dichte mit steigender Temperatur ab und mit steigendem Druck zu. Durch die dauerhafte Scherbeanspruchung im Einsatz werden Makropolymere der VI-Verbesserer mechanisch abgebaut und die Viskosität reduziert (Thixotropie), während in Sonderfällen die Viskosität auch temporär zunehmen kann (Rheopektrie).

Als Schmierstoffe für die Hochgenauigkeitslager bei WZM-Hauptspindeln werden überwiegend Fette und Öle eingesetzt. Die Fette setzen sich zu < 80 % aus Grundöl, < 20 % aus Verdicker, < 5 % aus Additiven und < 2 % aus Festschmierstoffen zusammen [Jaco10]. Für Hochgeschwindigkeitsfette mit Gebrauchstemperaturen bis zu 80 °C kommen als Grundöle in der Regel natürliche und synthetische Ester oder Polyalphaolefine mit einer kinematischen Viskosität von 22 - 32 mm²/s zum Einsatz. Verdicker auf Basis von Lithium-, Kalzium- und Bariumseifenkomplexen sowie von Polyharnstoffen haben sich als geeignet erwiesen [Baly05, KLUE06, FUCH11]. Sie sind maßgeblich für die Konsistenz, anhand derer Fette nach [DIN81] in verschiedene Klassen eingeteilt werden. Bei Fetten wird das Grundöl im Verdicker gespeichert, über Kapillarwirkung abgegeben und durch mechanische Fließbewegungen in die Kontaktzone geführt [KLUE06, FUCH11, Gatz10]. In der Eintrittszone beginnt das Aufbrechen der großvolumigen Verdickerstruktur und des Grundöls in kleinere Gruppen verwickelter Fasern, die mit zunehmender Scherrate aufbrechen. Die einzelnen Fasern können sich im Scherfeld wiederum frei bewegen und ausrichten. In der Kontaktzone liegt dann eine glasartige Struktur vor. Durch die zunehmende Scherung und Strukturänderung nimmt über der Laufzeit und Temperatureinwirkung die Tragfähigkeit des Schmierfilms und somit die Schmierfilmhöhe ab [Karb02, Wien05].

Die Öle setzen sich aus < 90 % Grundöl, < 10 % Additiven und < 10 % Festschmierstoffen zusammen [Stac11]. Die Grundöle basieren auf Mineralölen, natürlichen oder synthetischen Estern oder Polyglykolen. Durch die höheren Kosten und der geringeren chemischen Kompatibilität kommen Esterschmierstoffe trotz besserer Schmierungseigenschaften seltener zum Einsatz. Als Additive werden überwiegend Antioxidantien (AO), Viskositätsindex-Verbesserer (VI), Extreme Pressure(EP)-, Anti Wear(AW)-Additive, Dispersants (zur Bindung von Partikeln) und Korrosionsinhibitoren verwendet [Jaco10]. Sie beeinflussen die physikalischen und/oder chemischen Eigenschaften des Grundöls. Zur Öl-Luft-Schmierung von schnelldrehenden Wälzlagern werden überwiegend Schmierstoffe mit einer kinematischen Viskosität von 32 - 68 mm²/s eingesetzt.

2.3.3 Schmierungsarten und -systeme

Lubrication types and systems

Die Schmierungsarten reichen von Fettlebensdauerschmierung, -nachschmierung über Ölschmierung kleiner Mengen durch Öl-Nebel- oder Öl-Luft-Schmierung zu großen Mengen mittels Öleinspritzschmierung bei gleichzeitiger Kühlung [GFT93, Weck06].

In Bild 2.6 sind die gängigen Spindellagerbauformen in Bezug auf die Schmierung gegenübergestellt. Je nach Schmierprinzip ergeben sich unterschiedliche Lagerbauformen, erforderliche Umgebungsbauteile, erreichbare Drehzahlkennwerte sowie Komponenten- und Zusatzkosten [GMN10b, SCHA11b, SKF11a].

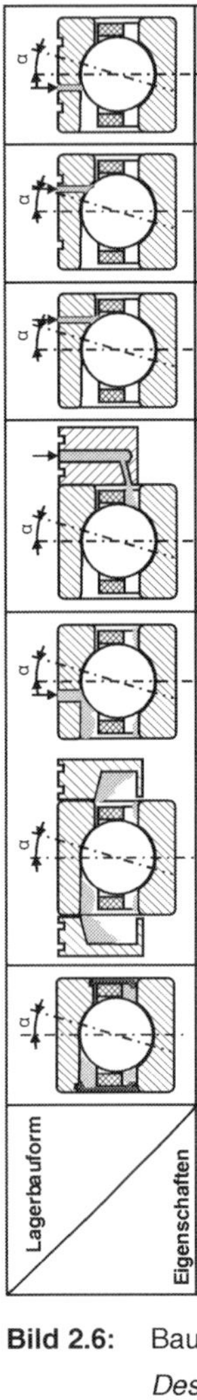

Eigenschaften							
Bezeichnung *	/S (2RSD)		Sonderform		H1	G1	GH
Bauform	gedeckelt	offen	offen (mit AR- Bohrung)	offen	Bohrung im AR druckwinkelseitig	Bohrung und Nuten im AR druckwinkelseitig	offene Seite
Schmierprinzip	Fettlebensdauerschmierung		Fettnachschmierung		Öl-Luft Schmierung		
Reservoir/ Schmierstoffzuführung	Reservoir im Lager selbst	seitl. Reservoir in der Anschlussgeometrie	externes Reservoir über Anschlussgeometrie oder AR	axial seitlich	radial durch die Bohrung des AR		
Drehzahlkennwert nxdm (mm/min)	$< 2{,}0 \cdot 10^6$	$< 2{,}0 \cdot 10^6$	$< 2{,}2 \cdot 10^6$	$< 3{,}0 \cdot 10^6$	$< 3{,}0 \cdot 10^6$		
Relative Lagerkosten (%) B, HCB, CXB 7014	107 221 357	100 201 337		100 201 337	127 242 378		
Vorteile	- schmale Bauform - vorkonfektioniert	- Standardlager - Fettdepotgröße einstellbar	- längere Lebensdauer - zugeführte Fettmenge einstellbar	Standardlager	Einbringung des Schmierstoffs innerhalb der Luftverwirbelung um das Lager		
Nachteile	- begrenzter Drehzahlbereich - eingeschränkte Beschleunigungsfähigkeit - zusätzliche Bearbeitung durch Ringnuten		- geeignete Schmierstoff zu- und -abfuhr notwendig - Sonderbauform für Fettnachschmierung		- zusätzliche Lagerbearbeitung notwendig - Bohrungen und Nuten schwächen den AR besonders bei druckwinkelseitiger Bohrung - Schmierstoffzu- und -abfuhr notwendig		
			aufwändiges Nachschmiersystem notwendig				

Legende: Bezeichnung * nach DIN 628-6, Lagerreihe 7014, lagerherstellerspezifisch hier nach SNFA [SNFA 2010]
AR: Aussenring
dm: mittlerer Lagerdurchmesser

Bild 2.6: Bauarten, Schmierungsarten und Eigenschaften von Spindellagern

Design, lubrication types and characteristics of spindle bearings

Etwa 90 % der Spindeln sind mit einer Fettlebensdauerschmierung ausgestattet. Die Angabe der erreichbaren Drehzahlkennwerte bei Lebensdauerfettschmierung und gedeckelten Lagern werden überwiegend mit $2{,}0 - 2{,}14 \cdot 10^6$ mm/min angegeben [KLUE06, Gebe08]. In Sonderanwendungen können auch $2{,}6 \cdot 10^6$ mm/min erreicht werden [NSK11]. Die Fettlebensdauerschmierung benötigt den kleinsten Bauraum und besitzt den geringsten apparativen Aufwand. Nach Herstellerangaben [GMN10b, SCHA11b, SKF11a] reichen bei Lagerbohrung 70 mm bei der Fettlebensdauerschmierung Mengen von ca. 1,9 - 5,7 g (< 6130 µl) aus. Durch die eingeschränkte Nachfließfähigkeit ist die Drehzahleignung und durch das begrenzte Schmierstoffreservoir bei kontinuierlicher Scherung und fehlender Partikelabfuhr die Lebensdauer begrenzt. Somit wird nach einer entsprechenden Laufzeit ein Austausch der Lager notwendig. Durch die Erweiterung des Fettreservoirs mittels offener Geometrie können Lebensdauern erhöht werden, welche durch das Nachführen von unverbrauchtem Fett durch Nachschmiersysteme bis um Faktor 3 betragen kann [Gebe08]. Bei der Fettnachschmierung wird durch einen Druckbehälter Schmierstoff durch inerte Kanäle bis zum Lager in einem zeitgesteuerten Takt befördert und durch eine radiale Bohrung ins Lager eingebracht. Zudem muss das gebrauchte und ggf. mit Abriebpartikeln kontaminierte Fett geeignet abgeführt werden. Die erreichbaren Drehzahlkennwerte ($n \times d_m$) steigen durch die Nachschmierung nur geringfügig bzw. nicht an [Gebe08].

Bei der Öl-Nebel-Schmierung wird das Öl durch eine Zentrifuge vernebelt. Durch die prinzipbedingte Erzeugung lungengängiger Tropfengrößen ist diese aus arbeitsschutzrechtlichen Gründen nur mit entsprechender Absaugvorrichtung zugelassen. Bei der Öleinspritzschmierung wird eine große Menge Öl ohne Transportmedium in das Lager eingebracht. Durch die hohen Planscharbeitsverluste wird das Öl aufgeheizt. Die Leistungsverluste können bis zu einem Drittel der Spindelantriebsleistung betragen, weswegen dieses Verfahren aus ökologischen und ökonomischen Gründen gemieden wird. Das Öl muss zusätzlich abgesaugt, rückgeführt sowie entsprechend gekühlt und gefiltert werden [Koch96].

Die Öl-Luft-Schmierung kommt bei Einsatzbedingungen mit steigenden Anforderungen hinsichtlich erreichbarer Drehzahlkennwerte bis zu $3{,}0 \cdot 10^6$ mm/min, Zuverlässigkeit und Lebensdauer zur Anwendung. Das Schmierprinzip basiert auf dem kontinuierlichen Eindosieren von mit Öl vermischter Druckluft in das Lager. Der Luftdruck liegt je nach Herstellerempfehlung zwischen 2 und 6 bar [SCHA06, Spie06]. Bei diesen Systemen wird mittels einer Pumpe in einem Verteilersystem ein Vordruck aufgebaut, und das Öl über Dosierventile in einzelne Mischkammern eingebracht. In den Leitungen wird das eindosierte, feinstgefilterte (Filtergröße < 4 µm) Öl durch den konstant überstreichenden Luftstrom über der Leitungslänge (> 1 m) in Form einer Schliere zum Lager transportiert. Dieses wird anschließend über eine Zufuhrdüse axial oder radial durch eine Bohrung in das Lager eingebracht. Der Volumenstrom wird über die Zykluszeit zur Füllung der Mischkammern eingestellt. Wird der Abstand der Zyklen zu lang gewählt, verringert sich die Schlierenhöhe und es kann zum Abreißen der Schliere kommen. Um eine Unterschmierung des tribologischen Kontakts auszuschließen, wird dem Lager meist eine zu große Menge Schmierstoff zugeführt. Die Angaben reichen von ca. 117 µl/h [SKF11a] des Lagerherstellers bis zu denen der Spindelhersteller von 240 - 340 µl/h [WEIS08, SCHA11b]. Derzeit verwendete Systeme überwachen per Sensoren den Ölstand, Öldruck, Luftdruck sowie die Schaltzyklen der Dosierventile und die Schliere selbst [Brue05, BIEL07, SKF11a].

Bild 2.7 stellt die beiden gängigen Nachschmiersysteme für den zuverlässigen Betrieb von WZM-Hauptspindeln gegenüber.

Der Betrieb von Nachschmiersystemen bringt neben den Anschaffungskosten zusätzliche Kosten mit sich, die sich bei der Öl-Luft-Schmierung vor allem in der Drucklufterzeugung darstellen. Der Druckluftverbrauch einer Maschine hängt von der Anzahl pneumatisch betriebener Nebenaggregate ab. Exemplarische Messungen an einer Werkzeugmaschine erbrachten einen Luftverbrauch des Öl-Luft-Aggregats bei vier Schmierstellen von 7,0 Nm^3/h. Der anteilige Luftverbrauch kann je nach Betriebszustand bis zu 32 % des Gesamtverbrauchs der Maschine betragen [Brec12a]. Bei angenommenen Kosten in Höhe von 0,06 €/Nm^3 [Gebe08] fallen Betriebskosten in Höhe von 0,42 €/$h_{Betrieb}$ an.

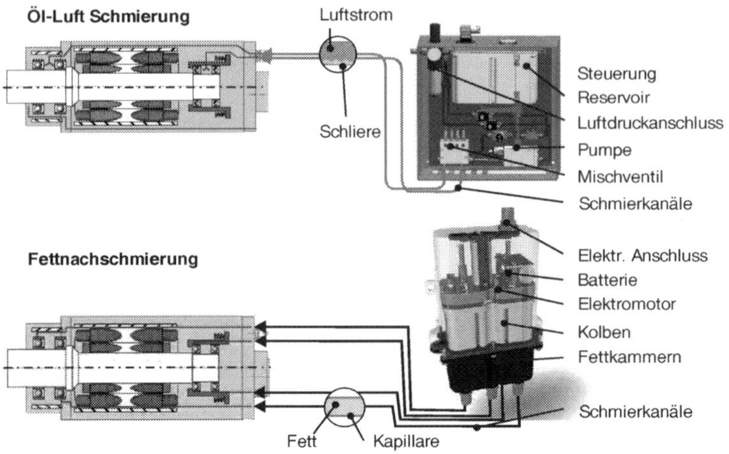

Bild 2.7: Schematischer Aufbau kommerzieller Nachschmiersysteme von Werkzeugmaschinenspindeln

Schematic design common used relubrication systems for main spindles

2.3.4 Einsatzgrenzen der Schmierungsprinzipien

Limitations of lubrication systems

Die Grenzen der eingesetzten Schmierungsprinzipien ergeben sich aus dem Schmierstoff selbst oder dem verwendeten Schmiersystem.

Fette sind in den dauerhaft erreichbaren Drehzahlkennwerten beschränkt. Ihre Lebensdauer wird mit bis 5000 h Betriebsstunden angegeben, welche durch erhöhte Temperatureinwirkung erheblich reduziert wird [KLUE06]. Durch das Nachschmieren kann die Laufzeit nach [Gebe07, GMN10a] deutlich verlängert werden. Bei der Fettnachschmierung werden die Zufuhrleitungen durch den Spindelkörper geführt. Das temperaturabhängige Ausbluten (Verlust des Grundöls aus dem Verdicker) des Fettes in der Zuleitung sowie die kurzzeitige überhöhte Verdrängung des Fettes bei Zuführung in das Lager und die erneute notwendige Fettverteilung sind problematisch [Brec10]. Die erreichbare Drehzahlgrenze mit Fettschmierung liegt bei $n \times d_m < 2{,}0 \cdot 10^6$ mm/min (siehe Bild 2.6).

Bei der Öl-Luft-Schmierung kann das Einstellen unterschiedlicher Volumenströme im Betrieb durch die Anpassung der Taktzeit erfolgen. Je nach Maschinenaufbau beträgt der Abstand von Öl-Luft-Aggregat zu Schmierstelle mindestens 1,5 m über die Energieführungskette üblicherweise bis zu 10 m. Die Transportgeschwindigkeit der Schliere stellt sich in Abhängigkeit von den Leitungslängen, den Querschnitten (dem Betriebsdruck) und den Volumenströmen ein. Bei einem typischen Schlauchinnendurchmesser von 2,5 mm und einer Düsenaustrittsgeometrie von 0,5 mm bilden sich Schlierentransportgeschwindigkeiten von ca. 0,1 - 0,2 m/min aus. Somit kann die systeminhärente Totzeit bis der am Aggregat geänderte Volumenstrom an der Dosierstelle eintrifft bis zu 100 min betragen. Diese verhindert eine zeitnahe Anpassung der zugeführten Schmierstoffmenge [Moel06]. Eine Überwachung reduzierter Volumenströme ist nur bedingt möglich [Brue05]. Der Einsatzbereich für Schlierensensoren ist herstellerseitig für einen Bereich > 60 µl/h empfohlen [SKF09]. Mit der internen, geschützten Messdatenauswertung wird vereinfachend ein Schaltsignal an die Maschinensteuerung ausgegeben. Bei Reduktion des Volumenstroms unterhalb der vorgegebenen Einstellung von 60 µl/h arbeitet der Sensor mit einer deutlich zunehmenden Fehlsignalhäufigkeit, was die Zuverlässigkeit des Spindelbetriebs reduziert [Brec12a]. Zur Reduktion der Schmierstoffmengen bieten verschiedene Hersteller die Möglichkeit an, kleinere Mischkammervolumina von 2 - 3 µl einzusetzen [BIEL07, SKF11a], um nicht die Zykluszeiten verlängern zu müssen und einen Schlierenabriss zu riskieren. Zudem werden in Schmierleitungen Wendeln eingesetzt, in denen sich Öl nach dem Abschalten sammelt, um ein naheliegendes Reservoir an der Spindel (< 0,5 m) zu halten. Ansätze zur Reduktion der Schmierstoffmenge wurden bereits von KOCH mittels Öl-Luft-Schmierung verfolgt und bei einem unteren Grenzwert von 30 µl/h im Lagereinsatz als geeignet befunden [Koch96].

Das Prinzip einer Schmierstoffzufuhr geringer Mengen ohne das Transportmedium Luft nutzte KOCH bereits für Prüfstandsversuche. Diese beschränkten sich ohne sensorgestützte Überwachung auf eine minimale Menge von 3 µl/Hub [Koch96]. Am Markt verfügbare Schmiersysteme stellen keine ausreichend geringen Hubvolumina für eine Minimalmengendosierung zur Verfügung [BIEL07, SKF11a]. Dosierungssysteme aus der Mikrosystemtechnik sind für den Laboreinsatz ausgelegt [BART10, GYGE10, HNP10, LEE10, PICO10, WOER10] und können in der rauen Industrieumgebung nicht eingesetzt werden. Sie finden aufgrund der hohen Kosten und mangelnden Robustheit bisher keine Verwendung.

In verschiedenen Patenten bzw. Offenlegungsschriften finden sich weitere Prinzipien zur Schmierstoffzuführung ohne bzw. mit indirekter Druckluftunterstützung. [DE2007a] beschreibt Prinzipien ohne Steuerung und Regelung, in denen der Förderdruck durch Zentrifugalkräfte oder gravimetrisch erzeugt wird. Die Verwendung magnetostriktiver Kolben oder Ventile, die den Schmierstoff mit Hochdruck in das Lager fördern findet sich in [DE2000]. Die Größenordnung pro Zyklus wird mit 0,5 µl/Schuss und die Austrittsgeschwindigkeit mit 10 m/s angegeben. Der Einsatz von Dosierelementen bspw. Injektoren für die Hochdruckzufuhr von Schmierstoff wird in [DE2007b, US2002] beschrieben. Das Prinzip der Zuführung von Schmierstoff in einen am Lager eindosierten Luftstrom, um die Totzeit zu eliminieren, findet sich mittels Pumpensystems [EP1998a], piezoelektrisch [EP1998b] oder für ein Spindelsystem in [EP2008]. Trotz des patentrechtlichen Schutzes sind keine kommerziellen Systeme verfügbar bzw. wissenschaftliche Untersuchungen zu einem Systemeinsatz in schnelllaufenden Wälzlagern bekannt.

Innerhalb des vom BMBF geförderten Projektes „Schmier“ wurde ein modulares Minimalmengenschmiersystem aus Komponenten der Mikrotechnik aufgebaut. Das eingesetzte Schmiersystem arbeitete mittels Mikrodosierpumpe, wurde mit einem Drucksensor überwacht und konnte Schmierstoffmengen in Größenordnungen von 60 µl/h bereitstellen. Im Spindelbetrieb konnte die Funktionsfähigkeit bis zu einem Drehzahlkennwert von 1,62 Mio. (Lagerbaugröße 30 mm) nachgewiesen werden [Maac05]. Ein Vergleich zu anderen o.g. Schmierungsarten wurde nicht durchgeführt. Derzeit wird von [SKF11b] an der Umsetzung einer kompakten Direktschmiereinheit mit geringen Dosiermengen gearbeitet. Zielgrößen sind die Zufuhr von Schmierstoffmengen im Bereich von 0,5 - 5 µl/min bei Viskositäten von 20 - 200 mm²/s und der Schmierung von bis zu vier Lagerstellen gleichzeitig [DE2011].

Der umwelttechnische Aspekt betrifft bei den Systemen neben dem Ressourcenverbrauch auch die Geräuschentwicklung im Betrieb. Diese wird bei Präzisionsanwendungen zusätzlich als Qualitätskriterium herangezogen. Druckluftunterstützte Systeme führen in Folge des engen Zufuhrquerschnitts zu hohen Luftgeschwindigkeiten und somit einer erheblichen Geräuschentwicklung.

2.4 PVD-Beschichtungen für Spindellager

PVD-coatings for spindle bearings

Die Funktionalität tribologischer Systeme ist stark von den Eigenschaften Ihrer Teilsysteme abhängig. Oftmals sind Belastungskollektive festgelegt, so dass sich Optimierungen auf die Schmierung, die Werkstoffe und die Oberflächen beziehen. Der Werkstoff definiert Festigkeit und Bearbeitbarkeit, während die Oberfläche Reibung, Verschleiß, Korrosionsfestigkeit und das Erscheinungsbild bestimmt. Beschichtungen ermöglichen die Trennung von Material- und Oberflächeneigenschaften, so dass Produkte mit verbesserter Leistungsfähigkeit generiert werden können [Bran06].

Haupteinsatzbereich ist die Werkzeugbeschichtung, welche zu einer deutlichen Verbesserung der Standzeiten und somit zur Produktivität und Qualität moderner Fertigungsverfahren geführt hat [Lugs98, Kloc02]. Zum Einsatz kommen Physical Vapour Deposition (PVD)- und Chemical Vapour Deposition(CVD)-Verfahren [VDI01]. Durch Verfahrensmodifikationen mittels Plasmaeinsatzes (Plasma assisted/enhanced PA/PECVD) können die Prozessfenster zu deutlich geringeren Temperaturen verschoben werden [OERL11]. Die Beschichtungseigenschaften können durch die Prozesse und den Aufbau des Schichtsystems in weiten Bereichen eingestellt werden.

2.4.1 Prozesstechnologie für Dünnschichten

Process technology for thin coatings

PVD-Prozesse umfassen unterschiedliche Verfahrensvarianten, die sich durch das physikalische Wirkprinzip unterscheiden, das Schichtmaterial in die Gasphase zu überführen. Die Grundprinzipien sind Verdampfen, Zerstäuben und Verdampfen mittels Ionisieren. Nach [Moel01] werden die Prozessphasen Verdampfen oder Zerstäuben, Transport und Schichtkondensation auf dem Substrat unterschieden. In der hier vorgestellten Arbeit wird auf das Verfahren des Magnetron Sputter Ion Plating(MSIP)-Prozesses fokussiert [Maes07].

Die Grundlage der Sputterverfahren bildet die elektrische Gasentladung (Zwei-Platten Glimmentladung). Durch das Verschalten zweier Platten als Anode und Kathode wird das zwischen diesen befindliche Gas mittels der eingebrachten elektrischen Energie in den Plasmazustand überführt. Die Leistungsversorgung erfolgt mittels Gleich(DC)-, Mittel(MF:0,5 - 1,0 MHz)- oder Hochfrequenz(HF: 13,56 MHz)-Spannung. Durch Anwendung der MF- und HF-Technik kann die Zerstäubung im Gegensatz zur DC-Technik auch auf elektrische Nichtleiter erweitert werden (Bild 2.8, links) [Erke06, Maes07].

Die Kondensation der Atome auf dem Substrat wird durch Ionenbeschuss aus dem Plasma durch Anlegen einer Bias-Spannung (-50 ... -500 V) unterstützt. Auf der Substratoberfläche werden Substrat- und Schichtmaterial wieder zerstäubt und aktiviert sowie gezielt Defekte in die Oberfläche eingebracht. Die Komponenten werden üblicherweise auf dem Substrattisch über Satellitenträger rotierend in speziellen Halterungen geführt, während die Targets kreisförmig um den Substrattisch angeordnet sind (Bild 2.8, rechts) [Erke98, Moel01, Meie01].

Ein wesentlicher Aspekt ist die Gewährleistung einer guten Schichtanbindung an die Bauteiloberfläche. Hierzu ist die Säuberung der Oberfläche wesentlich. Nach einer nasschemischen Reinigung zur Entfernung makroskopischer Schmutzpartikel, Fette und Konservierungsmittel erfolgt im Vakuum das Ionenätzen. Hierbei wird das Bauteil mit Ionen beschossen und die

Oberfläche von Verunreinigung wie adsorbierten Gasen oder Wasserrückständen gesäubert und für die Beschichtung aktiviert.

Die fertige Schicht setzt sich überwiegend aus einer metallischen (z.B. Al, Cr, W) und einer nichtmetallischen Phase zusammen. Die metallische Phase wird als Target in fester Form und die nichtmetallische Phase im gasförmigen Zustand als Mischung mit dem Prozessgas (i.d.R. Argon) eingebracht.

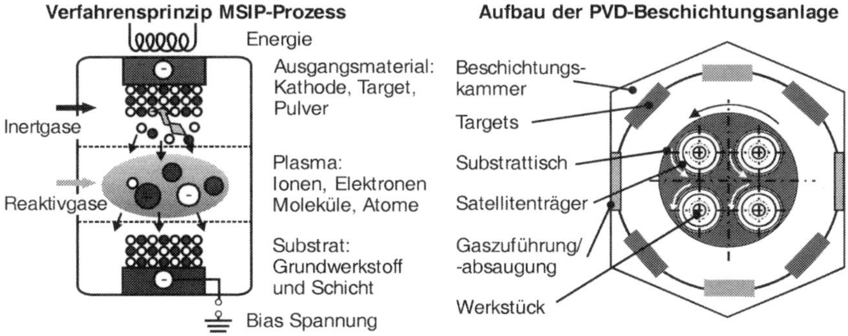

Bild 2.8: Schematische Darstellung des MSIP-Prozesses (links) und Aufbau einer PVD-Beschichtungsanlage (rechts)

Schematic design of the MSIP process (left) and a PVD coating plant (right)

Eine Verfahrensiteration ist die Pulstechnologie. Im Gegensatz zu der konventionellen DC-Technik werden die Kathoden nicht mit einer konstanten sondern einer gepulsten Spannung versorgt. Durch Taktung eines kurzzeitigen, hochenergetischen Pulses kann die Energiedichte im Plasma erhöht werden, ohne dass hierdurch die Prozesstemperatur insbesondere am Target ansteigt. Die zunehmende Ionenenergie ermöglicht die Erzeugung gleichmäßiger, feinkristalliner Schichtstrukturen bei Niedertemperaturprozessen. Neben der Frequenz nehmen Pulsform sowie Tastverhältnis eine bedeutende Rolle in der Schichtabscheidung ein [Holl95, Maes07, Yone05].

Die Vielzahl an Einflussgrößen und deren Korrelationen führt in Kombination mit den Schichtanforderungen zu einem engen Prozessfenster, welches zentral durch das Bauteil (Substrat, Geometrie), die Schichtanforderung (Härte, Verschleißfestigkeit, etc.), Schichtwerkstoff sowie die Beschichtungsanlage selbst festgelegt wird [Erke98, Moel01, Meie01, Maes07]. Strukturmodelle werden entwickelt und genutzt, um die Prozessgestaltung berechenbar zu machen. Die Ausprägung der Schichtstruktur wird bspw. nach THORNTEN als Funktion des Druckes und der homologen Temperatur (Verhältnis der Substrat- zur Schichtschmelzetemperatur) bestimmt.

Die Entwicklung von Schichttypen und die Anpassung bestehender Prozesse an neue Bauteile ist daher ein kompliziertes und langwieriges Verfahren.

2.4.2 Schadensmechanismen und -formen bei Beschichtungen

Failure mechanisms and form of coated surfaces

Die Analyse von geschädigten tribologischen Systemen lässt Rückschlüsse auf ihr Verschleißverhalten zu. Bei genauer Kenntnis können Aussagen über die Schwachstellen des

Systems getroffen werden und diese in den Verbesserungsprozess einfließen. Die Verschleißerscheinungsformen an Beschichtungen lassen sich in Delamination, Abplatzer und Abrieb einteilen. Delamination bezeichnet das Ablösen der Schicht vom Substrat. Abplatzer, lokale Ausbrüche sowie Abrieb das von der Funktionsfläche abgetragene Material [DIN95]. Grundsätzlich können nach [Yone05, Pask07, Holm07] drei mechanische Verschleißstufen unterschieden werden. In der ersten Stufe entstehen Risse an der Oberfläche sowie am Übergang zwischen Substrat und Schicht. In der zweiten Stufe haben sich die Risse soweit fortgesetzt, dass Materialausbrüche auftreten [Pask07]. In der dritten Stufe breiten sich die Risse weiter aus und Abrieb und Delamination setzen sich umfassend fort. [Yone05] klassifiziert wie in Bild 2.9 dargestellt den Verschleiß in sechs Typen von reiner Delamination (IA) mit überlagertem abrasiven Verschleiß (IB) über Innerschicht- bzw. kohäsiven Verschleiß (II) und Ausbrüche durch Ermüdung mit überlagerter Delamination (IIIA) oder Oberflächenzerrüttung (IIIB) sowie Mikroskopische Ausbrüche (IV).

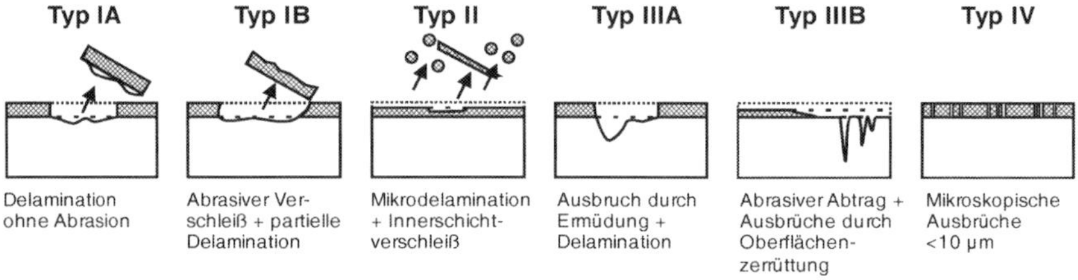

Bild 2.9: Klassifikation des Schichtverschleißes, nach [Yone05, Holm07]

Classification of coating wear, see [Yone05, Holm07]

2.4.3 Herausforderungen der Lagerbeschichtung

Requirements for coatings in bearings

Spindellager unterliegen als hochpräzise Maschinenelemente mit eingeschränkten Toleranzen hohen Anforderungen an die Fertigungsgenauigkeit, Funktionsfähigkeit und Zuverlässigkeit [DIN88b, GMN10b, SCHA11b, SKF11a]. Aufgrund der verwendeten Standardwerkstoffe sind Substrattemperaturen im Bereich der Anlasstemperatur als obere Grenze für die Prozesstemperaturen zu sehen [Erke98]. In diesem Temperaturbereich erfolgt die Phasenumwandlung des Restaustenits, der sowohl zu einer Härtereduktion, als auch zu Verzug der Lagerringe führen kann. Durch die Sichtliniencharakteristik des PVD-Prozesses und der zweifach gekrümmten Rillenkontur der Lagerringe müssen diese während des Beschichtungsprozesses geeignet geführt werden, um eine möglichst homogene Schichtstärke zu generieren [Maes07].

Überwiegend veröffentlichte Versuche beziehen sich auf Analysen von Analogieversuchen wie Pin on Disk (POD), Ball on Disk (BOD) [DIN92]. Die POD/BOD-Versuche dienen der Grundcharakterisierung von Schichtsystemen. Bei diesen wird ein beschichteter Stift oder Ball mit einer definierten Kraft auf eine drehende Scheibe gedrückt und der Verschleiß beider Körper bewertet. Weiterführende Analogieversuche sind Ritztest, Reib-Verschleiß-Versuche sowie Versuche auf dem Zwei-Scheiben-Prüfstand.

Untersuchungen zu amorphen Kohlenstoffschichten und Nitridschichten belegen das Potential dieser Schichtsysteme. Exemplarische Untersuchungen am Zwei-Scheiben-Prüfstand zeigten die folgend beschriebenen Ergebnisse. [Gros07, Seme10] wiesen Vorteile im Reibungsverhalten von a-C:H:W-beschichteten Oberflächen sowohl in Grenz- und Mischreibungs- als auch im EHD-Bereich nach. Die Kombination von CrN + a-C:H konnte nach [Krop06] unter geringer Pressung von 780 N/mm² deutliche Vorteile unter Minimalmengenschmierung bzw. im Trockenlauf bestätigen. Die Verschleißfestigkeit von CrAlN, TiAlN und WC/C wurde insbesondere beim letzten Beschichtungssystem im Vergleich zur unbeschichteten Referenz nach [Hura04, Bouz08] signifikant erhöht, welche sich unabhängig von der Schmierstoffadditivierung einstellte. [Bugi09] konnte nachweisen, dass sich harte Schichtsysteme beim Abriebverschleiß resistenter als duktile verhalten. Die Beschichtung mit amorphen Kohlenwasserstoffschichten schützt die Komponenten (hier Zahnflanken) wirkungsvoll vor Oberflächenermüdung. Das relativ weiche aber spröde Schichtsystem CrAlN konnte in Laufversuchen an die Leistungsfähigkeit der a:C:H-Systeme nicht anknüpfen.

Die Anwendung der Beschichtungstechnologie in Wälzlagern zur Verminderung von Reibung und Verschleiß ist bereits langjähriger Forschungsgegenstand [Murr10]. Grundlage ist die Entwicklung von Beschichtungsprozessen, die in den Arbeiten von [Erke98, Meie01, Moel01, Maes07] für verschiedene Beschichtungssysteme (TiAlN, CrN, TiN:C, CrAlN, a-C:H:W) beschrieben werden. Positive Ergebnisse verschiedener PVD-Beschichtungen liegen für Axial- [Murr10] und Radiallager [Spal11] unter Mischreibung [Loos01] sowie im Trockenlauf [Moel01] auf dem FE 8-Prüfstand bei hohen Lasten und geringen Drehzahlen (3000 min^{-1} und 7,5 min^{-1} [Bobz07]) vor. Insbesondere HfN- und CrAlN-Beschichtungen zeigten im Trokkenlauf von Hybridlagern geringer Baugröße einen deutlich verbesserten Verschleißschutz.

Untersuchungen an schnelldrehenden Wälzlagern ($n \times d_m > 1{,}08 \cdot 10^6$ mm/min) wurden für eine Vielzahl von Schichtsystemen grundlegend an Spindellagern durchgeführt [Murr10]. CrAlN-Beschichtungen sind mit höher angelassenen Lagern mit dem Ergebnis unzureichender Schichthaftung durchgeführt worden [Maes07, Murr10]. Prüfstandsuntersuchungen zu a-C:H:W-Beschichtungen wurden in einem eingeschränkten Anwendungsbereich vorgenommen [Spac08]. Aussagen über die Leistungsfähigkeit und Eignung im überwiegend vorliegenden EHD-Zustand konnten dabei nicht gemacht werden. Im Bereich der Verschleißfestigkeit bei hoher Überrollungszahl konnte gravimetrisch kein Verschleiß nachgewiesen werden, bei hoher Last war dagegen geringer Innerschichtverschleiß im mg-Bereich messbar. Die Versuche wurden bei reiner Axiallast durchgeführt, so dass der Beweis unter Radiallast und im realen Einsatzfall aussteht. Als Schmierstoffe wurden ein hochdrehzahlgeeignetes Fett (BF72-22) und ein höherviskoser ($v = 68$ mm²/s) additivierter, synthetischer Kohlenwasserstoff eingesetzt. Die Verbesserung der Mangelschmierungseigenschaften konnte exemplarisch nachgewiesen werden. [Spac08]

Kommerziell verfügbare Schichtsysteme für die Anwendung von Spindellagern umfassen lediglich Sonderlösungen. Zu nennen sind dabei die Dünnschichtverchromung TDC, DURALLOY® oder galvanisch abgeschiedene Schichten, wie sie z.B. von Schaeffler [SCHA11c] entwickelt wurden, reibungsarme Keramikbeschichtungen (NoWear® [SKF11a]) sowie verschleißreduzierende Hartstoffbeschichtungen TRIONDUR® [Mart11] oder ATCOAT Beschichtungen [IBC11]. Des Weiteren sind Wälzlager mit Schichtsystemen zur elektrischen Isolierung der Außenflächen (z.B. INSOCOAT [SKF11a], Aluminiumoxid [SCHA11c]) verfügbar.

3 Aufgabenstellung und Zielsetzung

Task definition and objective

Das tribologische System Spindellager weist außerhalb des optimalen Betriebs Mangel- und Überschmierungszustände auf.

Mangelschmierungszustände führen durch die Kontaktbedingungen zu erhöhter Reibung und können einen Verschleiß der Lagerbauteile bedingen. Durch auftretenden Verschleiß verschlechtern sich die geforderten Lauf- und Betriebseigenschaften und die Effektverstärkung führt zu einem Ausfall der Komponente. Die Trennung von Werkstoff- und Oberflächeneigenschaften durch Applikation einer Beschichtung kann in vielen Fällen wirksam und kostengünstig die Mangelschmierungseigenschaften und den Verschleißschutz von Tribosystemen verbessern.

Überschmierungszustände liegen temporär vor, sind reversibel und können durch erhöhte Belastungen zu einer reduzierten Leistungsfähigkeit und gegebenenfalls zur Überlastung des Tribosystems führen. Die zur Schmierung der Spindellager eingesetzte Schmierstoffmenge kann um ein Vielfaches auf ein ausreichendes Minimum reduziert werden. Die derzeit eingesetzte Öl-Luft-Schmierung besitzt prinzipbedingte Totzeiten. Eine Reduktion der zugeführten Schmiertstoffmenge, die sowohl quantitativ überwacht als auch zeitnah angepasst werden kann, ist daher nicht möglich.

Die Aufgabenstellung ist daher:

- das Betriebsverhalten von Spindellagern bei Mangel- und Überschmierung zu bewerten,
- Ansätze zur Verbesserung von Mangelschmierungseigenschaften mittels explizit auf das Spindellager angepasster PVD-Beschichtungen zu untersuchen und deren Lauf- und Verschleißverhalten zu analysieren sowie
- Überschmierungszustände durch eine zeitnah anpassfähige, ressourceneffiziente Schmierstoffversorgung auszuschließen und diese im Vergleich zu einer Öl-Luft-Schmierung im Betrieb zu verifizieren.

Die Grundlagen für eine experimentelle Untersuchung hinsichtlich Prüfstands- und Messtechnik sowie die einzelnen Versuchsprogramme und Komponenten werden in Kapitel 4 vorgestellt. Anhand der in Zerspanungsversuchen bei verschiedenen Werkstoffen und Bearbeitungsbedingungen ermittelten Lagerlasten erfolgt das Festlegen der Belastungen für die experimentelle Erprobung. Zudem wird der Schmierungszustand mit einem Schmierfilmhöhenmesssystem qualitativ überwacht sowie die Einflussgrößen Drehzahl, Last und Schmierstoffmenge auf diesen untersucht.

In Kapitel 6 werden zunächst die zentralen Einflussfaktoren auf die oberflächennahen Spannungen zur Bewertung von Verschleißvorgängen simuliert. Anschließend erfolgt die Untersuchung des Verschleißverhaltens verschiedener Schichtsysteme anhand eines Analogiebauteils zum Innenring – der sogenannten Triboscheibe – in verschiedenen Laststufen. Durch systematische Anpassung des Beschichtungsprozesses in Iterationsschritten wird eine exemplarische Beschichtung auf das Spindellager übertragen und versucht, das Spannungsfeld zwischen geringem thermischen Verzug bei ausreichender Schichthaftung zu lösen. Relevante geometrische und materialspezifische Eigenschaften werden gemessen und deren Einfluss bewertet. Der Vergleich des Betriebs- und Verschleißverhaltens dient dazu, Rückschlüsse auf die Qualität der Beschichtung zu ziehen. Anschließend folgt die Untersuchung des Betriebsverhaltens weiterer einsatzfähiger Beschichtungen vom Leerlauf bis zum realen Zerspanungsprozess unter verschiedenen Lastkollektiven bei zunehmender Drehzahl sowie Axial- und Radiallasten. Das Verschleißverhalten wird verglichen und die Mangelschmierungseigenschaften bewertet.

Das Vermeiden von Überschmierungszuständen ist Inhalt von Kapitel 7. Anhand der Anforderung, die zugeführte Schmierstoffmenge zeitnah anzupassen, ist eine direkte Schmierstoffförderung ohne Transportmedium zwingend notwendig. Für deren Umsetzung werden zunächst die Berechnungsgrundlagen von Kapillarströmungen vorgestellt und zwei Systeme mit drucklosem und -beaufschlagtem Funktionsprinzip definiert. Die Auslegung der Kapillarsysteme erfolgt durch Vorgabe der erforderlichen Schmierstoffmenge. Beide Direktschmiersysteme werden aufgebaut, im Prüfstandsbetrieb untersucht und ihr Einsatzpotential durch Anwendung in einer Motorspindel charakterisiert. Die Leistungsfähigkeit wird exemplarisch mittels verschiedener Lastkollektive sowie im realen Zerspanungsprozess ermittelt. Abschließend werden das Spindelverhalten bei Zuführung verschiedener Schmierstoffmengen bewertet und die untersuchten Schmierungssysteme miteinander verglichen.

4 Grundlagen der experimentellen Untersuchung

Fundamentals of the experimental analyses

Die Grundlagen der experimentellen Untersuchungen gliedern sich in den Aufbau eines messtechnischen Systems zur Untersuchung und Identifikation des Schmierungszustands, Vorstellung der prüfstandstechnischen Aufbauten, Schmierstoffe, Prüfkörper und der Versuchsprogramme.

4.1 Messtechnischer Aufbau zur Untersuchung des Schmierungszustands

Measurement set-up for the analysis of the lubrication condition

Der Reibungszustand eines Lagers kann wie im Kapitel 2.2.3 erläutert nach STRIBECK eingeteilt und ursachenbezogen berechnet werden. In einem elliptischen Kontakt sind der wirkende Druck sehr hoch und die Deformationszeiten sehr kurz. Charakteristisch für den Betrieb des Spindellagers ist im ungeschmierten Kontakt der Festkörperreibungszustand und im geschmierten Kontakt der Mischreibungs- und der elastohydrodynamische(EHD)-Zustand.

4.1.1 Identifikation des Schmierungszustands

Identification of the lubrication condition

Neben der reinen Pressung werden die elastische Verformung und die Schmierstoffeigenschaften durch das Ausbilden eines EHD-Kontaktes beschrieben. Die Berechnung dieses Kontaktes erfordert das Lösen nichtlinearer Differential- und Zustandsgleichungen zur klassischen Theorie der Hydrodynamik, der Energiegleichung, der elastischen Verformung der Kontaktpartner sowie des Schmiermittelzustands, die erstmals von ERTEL 1939 gelöst wurde [Grub49]. [Dows77] hat 1959 die Hertzsche Verformung (Parallelspalt zwischen den Körpern) durch die Annahme einer elastischen Verformung erweitert. Im Einlaufbereich wird der die Körper benetzende sowie der in den Wälzspalt zugeführte Schmierstoff bei steigendem Druck zunehmend komprimiert. Zusätzlich kann neben dem Keileffekt ein Verdrängungseffekt auf makro- und mikroskopischer Ebene beobachtet werden, der zu einem dynamischen, instationären Verlauf führt [Scho95], was auch als Strömungshypothese bezeichnet wird. Dieser Effekt führt zu einem weiteren lokalen als PETRUSEVICH-Spitze benanntem Maximum [Petr51]. Diese Druckspitze führt zu hohen Druckgradienten und zu einem am Austritt verengten Spalt in Höhe von $h_{min} = 0{,}7 - 0{,}85\ h_0$, der in aktuellen Arbeiten experimentell bestätigt werden kann [Hamr04, Krei08, Popo05]. Bild 4.1 zeigt die schematische Darstellung eines minimalmengengeschmierten EHD-Kontaktes.

Für die Berechnung wurden zunächst folgende Vereinfachungen angenommen, was als stationäre isotherme EHD gilt: über den gesamten Schmierspalt ist die Temperatur homogen, die Strömung im Schmierspalt ist laminar, der Schmierstoff zeigt newtonsches Fließverhalten und ist inkompressibel, homogen und in ausreichenden Mengen vorhanden, beide Kontaktflächen sind ideal glatt, für den Schmierstoff gilt die Haftbedingung und der Druck ist über der Schmierfilmhöhe konstant.

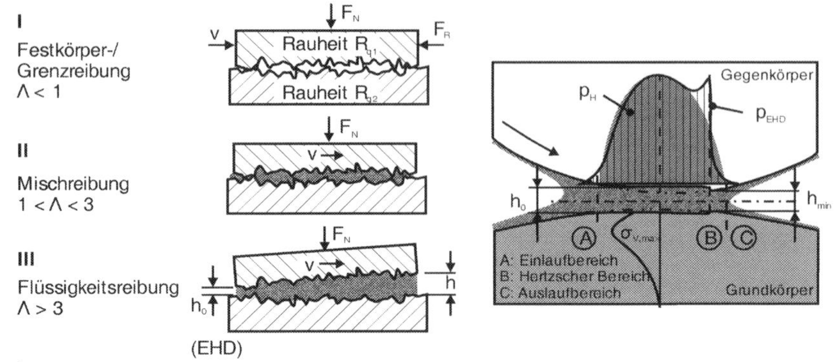

Bild 4.1: Reibungszustände und Belastungen im Wälzkontakt nach HERTZ und EHD-Strömungshypothese

Friction types and stresses in contacts according to Hertz and EHL hypothesis

DOWSON [Dows77] führte dimensionslose Kennzahlen für die Belastung (W), Materialien (G), Geschwindigkeit (U) zunächst temperaturunabhängig zur Berechnung der Filmhöhe ein.

$$W = \frac{F_N}{E_{red} \cdot R_Y{}^2}, \qquad G = \alpha_T(\mathrm{T}_L) \cdot E_{red}, \qquad U = \frac{\eta_T(\mathrm{T}_L) \cdot u}{E_{red} \cdot R_Y \cdot 2} \qquad \text{Gl. 4.1}$$

Weitere theoretische und empirische Untersuchungen haben zu verschiedenen Bewertungen der Einzelfaktoren und einer parametrischen Gleichung geführt, die bspw. in [Koch96, Gold06] wiedergegeben werden.

$$h_{0,\min,iso} = R_Y \cdot H_{0,\min,iso} = R_Y \cdot a_1 \cdot G^{a_2} \cdot U^{a_3} \cdot W^{a_4} \cdot \left(1 - a_5 \cdot e^{a_6 \cdot k}\right) \qquad \text{Gl. 4.2}$$

In einer Erweiterung wurde die Unterteilung der geometrischen Bedingungen (R_Y) für Innen- und Außenkontakt hinzugefügt.

$$R_{Y,I} = R_K \cdot \left(1 - \frac{R_K}{R_T} \cdot \cos\alpha_I\right), \qquad R_{Y,A} = R_K \cdot \left(1 + \frac{R_K}{R_T} \cdot \cos\alpha_A\right) \qquad \text{Gl. 4.3}$$

Die im Schmierstoff auftretenden Effekte wie Kompressionserwärmung, Rückströmung und Scherung im Kontakt sowie die Wärmeübertragung führen zu einer starken Abweichung von den Ergebnissen der isothermen Theorie. Die Änderungen der Eigenschaften ergeben sich entsprechend Gl. 4.4 bei Berücksichtigung der Grundformeln Gl. 4.1 und Gl. 4.2 [Gupt92, Koch96, Baly05].

$$\eta_T(\vartheta_L) = A_V \cdot e^{\frac{B_V}{C_V + \mathrm{T}_L}}, \qquad \alpha_T(\mathrm{T}_L) = 10 \cdot \left(\lg\alpha_1 + \frac{\lg\alpha_2 - \lg\alpha_1}{\lg\nu_2 - \lg\nu_1}\left(\lg\nu(\mathrm{T}_L) - \lg\nu_1\right)\right) \qquad \text{Gl. 4.4}$$

Alternativ können diese Einflüsse über den Ansatz einer thermischen Korrektur nach MURCH und WILSON oder ZHU und CHENG durch die in Gl. 4.2 genutzten Faktoren und Exponenten a_i berücksichtigt werden. Des Weiteren muss insbesondere die Temperatur- und Druckabhängigkeit der Viskosität berücksichtigt werden. Die in Gl. 4.1 erforderliche, temperaturabhängige dynamische Viskosität bei atmosphärischem Druck wird anhand der Gleichung von VOGEL (Gl. 4.4) ermittelt [Rode80, Koch96]. Die VOGEL-Konstanten A_V, B_V und C_V sowie der Druckviskositätskoeffizient des Öles bei Oberflächentemperatur der Kontaktpartner werden auf Basis von Messwerten für die kinematische Viskosität bei unterschiedlichen Temperaturen bestimmt (Gl. 4.4).

Der extrem hohe Druck im Wälzspalt ($p > 20000$ bar) ist ebenfalls bei der Berechnung der Viskosität einzubeziehen. Verfahren, die an die speziellen Bedingungen in Kugellagern angepasst sind, werden in [Stei95, Koch96, Baly05, Teut05] vorgestellt. In dieser Arbeit wird die kombinierte VOGEL-BARUS-Gleichung nach [Peek74] angewendet (Gl. 4.5). Bei steigendem Druck und konstanter Temperatur weist die Viskosität nach dieser Funktion einen degressiven Verlauf auf. Die Faktoren a_1, a_2, b_1 und b_2 in Gl. 4.6 sind schmierstoffabhängige Konstanten [Stei95, Spac08].

$$\eta_{T,p}\left(\mathrm{T}_{Sp}, p\right) = A_V \cdot e^{\left(\frac{B_V}{C_V + \mathrm{T}_{Sp}} + \alpha_P\left(p, \mathrm{T}_{Sp}\right) \cdot \Delta p\right)} \qquad \text{Gl. 4.5}$$

$$\alpha_{T,p}\left(\mathrm{T}_{Sp}, p\right) = \frac{1}{a_1 + a_2 \cdot \mathrm{T}_{Sp} + \left(b_1 + b_2 \cdot \mathrm{T}_{Sp}\right) \cdot \Delta p} \qquad \text{Gl. 4.6}$$

Zur Vereinfachung wird ein newtonsches Fluid angenommen, so dass die Scherung keinen Einfluss auf die Viskosität besitzt. Zusätzlich zu dem Keil- und Verdrängungseffekt spielen Oberflächenrauheiten eine entscheidende Rolle, welche die reale Schmierfilmhöhe reduzieren. Von [Schm85] wurde dazu ein Korrekturfaktor C_{RS} aus funktionsbezogenen Rauheitswerten der Abbotschen Materialanteilkurve herangezogen. Nach [Krei08] kann der Effekt in Abhängigkeit von der Profilhöhe R_z, der Orientierung der Oberflächenstruktur sowie der Summengeschwindigkeit der Körper bestimmt und die Schmierfilmhöhe um einen Korrekturwert reduziert werden. KOCH bestimmte einen Korrekturfaktor, indem er die theoretischen Werte mit den experimentellen Werten verglich [Koch96]. Ein unzureichender Schmierfilm (Mangelschmierung = Starvation) bewirkt im einfachsten Fall eine reduzierte Dissipation von Reibungswärme durch den Schmierstoff. Diese kann für die Berechnung über einen weiteren Reduktionsfaktor einbezogen werden. Durch die Unterversorgung kommt es zu Kontakt an einzelnen Rauheitsspitzen, der durch die erhöhte Reibung auch eine Temperaturerhöhung bewirken kann [Krei08].

Weitere Arbeiten beschäftigen sich mit der Simulation der Kontaktbedingungen und Strömungsverhältnisse mittels CFD (Computational fluid dynamics), die letztlich zu einer genaueren Kenntnis herangezogen werden können [Hart07, Popo05, Zwir04].

Nicht berücksichtigt werden bei der Berechnung entstehende lokale Temperaturunterschiede (Blitztemperaturen) durch Überrollung und damit einhergehende lokale und temporäre stoffliche Eigenschaftsänderungen.

Messtechnische Untersuchungen des Einzelkontaktes haben folgende Einflussgrößen erbracht. Nach [Lugt11] können die wichtigsten Einflussgrößen für die Zustände unter Voll- und Mangelschmierung folgendermaßen zusammengefasst werden: unter Vollschmierung reduziert sich die Schmierfilmhöhe mit steigender Last, während sie bei zunehmender Viskosität und Drehzahl ansteigt. Die Untersuchungen wurden allerdings bei Abwälzgeschwindigkeiten < 0,3 m/s durchgeführt, so dass diese nicht zwangsläufig bei den wesentlich höheren in Spindellagern auftretenden Abwälzgeschwindigkeiten gelten. Nach [Venn08] werden bei zeitveränderlichen Ölmengen im Einlaufbereich auch unterschiedliche Schmierfilmhöhen im Kontakt nachgewiesen. Mit zunehmender Schmierstoffmenge nimmt die Schmierfilmhöhe zu.

4.1.2 Verfahren zur Untersuchung des Schmierungszustands

Proceeding for analysis of lubrication condition

Die Messung der Schmierfilmhöhe zum Abgleich der theoretischen Berechnung wird in vielen wissenschaftlichen Arbeiten diskutiert. Die ersten Schmierfilmhöhen-Messverfahren wurden für einfache Laborprüfstände (Zwei-Scheiben-Prüfstand, gekreuzte Rollen-Prüfstand oder Vier-Kugel-Apparat) entwickelt. Optische, radiaoaktive und magnetische Verfahren eignen sich aufgrund der Handhabung und Zugänglichkeit nur für Einzelkontaktuntersuchungen. Dehnmessstreifen oder aufgetragene Schichten können zur Druck- und Temperaturmessung eingesetzt werden, sind aufgrund des Aufwands allerdings sehr teuer [Beth92] und eignen sich daher nur für exemplarische Versuche [Sper98]. Anhand derer lassen sich die genannten Phänomene auf Zwei- oder Vier-Scheiben-Prüfständen nachweisen [Daub01, Hamr04, Krei08].

Vielfach kommt das optische Verfahren der Interferometrie zum Einsatz. Hier wird der Kontakt stets durch eine transparente Platte (Saphir) und eine darauf abwälzende Kugel oder Scheibe gebildet [Scho95, Lugt11]. Entscheidender Nachteil dieser Untersuchungsmethode ist, dass stets die Transparenz eines Kontaktpartners gegeben sein muss, was die Nachbildung realer Kontakte verhindert.

Oftmals kommt für die Messung aufgrund der Zugänglichkeit und geringen Höhe nur ein indirektes Verfahren wie die axiale Verlagerung oder elektrische Verfahren in Frage. Bei der Widerstandsmessung wird bei bekanntem Gleichstrom der Spannungsabfall am Lager gemessen [Kuhl09]. Dabei sind die Höhe der elektrischen Belastung, die Abhängigkeit intern erzeugter Spannungen (Induktion vom Motor), die Reibung, die Zuordnung der Widerstandswerte sowie der Signalabgriff problematisch. Der Widerstand ändert sich mit dem Feuchtigkeitsgehalt sowie Druck und Temperatur des Öls.

Bei kapazitiv messenden Verfahren kann die elektrische Belastung der mechanischen Kontakte genügend klein gehalten werden. Der Strom ist wechselförmig und die Arbeitsfrequenz über einen weiten Bereich einstellbar [Beth92]. Das physikalische Prinzip beruht auf der kapazitiven Abstandsmessung der im Tribosystem beteiligten Kontaktpartner [Schm85, Beth92, DE2007c, Gatz10]. Der Wälzkontakt lässt sich als Plattenkondensator interpretieren. Während die Oberflächen von Grund- und Gegenkörper durch die o.g. Abplattung in jedem Hertzschen Kontakt annähernd eine Fläche ($A_{Kontakt}$) ausbilden, dient der im Wälzkontakt vorhandene Schmierfilm als Dielektrikum mit der Schmierfilmhöhe h. Die Kontakte von Außen- und Innenring ($C_{Kontakt,AR/IR}$) können als Reihenschaltung verstanden werden, während die einzelnen Wälzkörper zueinander parallel geschaltet sind (Schm85, Beth92, Koch96). Somit ergeben sich folgende Gl. 4.7 für die Berechnung der Kapazitäten:

$$C_{Kontakt,AR/IR} = \varepsilon_0 \cdot \varepsilon_r \cdot k_C \cdot \frac{A_{Kontakt,AR/IR}}{h_{Kontakt,AR/IR}}, \qquad C_{Lager} = \sum_{i=1}^{z} \left(\frac{1}{C_{Kontakt,AR}} + \frac{1}{C_{Kontakt,IR}} \right)^{-1} \qquad \text{Gl. 4.7}$$

Die eigentliche kapazitive Kontaktfläche $A_{AR/IR}$ ist durch die Umgebungseffekte größer als die berechnete Druckfläche $A_{Kontakt,AR/IR}$. Nach [Barz96, Brue72, Baly05] kann das Verhältnis (Kapazitätsfaktor k_C) der zusätzlich im Bereich liegenden Kondensatorflächen als ca. 3-4 mal (gewählter Wert: 3,5) so groß angesehen werden. Dieser ist allerdings abhängig von den Geometrieverhältnissen, der Pressung sowie dem Schmierungszustand (Medium in der Kontaktfläche).

Durch den Betrieb ändern sich wie in Kapitel 4.2 dargestellt die Kontaktbedingungen im Lager, welche eine Änderung der Schmierfilmhöhe nach Kapitel 5.2 bedingen. Die relative Dielektrizitätszahl hängt von den elektrischen Eigenschaften des Schmierstoffs ab, die sich wiederum durch die äußeren Lasten ergeben. Nach CLAUSIUS-MOSOTTI kann diese für polare Flüssigkeiten nach Gl. 4.8 berechnet werden.

$$\varepsilon_r = \frac{\varepsilon_{r,Öl,0} + 2 + 2\cdot\left(\varepsilon_{r,Öl,0} - 1\right)\cdot\frac{\rho_{Betrieb}}{\rho_0}}{\varepsilon_{r,Öl,0} + 2 - \left(\varepsilon_{r,Öl,0} - 1\right)\cdot\frac{\rho_{Betrieb}}{\rho_0}} \qquad \text{Gl. 4.8}$$

Das Dichteverhältnis wird wie von [Koch96] nach HARTUNG [Hart56] in Abhängigkeit von Druck, Druckänderung, Temperatur und Viskosität bestimmt (Gl. 4.9).

$$\frac{\rho_{Betrieb}}{\rho_0} = \frac{1 + \frac{42{,}8\cdot 10^{-6}\cdot\Delta p}{p^{0,25}\cdot\nu^{0,035}}}{1 + \frac{p^{\left(\frac{23,2}{0,25}+0,421\right)\cdot 10^{-4}\cdot\Delta T}}{\rho_0^{\,2}\left(1 + \frac{42{,}8\cdot 10^{-6}\cdot\Delta p}{p^{0,25}\cdot\nu^{0,035}}\right)}} \qquad \text{Gl. 4.9}$$

Vereinfacht kann für eine konstante Temperatur nach BRÜSER folgende Formel angenommen werden (vgl. Schm85):

$$\frac{\rho_{Betrieb}}{\rho_0} = 1 + \frac{9{,}73\cdot 10^{-3}\cdot\left(p\cdot 0{,}101972\right)^{0,75}}{\nu^{0,0385}} \quad \text{mit } p \text{ in [N/mm}^2\text{] und } \nu \text{ in [cSt]} \qquad \text{Gl. 4.10}$$

Die Messung der Schmierfilmhöhe über die Lagerkapazität kann aufgrund der rotierenden Komponente nicht direkt erfolgen, sondern muss auf einen stehenden Aufnehmer übertragen werden. Prinzipiell kann dieses über einen Schleifkontakt [Gatz10] oder kontaktfrei (telemetrisch) erfolgen. Der Nachteil des Schleifkontaktes liegt in dem zusätzlichen Kontakt, der aufgrund der Differenzgeschwindigkeit auch zu Wärmeeintrag und bei hohen Drehzahlen ggf. zu einer inkonstanten Signalübertragung führen kann. Durch eine telemetrische Übertragung kann der Energieverlust ausgeschlossen und die Signalgüte erhöht werden. Auf eine Signalerfassung und Auswertung vor der telemetrischen Übertragung wird verzichtet, da die zuverlässig zu übertragende Datenmenge bei den hohen Drehzahlen für die erforderliche Signalgüte nicht ausreicht. Die telemetrische Übertragung kann entweder axial oder radial erfolgen. Durch kinematische Effekte verlagert sich die Welle im Betrieb axial während eine radiale Aufweitung durch Fliehkräfte und Übertemperatur deutlich geringer ausfällt. Daher wird ein radialer Abgriff bevorzugt.

Als Möglichkeit bietet sich somit die Übertragung mittels eines zylindrischen Systems an. Das Lager bildet die zu messende Kapazität. Das Signal verläuft von dem Lageraußenring über die einzelnen Kontakte auf den Innenring und die Welle. Von der Welle wird das Signal durch einen zylindrischen Körper (im Folgenden Koppelkondensator genannt) entkoppelt und zum Messsystem zurückgeführt.

Die Reihenschaltung von Lager und Koppelkondensator kann somit nach Gl. 4.11 beschrieben werden.

$$C_{Gesamt} = \left(\frac{1}{C_{Lager}} + \frac{1}{C_{KK}} \right)^{-1} \quad \text{Gl. 4.11}$$

Zusätzlich zur Messung der sich einstellenden Lagerkapazität muss zur Berechnung der Gesamtkapazität die Kapazität des Koppelkondensators bestimmt werden (Gl. 4.12).

$$C_{KK} = 2\pi \cdot \varepsilon_0 \cdot \varepsilon_{r,Luft} \cdot \frac{l_{KK}}{\ln\left(\frac{r_2}{r_1}\right)} \quad \text{Gl. 4.12}$$

Die Koppelkondensatorkapazität ist nicht konstant, sondern unterliegt dem Einfluss der Aufweitung durch Zentrifugalkraft (a) und Temperatur (b) und nach [Roed09] der Exzentrizität S (c) bestimmt durch Gl. 4.13.

$$\Delta r_Z = \rho \cdot r_1^{\,3} \cdot \omega^2 \cdot \frac{(1-\nu)}{4 \cdot E} \text{ (a)}, \quad \Delta r_T = r_1 \cdot \alpha \cdot \Delta T \text{ (b)}, \quad C_E = \frac{2 \cdot \pi \cdot \varepsilon_0 \cdot \varepsilon_{r,Luft} \cdot l_{KK}}{a\cosh\left(\frac{r_2^2 + r_1^2 - S^2}{2 \cdot r_2 \cdot r_1}\right)} \text{ (c)} \quad \text{Gl. 4.13}$$

Die Fehlereinflüsse können exemplarisch für die relevanten Größenbereiche in Bild 4.2 festgehalten werden (vgl. [Beth92]). Ausschlaggebend sind somit Fliehkraft- und Temperatureinfluss, die in der Berechnung kompensiert werden, während der Exzentrizitätsfehler vernachlässigt wird.

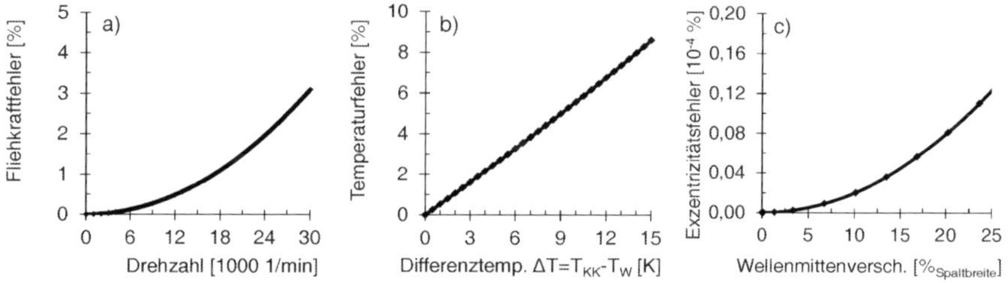

Bild 4.2: Zentrale Fehlereinflüsse für den Aufbau des Koppelkondensators durch a) Fliehkraft, b) Temperatur und c) Exzentrizität

Failure modes for the coupling capacitor by a) centrifugal force, b) temperature and c) eccentricity

Die Bestimmung der tatsächlichen Schmierfilmhöhen ist mit Unsicherheiten behaftet. Die Theorie der EHD-Schmierung basiert auf Simulationen und erlaubt nur eine ungefähre Beschreibung des Schmierfilmaufbaus bei schnell laufenden Lagern, da die thermischen Nebenbedingungen bei den Versuchen nicht exakt erfasst werden können.

Auch die Stoffwerte, die bei den EHD-Gleichungen berücksichtigt werden, sind mit Unsicherheiten behaftet. Die Berechnung entsprechend der EHD-Theorie unter Berücksichtigung der thermischen Korrektur nach MURCH and WILSON sowie der Rauheitskorrektur nach [Schm85] oder [Baly05], ergibt deutlich höhere Schmierfilmhöhen als die im Versuch gemessenen. KOCH wie auch BALY stellen bei ihren Untersuchungen von Schrägkugellagern ebenfalls fest, dass ihre gemessenen Schmierfilmhöhen deutlich unter denen der theoretischen EHD-Schmierfilmhöhe liegen [Koch96, Baly05, Butz08].

Im Vergleich zur rein theoretischen Berechnung der Schmierfilmhöhe (Bild 4.3, links) werden in der kombinierten Bestimmung (Bild 4.3, rechts) weitere Größen einbezogen. Diese sind neben der gemessenen Lagertemperatur und der Gesamtkapazität die berechnete Kapazität des Koppelkondensators.

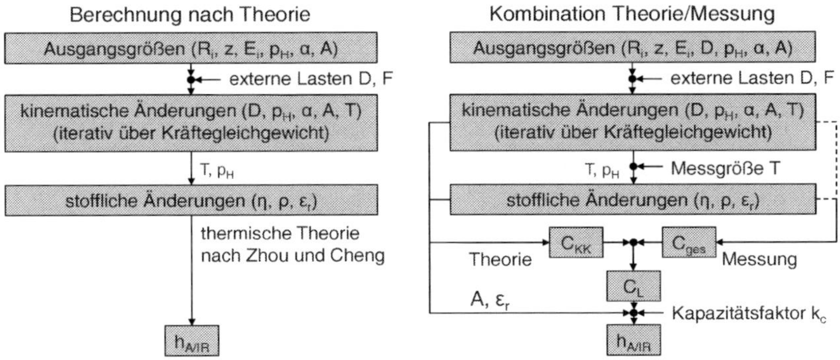

Bild 4.3: Vorgehensweise zur Bestimmung der Schmierfilmhöhe
Procedure for calculation of the lubrication film thickness

[Koch96] hinterlegt für die Auswertung eine drehzahlabhängige Funktion k*, um die Einflüsse durch Wälzkontaktflächenänderung und Dielektrizitätszahl zu korrigieren. Anschließend kann so der Wert der Schmierfilmhöhe auf die Drehzahl 0 normiert und ein spannungsproportionales Schmierfilmhöhensignal berechnet werden.

In den Ergebnissen von KOCH wird ab einer bestimmten Drehzahl in Abhängigkeit der verschiedenen Einflussparameter eine Schmierfilmhöhe von 0 µm gemessen, während die berechnete Schmierfilmhöhe noch einen EHD-Zustand beschreibt. An diesen Stellen müsste somit Grenzreibung vorliegen [Koch96].

Die Bestimmung der Schmierfilmhöhe unterliegt der Voraussetzung im rein axial belasteten Lager, dass alle Wälzkörper gleich belastet sind, so dass die Summenkapazität des Lagers auf die einzelnen Wälzkörper bzw. die beiden Kontakte zurückgerechnet werden.

4.1.3 Auslegung und messtechnischer Aufbau

Dimensioning and design of the measurement system

Die Auswahl und Auslegung der Messtechnik erfolgt an den Messgrößen im Betrieb von Lager- und Koppelkondensatorkapazität sowie der zu wählenden Messfrequenz hinsichtlich der Kriterien hoher Störungsunanfälligkeit, Wiederholgenauigkeit, Signalgüte sowie der Fehlerreduktion durch Betriebseinflüsse (Temperatur, Zentrifugalkraft) und geometrischer Abweichungen im Prüfstandsaufbau (Exzentrizität, Verkippung).

Das meist verwendete Messprinzip ist das von [Schm85] eingesetzte mit einer variablen Messfrequenz. [Beth92] hat das Umladeverfahren für die Realisierung genutzt. Bei dem Messprinzip mit variabler Messfrequenz ergibt die sich ändernde Schmierfilmhöhe eine Kapazitätsänderung, die wiederum eine veränderte Schwingfrequenz zur Folge hat. Über die Frequenzänderung lässt sich mittels Frequenz-Spannungs-Wandler eine Messgröße für die Kapazitätsänderung bestimmen. Berechnet wird mittels Messschaltung die Aufladezeit $\tau = f(C)$, die sich in Abhängigkeit der Messkapazität ergibt.

Ein großer Nachteil des Messprinzips mit variabler Messfrequenz ist die hohe Empfindlichkeit auf äußere hochfrequente Störeinflüsse und die notwendige Isolierung zur Masse. Eine Möglichkeit diese zu verringern wäre der Einsatz eines Bandpassfilters. Da die Frequenz des Messsignals funktionsbedingt veränderlich ist, müsste dieser Frequenzbereich sehr groß eingestellt werden, was wiederum die Störempfindlichkeit erhöht.

Eine andere Möglichkeit, die auch in dieser Arbeit eingesetzt wird, ist die Verwendung eines Oszillators mit einer konstanten Frequenz - eines Sinus-Generators. Bei diesem Prinzip führt die Kapazitätsänderung zu einer Amplitudenänderung. Über einen Spannungsteiler wird die Spannung mittels Referenzkapazität ($C_{Ref} = C_L$) aufgeteilt und als Messsignal in den Prüfstand eingekoppelt. Anschließend wird das Signal vom Außenring über die Wälzkörper C_{AR} auf den Innenring C_{IR} übertragen und schließlich von der Welle mittels Koppelkondensator C_{KK} abgegriffen. Das Signal wird gepuffert, gleichgerichtet, geglättet sowie auf eine entsprechende Signalhöhe verstärkt. Anschließend wird über die Offseterzeugung und dem Ausgangspuffer ein Spannungs-Signal zur Messdatenerfassung bereitgestellt. Ein deutlicher Vorteil ist die einseitige Erdung der Schaltung (x_2), so dass die Schaltung deutlich störungsunanfälliger ist. Bild 4.4 zeigt den prinzipiellen Schaltungsaufbau zur kapazitiven Schmierfilmhöhenmessung mit konstanter Messfrequenz.

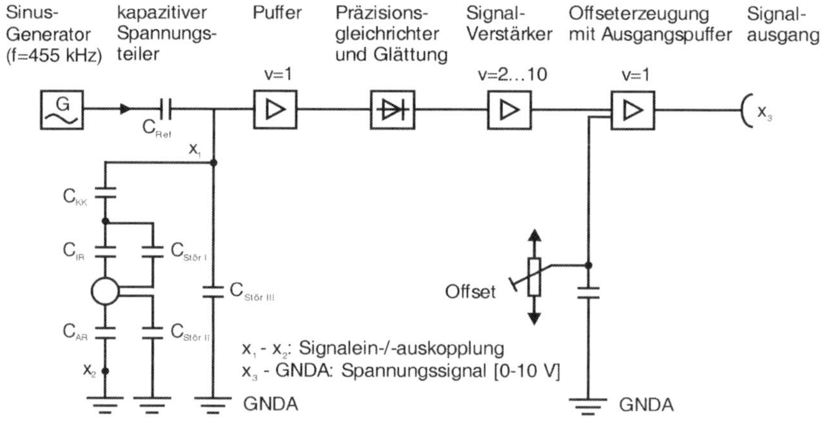

Bild 4.4: Schaltungsaufbau zur kapazitiven Messung der Schmierfilmhöhe

Design principle of the capacitive lubrication film measurement system

Die approximierte Kennlinie der Gesamtkapazität zum entsprechenden Spannungssignal kap. SFH [V] gibt Gl. 4.14 wieder.

$$kap.SFH = 10^{-6} \cdot \frac{V}{(nF)^2} \cdot C_{ges}^2 - 0{,}005 \cdot \frac{V}{nF} \cdot C_{ges} + 7{,}5163V \qquad \text{Gl. 4.14}$$

Streukapazitäten sind unerwünschte Kapazitäten, die nicht vom Messeffekt abhängen, die aber einen Einfluss auf das Messergebnis besitzen. Zusammen mit den parasitäre Kapazitäten werden sie als Störkapazität ($C_{Stör,i}$) zusammengefasst. Bei der Messung der Gesamtkapazität werden sie mitgemessen und können nachträglich nicht bestimmt und herausgerechnet werden.

In der Praxis bestehen die parasitären Kapazitäten vor allem aus Kapazitäten, die innerhalb von Bauteilen parallel zur Messkapazität liegen. Die parasitären Kapazitäten liegen im Allgemeinen in einer Größenordnung von einigen bis wenigen pF.

4.2 Prüfstandstechnische Aufbauten

Design of test bench structures

4.2.1 Aufbau der Einzellagerprüfstände und des Tribometers

Design of the test benches for spindle bearings and the tribometer

Die Untersuchung der Spindellager und des Schmierungszustands erfolgt an verschiedenen Einzellagerprüfständen. Die Voruntersuchungen zur Qualifizierung der Beschichtung werden an einem Tribometer durchgeführt.

Aufbau der Einzellagerprüfstände

In Bild 4.5 ist der Aufbau des Prüfstands schematisch dargestellt. Dieser besteht aus einem Prüfstandskopf, in dem die Prüfwelle aufgenommen ist, und einem Synchronmotor, der die Welle querkraftfrei über eine Klauenkupplung antreibt (Fremdtrieb) vgl. Tabelle 2.1. Das Prüflager ist in O-Anstellung mit 130 mm Stützlänge zu einem fettlebensdauergeschmierten Stützlager des Typs HCB7206C angeordnet. Die Lastaufbringung erfolgt kraftgebunden und stufenlos über eine hydraulische Vorspanneinheit zwischen den Lagerstellen.

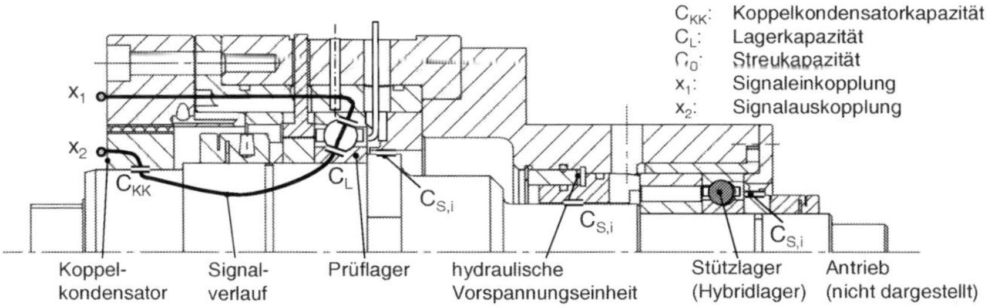

Bild 4.5: Aufbau des Einzellagerprüfstands zur Messung der Schmierfilmhöhe
Design of the test bench for measurement of lubrication film thickness

Die Messung der Schmierfilmhöhen ist bei diesem Konzept mit einem endständigen Koppelkondensator umgesetzt. Für den mechanischen Aufbau sind folgende Punkte zentral: einfache Montage/Demontage, hohe Rundlaufgenauigkeit und geringes Verkippen der Welle, Zentrierung des Koppelkondensators (geringe Exzentrizität, geringes Verkippen), einfacher Signalabgriff, ausreichend große Spaltmaße (geringe Streukapazitäten), Isolierung der Welle (Hybridlager als Stützlager), elektrische Isolierung vom Motor durch eine Klauenkupplung sowie ein Schleifkontakt auf der Motorwelle zur Verbesserung der Signalgüte.

Der Koppelkondensator wird zur einfachen Montage in einem Deckel vergossen und in der gehäuseseitigen Außenringaufnahme mittels Übergangspassung zentriert. Als isolierende Vergussmasse wird ein einspritzbarer Gleitbelag des Typs SKC 60 mit guter Haftung, geringem thermischen Ausdehnungskoeffizienten und hoher chemischen Beständigkeit verwendet [SKC11]. Neben der Schmierfilmhöhe werden die Lagertemperatur, das Antriebsmoment, die Drehzahl sowie die axiale Verlagerung (differentiell) erfasst und aufgezeichnet.

Die Versuche zum Laufverhalten der Spindellager werden mit einem baugleichen Einzellagerprüfstand durchgeführt, in dem kein Koppelkondensator verbaut und eine kürzere Welle eingesetzt ist.

Für die Durchführung der Versuche mit einer kombinierten Axial- und Radiallast wird ein Radiallastprüfstand, wie in Bild 4.6 dargestellt [Spac08], verwendet.

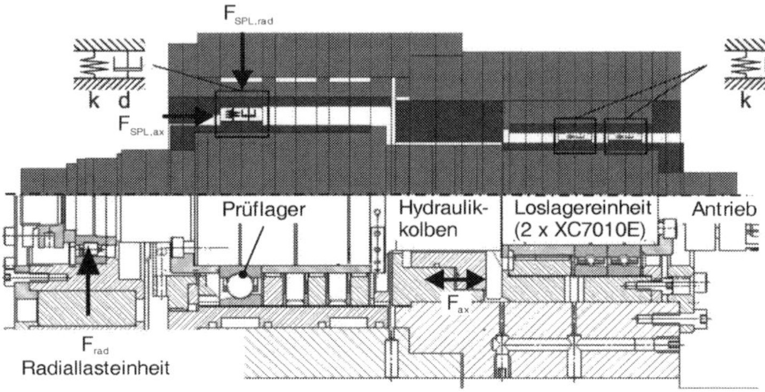

Bild 4.6: Aufbau des Einzellagerprüfstands mit Radialbelastungseinheit

Design of the test bench for radial load condition

Die Loslagereinheit bildet eine Schiebebuchse mit integrierten Spindellagern des Typs XC7010E. Im vorderen Bereich des Prüfkopfes können unterschiedliche Lageranordnungen der Baugröße 7014 eingesetzt werden. In dieser Arbeit wird eine O-Anstellung mit einer Stützlänge von 160 mm gewählt. Zwischen Prüflager und Loslagereinheit ist ein Hydraulikkolben zur stufenlosen Einbringung der axialen Last eingesetzt. Zusätzlich zu den Baugruppen Prüfkopf und Antrieb weist der Prüfstand eine Radialbelastungseinheit auf. Diese ist in radialer Richtung verschiebbar in Linearführungen aufgenommen und leitet die hydraulisch initiierte Kraft über ein fettgeschmiertes Zylinderrollenlager des Typs N1008K in die Spindelnase ein. Der Schmierstoff wird axial in das Prüflager über eine Öl-Luft-Schmierung eingebracht.

Mit dem Berechnungsprogramm „NewSpilad“ [SpiL11] können anhand der modellierten Spindelgeometrie (Bild 4.6 oben) die in der Spindel resultierenden Lasten, Verlagerungen und Steifigkeiten simuliert werden.

Aufbau des Tribometers

Der Aufbau des Analogiebauteils und des Tribometers sind in Bild 4.7 dargestellt. In einem Spindellager wird der Lagerinnenring durch die sogenannte Triboscheibe ersetzt und bildet das Analogiebauteil [Spac08]. Die Triboscheibe bietet durch die einfache Geometrie die Möglichkeit der Eigenfertigung. Die kinematische Bewegung wird von einem veränderlichen drehzahl- und lastabhängigen Druckwinkel auf einen konstanten Druckwinkel von 18° festgesetzt, während sich die Wälz- und Bohrbewegung aus der Kinematik ergeben. Durch die einfach gekrümmte Oberfläche ergeben sich bei gleichen Kräften deutlich kleinere Kontaktflächen und höhere Pressungen. Somit können im Innenkontakt deutlich höhere Pressungen als am Außenringkontakt eingestellt werden.

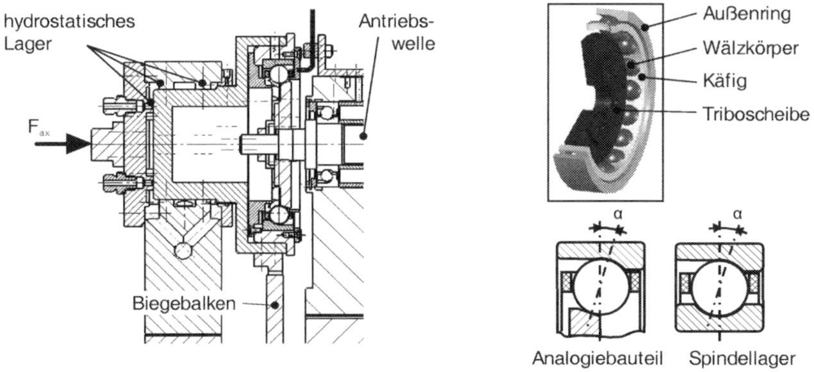

Bild 4.7: Aufbau und Funktionsweise des Tribometers sowie des Analogiebauteils
Design and function principle of the tribometer and the analogous component

Das Tribometer trägt antriebsseitig die Triboscheibe auf einem kegeligen Sitz auf der Antriebswelle, welche über einen Riemen angetrieben wird. Abtriebsseitig sitzt der Außenring in einem Gehäuse der in einem Lagerbock hydrostatisch gelagert wird. Über einen Hydraulikkolben in der Vorspanneinheit wird die Last axial auf den Lagerbock aufgetragen. Die Abtriebseinheit ist über Rundführungen axial verschiebbar. Durch das zerlegbare Analogiebauteil lässt der Prüfstand eine einfache und schnelle Montage zu.

4.2.2 Aufbau der Prüfspindel

Design of the test spindle

Für die Untersuchung der Spindellagerungen im Feldeinsatz wurde eine Werkzeugmaschine in Fahrständerbauweise der Firma Chiron (BAZ FZ22S) umgebaut [Brec09a, Murr10] und eine Motorspindel des Typs 800065 integriert. Die Lagerung der Motorspindel besteht aus einer federnd angestellten Doppel-O-Anordnung, bei der die vorderen Spindellager (SPL 1, 2) als Prüflager dienen. Verlagerungen werden mittels O-Ring geführter Gleitbuchse des Lagers SPL 2 realisiert. Die Vorspannung zwischen den Lagern beträgt 1000 N. Die Prüflager werden axial mit einer Öl-Luft-Schmierung versorgt. Die hintere Loslagerung besteht aus einem fettlebensdauergeschmierten O-Paket, welches in einer Gleitbuchse geführt wird [WEIS08]. Als Werkzeugschnittstelle findet eine Hohlschaftkegel(HSK)-Aufnahme der Baugröße A63 Verwendung. Im unteren Teil in Bild 4.8 ist der Aufbau der Prüfspindel dargestellt.

Steuerungsinterne Daten wie Motorstrom und Spindelposition werden über die „SinuCom NC“ [SIEM07, Vitr08] zusätzlich zu den externen Prozessgrößen zeitsynchron erfasst und aufgezeichnet. Während der Zerspanung eines Werkstücks auftretende Kräfte werden mittels einer Kraftmessplattform (KMP) des Typs 9255 B [KIST91] aufgenommen. Anhand der bekannten Abstände aus Spindelgeometrie, Werkzeuglänge und Werkstückhöhe können die resultierenden Schnittkräfte ($F_{C,res}$ und F_{CZ}) im Tool Center Point (TCP) berechnet werden. Die Spindelgeometrie wird durch eine endliche Anzahl Biegebalken abgebildet (Bild 4.8, oben), um das elastisches Verhalten mit Hilfe der finiten Elemente Methode (FEM) [Weck05a, SpiL11] zu bestimmen. Dazu wird das statische Strukturverhalten durch Schwerkraft, thermischem Verhalten und äußeren Kräften überlagert. Anschliessend können die in der Spindel resultierenden Lasten, Verlagerungen und Steifigkeiten simuliert werden. Als Ergebnis werden die an den Lagerstellen auftretenden Reaktionskräfte F_{SPLi} errechnet.

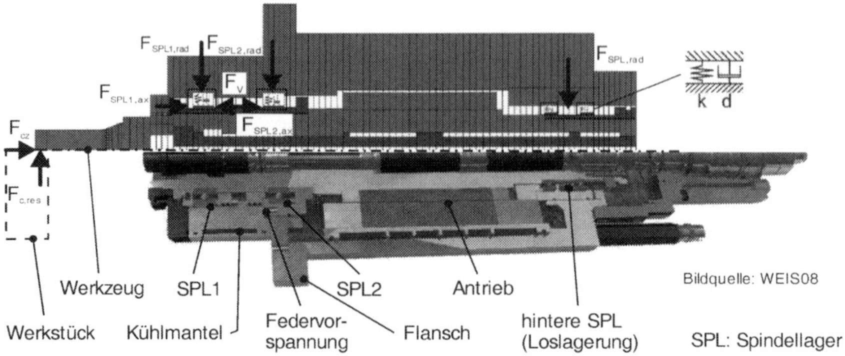

Bild 4.8: Aufbau der Prüfspindel (unten) und des FE-Modells (oben)
Design of the test spindle (below) and FE model (above)

4.3 Vorstellung der verwendeten Schmierstoffe

Presentation of the lubricants in use

Für die Untersuchungen werden ein Fett und drei Öle verwendet (Tabelle 4.1). Das Fett ist ein für den Einsatz in Spindellagern optimiertes, kommerzielles Hochleistungsfett [KLUE06].

Tabelle 4.1: Eigenschaften der verwendeten Schmierstoffe [DIN00, ASTM03]
Properties of lubricants in use [DIN00, ASTM03]

Bez.	Öltyp	Additive	ρ	$\nu_{40°C}$	$\nu_{100°C}$	VI	ε_r	Partikelbelastung #		
			kg/m³	mm²/s				4 µm	6 µm	14 µm
BF 72-22	Synth. Ester, PAO + Polyharnstoff	AO, AW, EP	920	22	5	n.b.	2,5	-	-	-
REF	Synth. Ester	AO, AW, EP, VI	920	31,6	7,50	213		21	18	11
SFB	HISM/HIGTS	-	920	35,6	5,77	124		-	-	-
O32/*	PAO	AO, AW, EP	840	32	6,3	> 120	2,5	16/-*	15/-*	12/-*

Skalierungsnummer [Anzahl Partikel/ml] * nach Filterung des Schmierstoffs mittels Schmierstofffilter 4 µm

Als Öle kommen synthetische Ester sowie zwei synthetische Kohlenwasserstoffe zur Anwendung. Die synthetischen Ester sind auf TMP (Trimethylolpropantricocoat)-Basis erstellt. Der sogenannte Referenz(REF)-Schmierstoff ist ein kommerzieller synthetischer Ester, der mit einem typischen Additivpaket veredelt ist. Zudem ist der Schmierstoff mit Hartstoffpartikeln der Skalierungsnummer 21/18/11 entsprechend der Anzahl Partikel/ml (< 4 µm: 10000 – 20000/ < 6 µm: 1300 – 2500 und < 14 µm: 10 – 20) [DIN00] versetzt [Murr10]. Als Vergleich wird ein in dem Sonderforschungsbereich(SFB) 442 entwickelter synthetischer Ester (SFB) herangezogen. Dieser wird aus den Basis-Fluiden OME (Olsäuremethylester) und GTO (Glycerintrioleat) zu HISM (Hydroxyisobutoxystearinsäuremethylester) und HIGTS (Hydroxyisobutoxyglycerintristearat) synthetisiert [Murr10]. Die Änderung der Lebensdauer durch den Partikelversatz wird durch die fehlende Additivierung rein rechnerisch kompensiert [GFT93, DIN03c]. Als weiterer Schmierstoff wird ein kommerzieller, gering additivierter, synthetischer Kohlenwasserstoff (Polyalphaolefin) PAO mit einer Viskositätsklasse von ISO VG 32 eingesetzt, welcher üblicherweise bei WZM-Spindeln Verwendung findet.

Bei hohem Druck und hohen Differenzgeschwindigkeiten werden aus dem EP/AW-Additiv Phosphorsäurederivate (phosphorhaltige Verbindungen) oder Chlorwasserstoff (Chlorparaffine) durch chemische Reaktion freigesetzt, die zu Metallsulfiden, -phosphaten oder -chloriden reagieren. Diese Verbindungen sind polar und bilden auf der Metalloberfläche Schichten, die unter dem hohen Druck abgeschert werden, wodurch ein Oberflächenverschleiß reduziert werden kann [Jaco10].

Die Schmierstoffe REF und SFB besitzen eine identische Dichte und im Betriebspunkt oberhalb von 40℃ gleiche Viskositäten und können somit verglichen werden [Murr10]. Der hier verwendete Schmierstoff O32 besitzt eine geringe Dichte aber gleiche Viskosität zu den anderen Schmierstoffen. Der Fokus wird auf den Vergleich zum kommerziell eingesetzten Schmierstoff gesehen und nicht in den identischen Eigenschaften, die bei verschiedenen Schmierstofftypen nicht angenommen werden können.

4.4 Vorstellung der Prüfkörper und der Prüfstandsprogramme

Presentation of the test specimen and test programs

Die Anforderungen an Spindellager lassen sich nach Branchenzugehörigkeit des Maschineneinsatzes gliedern. Die unterschiedlichen Anforderungen werden auf hohe Drehzahlen und geringe Lasten (Luft- und Raumfahrttechnik), hohe statische und dynamische Lasten (Werkzeug- und Formenbau) bei konstant niedrigen Drehzahlen und intermittierendem Drehzahlverlauf (Job-Shop) oder in HSC- und HPC-Zerspanung eingeteilt [Toen01, Tsch08]. Um bei der Qualifizierung ein möglichst breites Spektrum abzudecken, werden Versuche mit unterschiedlichen Drehzahlen und Betriebslasten durchgeführt.

Als Lagerbautyp wurden Hybridlager mit großen Wälzkörpern (HCB7014, 17°) gewählt, da dieser in allen Anwendungen eingesetzt werden kann. Große Wälzkörper führen zu reduzierter Drehzahleignung, während die Kontaktellipse im Vergleich zu kleineren Wälzkörpern größer ist. Somit liegen höhere Bohrgeschwindigkeiten und eine höhere Schubbelastung in der Kontaktellipse vor (siehe Kap. 2.2.3), was kritischer für die Verschleißneigung einzuschätzen ist.

4.4.1 Versuchsprogramm der Prüfspindel

Test program of the test spindle

Die Versuche an der Prüfspindel dienen zum einen dazu, die während des Zerspanungsvorgangs auftretenden Kräfte zu ermitteln (Kap. 5.1) sowie zum anderen, Versuche der Spindellager im Feldeinsatz (Kap. 6.4.6) zur Verifikation durchzuführen.

Die Zerspanungsaufgaben teilen sich in zwei typische Anwendungsbereiche auf: in die Fräsbearbeitung von Aluminium- und Stahlwerkstoffen. Dazu werden zwei charakteristische Werkstoffe – eine Aluminiumlegierung (AlMn4,5Mg: 3.3547) und ein Stahl (C45: 1.0503) – ausgewählt und im hochbelasteten Trockenschnitt zerspant. Für diese gelten werkstoffabhängige, zulässige Schnittparameter (a_p, D, f_z), aus deren Einsatz unterschiedlich hohe Beanspruchungen resultieren. Die Parameter werden von Wendeschneidplattenherstellern entsprechend dem Kriterium eines geringen Werkzeugverschleißes bei ausreichendem Zeitspanvolumen angegeben. Zur Ermittlung der auftretenden Kräfte werden sogenannte Stabilitätskarten erstellt, die üblicherweise zur Analyse des Stabilitätsverhaltens durchgeführt werden. Bei den einzelnen Schnittversuchen werden Drehzahl und Schnitttiefe kontinuierlich bis zum Erreichen eines instabilen Prozesses oder der Maschinenleistungsgrenze erhöht und der Schneidenvorschub f_z entsprechend reduziert. Um den Spindeleinfluss herauszustellen werden für solche Versuche kurze, dicke, mehrschneidige Fräswerkzeuge eingesetzt, die das Systemverhalten nur gering beeinflussen [Weck05b]. Die Versuche gliedern sich in das Programm nach Tabelle 4.2. Anhand der gewählten Parameter im Bereich und oberhalb der Herstellerangaben lassen sich die Bearbeitungsstrategien nach [Schu92] (siehe Kap.2.1) der HSC- und HPC-Bearbeitung zuordnen.

Tabelle 4.2: Parameter der Zerspanungsversuche

Parameter of the tests while machining

Werkstoff	Werkzeug		Bearbeitungsparameter		Bearbeitungsbereich	Bearbeitungsstrategie
	Anz. Schneiden	Durchmesser [mm]	Schnitttiefe a_p [mm]	Drehzahl D [1000 min^{-1}]		
AlMn4,5Mg	2/3	40	3,0 - 8,0	12,0 - 24,0	≤ Herstellerangaben	
	2/3	40	9,0 - 15,0		> Herstellerangaben	HSC
C45	4	50	0,5 - 5,0	0,5 - 1,5	≤ Herstellerangaben	
				1,5 - 4,0	> Herstellerangaben	HPC

4.4.2 Versuchsprogramm zur Analyse des Schmierungszustands

Test program for the analysis of the lubrication condition

Die Grundlagenuntersuchungen zur Schmierung gliedern sich in den Hochlauf, Stufenlauf mit hoher (BL) und niedriger Beschleunigung (SL) sowie den Dauerlauf (DL). In diesen werden unterschiedliche Paramter wie Drehzahl, Last, Schmierstoffmenge und Nachschmierung untersucht und jeweils gegenübergestellt. Die Versuche folgen dem Versuchsplan von Tabelle 4.3.

Zu Beginn der Versuche 1 - 5 liegen die Lager in einem eingefahrenen Zustand vor. Bei dem fettgeschmierten Lager ist die Standardmenge von ca. 5,8 g Fett eingebracht und das Lager einem Fettverteilungslauf unterzogen worden. Die Versuche starten bei Umgebungstemperatur. Da die Versuche 1 - 3 lediglich kurzzeitig gefahren werden, wird auf die Darstellung der gemessenen Temperaturen am Außenring verzichtet.

Es wird zunächst bei geringer Beschleunigungszeit und Standarschmierung die Schmierfilmausprägung untersucht. In den folgenden Beschleunigungsläufen werden die Beschleunigungszeiten stark verkürzt und exemplarisch eine niedrige und eine hohe Drehzahlstufen angefahren. Zusätzlich wird das Verhalten bei verschiedenen Schmierstoffarten und Schmierstoffmengen miteinander verglichen. Anschliessend wird ein Stufenlauf bei niedriger und hoher Vorspannung sowie niedriger und hoher Schmierstoffmenge gegenübergestellt. Zum Abschluss erfolgen die Dauerläufe unter Mangelschmierung bzw. Zuschmierung von Geringstmengen in ein trockenes Lager.

Tabelle 4.3: Versuchsparameter zur Schmierungsuntersuchung (SPL1)

Test parameter for lubrication analysis (SPL1)

ID	Lauf	F_{ax} [N]	D [min^{-1}]	t_{beschl} [s]	t_h [s]	q [µl/min]	q_{zu} [µl]
1	HL	1000	0...17000	1200	10	15	
2	BL	250/1175/1825	0...500	5	10	Fett/15/240	
3	BL	250/1175/1825	0...20000	5	5	Fett/15/240	
4	SL	250/1000	0...17000	30	7200	15/240	
5	DL	1000	10000	30		-	1x1 µl/4x3 µl

4.4.3 Versuchsprogramm der Grundlagenuntersuchungen an Triboscheiben

Test program of the fundamental analysis on tribo discs

Die Grundlagenuntersuchungen an Triboscheiben gliedern sich in den Qualifikationsnachweis der Fertigung, die Laufversuche zum Verschleißverhalten bei niedrigen und hohen Laststufen sowie die Analyse des Verschleißes von Schicht- und Substratwerkstoff.

Ausgehend von den Vorkenntnissen von [Spac08] (siehe Kap. 6.3.1) sind die Triboscheiben wie die Lagerringe martensitisch durchgehärtet und auf die entsprechende Härte angelassen (ca. 3 h bei 160 - 180 °C). Für eine geeignete Übertragbarkeit der Erg ebnisse auf das Spindellager sollten die Oberflächen gleiche Eigenschaften besitzen. Dazu werden die Triboscheiben nach dem Drehprozess in einem mehrstufigen Schleifprozess im Pendelhub überfahrend (Körnung V 84, V 200, $v_{Schleifscheibe} = 35$ m/s, $v_{Werkstück} = 1,5$ m/s, $a_p = 2,5$ µm/Hub) vorbearbeitet und ggf. in einem automatisierten Polierprozess endbearbeitet.

Um das Verschleißverhalten zu charakterisieren, werden die Belastungen stufenweise mit einer Stufendauer von 20 h erhöht. In den Versuchen wird das in Tabelle 4.4 dargestellte Programm durchgeführt. Bis Stufe (St) 4 liegen die Pressungen in einem Lastbereich, der nach Kap. 6.4.6 bei kurzzeitiger Überlast (Schneideneingriff) im Spindellager auftreten kann. Ab St 5 liegen Pressungen von 2500 MPa vor, die zu einem früheren Verschleiß führen sollten und als Hochlastbereich bezeichnet werden. Die Schmierstoffversorgung erfolgt über eine Öl-Luft-Schmierung mit 120 µl/h. Die Gesamtzahl der Überrollungen beträgt nach dem Versuchsprogramm 514 Mio.

Tabelle 4.4: Versuchsprogramm der Grundlagenuntersuchungen an Triboscheiben

Test program of the fundamental analyses on tribo discs

		Niederlastbereich					Hochlastbereich				
Stufe (St)		**0**	**1**	**2**	**3**	**4**	**5**	**6**	**7**	**8**	**9**
Drehzahl	min^{-1}	3000	3000	3000	3000	12000	6000	6000	6000	6000	6000
Anzahl WK		18	18	18	18	18	18	18	18	9	6
Hertzsche Pressung IR	MPa	1380	1730	1900	2250	2250	2500	2700	2850	3000	3875
Anz. Überrollungen/Stufe	Mio.	36,7	36,7	36,7	36,7	146,7	73,4	73,4	73,4	36,7	24,5

Im Anschluss an jede Stufe wird die Laufspur optisch und taktil in axialer und radialer Richtung vermessen, sowie bei einer Schädigung die Analyse um rasterelektronenmikroskopische(REM)-Untersuchungen und geätztem Schliffbild ergänzt.

4.4.4 Versuchsprogramm der Spindellager

Test program of the spindle bearing tests

Die Versuchsparameter lehnen sich an Standardlastbedingungen im Spindeleinsatz an. Diese erfolgen zunächst unter mittlerer Last und moderater Drehzahl bis zu mittlerer Last und höchster Drehzahl. Die weiteren Versuche erfolgen unter höherer Axial- mit überlagerter Radiallast sowie unter hoher Axiallast. Nach den einzelnen Versuchsläufen werden die Lager jeweils optisch begutachtet und taktil analysiert.

Das Versuchsprogramm für die Belastungen unter reiner Axiallast ist in Tabelle 4.5 dargestellt und untergliedert sich in 5 Stufen. Die Belastungen sind über dem Lagerumfang konstant und variieren drehzahlabhängig (vgl. Bild 2.3). In der Tabelle sind die Eigenschaften über dem Drehzahlbereich dargestellt. Die Auswahl der Prüflasten erfolgt in Anlehnung an die Vorspannklassen, die für die Lager bei 140 N (leicht), 492 N (mittel) und 1036 N (hoch) [SCHA11b] liegen sowie an die aus den Zerspanungsversuchen (Kap. 5.1) ermittelten Lasten.

Die ersten drei Versuchsstufen werden bei mittlerer Last (≡ hoher Vorspannungsklasse) bis zu einer Drehzahl von 24000 min^{-1} gefahren. Im Stufenlauf (SL) wird zur Charakterisierung des Lagerverhaltens die Drehzahl alle drei Stunden um eine Drehzahlstufe erhöht und die Beharrungstemperatur ermittelt. Der Pendellauf (PL) lehnt sich an einen Job-Shop-Prozess an, bei dem alternierend kurzzeitig Drehzahlen von 5000, 10000, 15000, 20000 und 24000 min^{-1} konstant gehalten werden und das Mischreibungsgebiet beim Abbremsen und Beschleunigen wiederholt durchfahren wird. Der Dauerlauf (DL) besitzt eine konstante Drehzahl, um die Änderungen während des Beharrungszustands zu untersuchen und hohe Überrollungszahlen aufzubringen. Die Pressungen liegen unterhalb von 1350 MPa für den Außenring und 1200 MPa für den Innenring. Die Versuche dienen der Qualifizierung für den Leerlaufeinsatz oder bei überlagerten geringen Zerspanungslasten.

Tabelle 4.5: Versuchsparameter und Betriebsgrößen unter Axiallast (z.B. SPL3)

Test parameter and load condition under axial load (e.g. SPL3)

St.	Lauf	F_{ax} [N]	F_{rad} [N]	D [min^{-1}]	$p_{H,a}$*** [MPa]	$p_{H,i}$*** [MPa]	$\alpha_{B,a}$*** [°]	$\alpha_{B,i}$*** [°]	Dauer [h]	Überrollungen AR/IR [10^6]
1	SL24	1000	-	..24000	1094-1349	1098-1171	16-10	16-18	57	384/508
2	PL24			..24000	1094-1349	1098-1171	16-10	16-18	84	446/585
3	DL20			20000	1290	1194	10,8	17	250	2327/3074
4	SL32			..32000	1094-1493	1098-1135	16-8	16-21	46	400/527
5	DL30			30000	1455	1145	8,5	20	150	2094/2766

***Maximalwerte #Druckwinkel über dem Lagerumfang

In den Grenzdrehzahlversuchen bspw. für die HSC-Bearbeitung werden die Lager bis zur höchsten Drehzahl beansprucht. Im Stufenlauf (SL32) wird die Drehzahl stufenweise bis 32000 min^{-1} erhöht und im Dauerlauf (DL30) konstant bei 30000 min^{-1} gehalten. Die Drehzahlen orientieren sich an der HSC-Bearbeitung. Die Pressungen steigen für den Innenring auf bis zu 1500 MPa an.

Die Versuche unter kombinierter Last, als Form der HPC-Bearbeitung, werden in vier unterschiedlichen Bedingungen gefahren. In den Stufenläufen (SL13) wird die Drehzahl stufenförmig bis 13000 min^{-1} erhöht und im Dauerlauf (DL12) konstant bei 12000 min^{-1} gehalten. Zur Analogie während der Zerspanung auftretender Lasten (Kap. 5.1) werden die Prüfstandslasten so gewählt, dass sich Pressungen in gleicher Höhe ergeben. Die Radiallast wird daher konstant bei $F_{ax} = 1500$ N und $F_{rad} = 2026$ N (Tabelle 4.6) gewählt.

Die Betriebsgrößen beziehen sich auf die Änderung über dem Lagerumfang von der lastabgewandten zum lastbeaufschlagten Wälzkontakt. Die Pressungen erhöhen sich für den Außenring auf $p_{H,max,AR} = 1600$ MPa und für den Innenring auf $p_{H,max,IR} = 1680$ MPa. In den Versuchen mit höherer Pressung ist bei gleicher Last die Anzahl der Wälzkörper halbiert (WK/2). Somit erhöhen sich die Pressungen auf $p_{H,max,AR} = 1950$ MPa bzw. $p_{H,max,IR} = 2100$ MPa (vgl. Bild 5.4) und liegen an der Grenze der zulässigen Pressung für 100Cr6. Im Anschluss wird ein Dauerversuch (DL20) bei 20000 min^{-1} mit reiner Axiallast von 2000 N gefahren, bei dem die Pressungen im Bereich von $p_{H,max,AR/IR} = 1490$ MPa liegen.

Tabelle 4.6: Versuchsparameter und Betriebsgrößen unter kombinierter Last (z.B. SPL3)

Test parameter and load condition under combined load (e.g. SPL3)

St.	Lauf	F_{ax} [N]	F_{rad}** [N]	D [min^{-1}]	$p_{H,a}$*** [MPa]	$p_{H,i}$*** [MPa]	$\alpha_{B,i}$*** [°]#	$\alpha_{B,a}$*** [°]#	Dauer [h]	Überrollungen AR/IR [10^6]
6	SL13	1500	2026	..13000	998-1592	941-1680	10-18	9-16	24	92/122
7	DL12			12000	987-1589	950-1683	13-18	9-16	150	837/1106
8	SL13*			..13000	1116-1949	1321-2102	13-18	12-17	24	63/84
9	DL12*			12000	1108-1946	1110-2086	15-18	12-17	150	419/553
10	$DL20_F$	2000	-	20000	1490	1474	17,7	13,4	100	930/1229

*halbe Anzahl Wälzkörper **1500 N durch Kolbenkraft ***Maximalwerte #Druckwinkel über dem Lagerumfang
St.6/7: $F_{C,res,max\,1}$ = 2035 N → $p_{H,i}$ < 1700 MPa; St.8/9: $F_{C,res,max\,1}$ = 4000 N → $p_{H,i}$ < 2100 MPa

Zentrale Betriebseigenschaften der Lager sind Reibmoment- und Temperaturverlauf sowie der Verschleiß. In den Prüfständen kann das Reibmoment nicht direkt gemessen werden. Allerdings wird davon ausgegangen, dass elektrische Leistungsverluste und abfallende Reibmomente von Motor- und Stützlager über den Versuchen bei gleicher äußerer Last nahezu konstant bleiben, so dass die Änderungen im Antriebsmoment auf Reibmomentänderungen des deutlich größeren Prüflagers zurückzuführen sind. Somit kann das Antriebsmoment aus dem Motorstrom berechnet werden. Nach den Versuchen erfolgt wie bei den Triboscheiben eine optische und taktile Vermessung der Laufspur. Bei einem Ausfall des Lagers wird der Schichtverschleiß mittels REM-Untersuchungen analysiert.

In Tabelle 4.7 ist das Versuchsprogramm der untersuchten Spindellager abgebildet. Die Spindellager besitzen variantenabhängig unterschiedliche Rillenradien und Materialien bei gleichem Nenndruckwinkel von 17° (siehe Anhang A2).

Vergleichspunkt beim Einsatz der Lager ist die Annahme gleicher äußerer Lasten. Durch die unterschiedlichen Laufrillenradien (Schmiegungen) werden unterschiedliche Pressungen im Lager erreicht. Da die Lager jeweils gegen die unbeschichtete Variante getestet werden, ist der Vergleich zulässig. Die Lasten liegen unterhalb der von der Triboscheibe gefahrenen Pressungen und beginnen im Niederlastbereich.

Tabelle 4.7: Versuchsprogramm der untersuchten Spindellager

Test program of spindle bearings

	Lagertyp	SPL1	SPL2	SPL3
Komponenten	Lagerringwerkstoff	100Cr6	HNS (X30CrMoN15-1)	100Cr6
	Wälzkörperwerkstoff	100Cr6	Si_3N_4	Si_3N_4
	Schmierstoffe	$O32_{gef}$	REF, SFB	REF, SFB, $O32_{gef}$
Versuchsläufe	Standard	SL24, PL24, DL20	SL24, PL24, DL20	SL24, PL24, DL20
	höchste Drehzahl	SL32, DL30	-	SL32, DL30
	Radiallast	(SL13, DL12)	SL13, DL12	SL13, DL12
	Radiallast (WK/2)	-	SL13*, DL12*	SL13*, DL12*
	Dauerlastversuch	($DL20_F$)	$DL20_F$	$DL20_F$
	Trockenlauf	-	SL	SL

5 Belastungs- und Schmierungszustände von Spindellagern

Load and lubrication condition of spindle bearings

In diesem Kapitel erfolgt die Untersuchung des Spindellagers bei verschiedenen Last- und Schmierungszuständen. Dazu werden zunächst der Lastzustand von Spindellagern im Betrieb sowie die Schmierungszustände von Spindellagern und deren Einflussfaktoren untersucht. Abschließend wird ein Fazit zu dem Betriebsverhalten von Spindellagern hinsichtlich des Schmierungszustands gezogen.

5.1 Bestimmung des Belastungszustands von Spindellagern

Determination of the load condition of spindle bearings

Die Bestimmung des Lastzustands erfolgt durch die Analyse der während des Zerspanungsprozesses auftretenden Lastkollektive. Verwendung findet der in Kap. 4.2.2 beschriebene Prüfstandsaufbau mit dem in Kap. 4.4.1 vorgestellten Versuchsplan. Die eingesetzten Schnittparameter lassen sich anhand der Herstellerangaben in zwei Bereiche einteilen und entsprechende Lastgrößen bestimmen, welche für die nachfolgenden Lageruntersuchungen zu identifizieren sind.

5.1.1 Lagerlasten bei Schnittparametern im Bereich der Herstellerangaben

Load condition at machining parameters by manufacturer´s specification

Durch die Aufnahme der Lagerlasten im Bereich Werkzeug-Werkstück kann nur bedingt auf die resultierende Belastung im Lager geschlossen werden. Für den statischen Fall sind das Spindelverhalten [SpiL11] sowie die Lagereigenschaften [WinL11] unter Fliehkraft, Temperatur und äußeren Kräften berechenbar. Neben der statischen Lastübertragung müssen die dynamischen Einflüsse wie Unwucht, Schwingungsverhalten bei Anregung etc. berücksichtigt werden [Abel10]. Eine detaillierte Betrachtung würde die Kopplung der beiden Verhalten umfassen. Zur Vereinfachung soll an dieser Stelle die Betrachtung im statischen Fall ausreichen. Die im Zerspanungsprozess auftretenden Lasten werden gemessen und auf die Lager zurückgerechnet (siehe Kap. 4.2.2).

Zunächst werden die wirkenden Lagerlasten bei Zerspanung im Bereich der Herstellerangaben ermittelt. In Bild 5.1 sind die in radialer Richtung wirkenden Kräfte bei der Bearbeitung von AlMn4,5Mg (links) und C45 (rechts) im Vollschnitt über einer Umdrehung dargestellt. Drehzahl und Vorschubgeschwindigkeit sind werkstoffspezifisch eingestellt, während die Schnitttiefen von 3, 4 und 5 mm jeweils gleich gewählt sind. Durch den konstruktiven Aufbau der Spindel liegen die höchsten Kräfte am vorderen Spindellager (1) an. Mit zunehmender Schnitttiefe nimmt die resultierende, radiale Schnittkraft $F_{C,res}$ degressiv zu, während die axialen Kräfte deutlich unterhalb der Lagervorspannung bleiben. Unterschiede in deren Höhe und Verlauf über einer Umdrehung lassen sich u.a. auf die Positionierung und Güte der einzelnen Wendeschneidplatten oder den Ungleichförmigkeiten bspw. Rundlauffehler des Werkzeugs zurückführen. Die kurzzeitigen dynamischen Kraftüberhöhungen treten bei Schneideneingriff auf und liegen deutlich oberhalb der gemittelten Werte. Bei den jeweils mittleren Drehzahlen liegen die Kräfte bei der Zerspanung von C45 deutlich oberhalb der von AlMn4,5Mg.

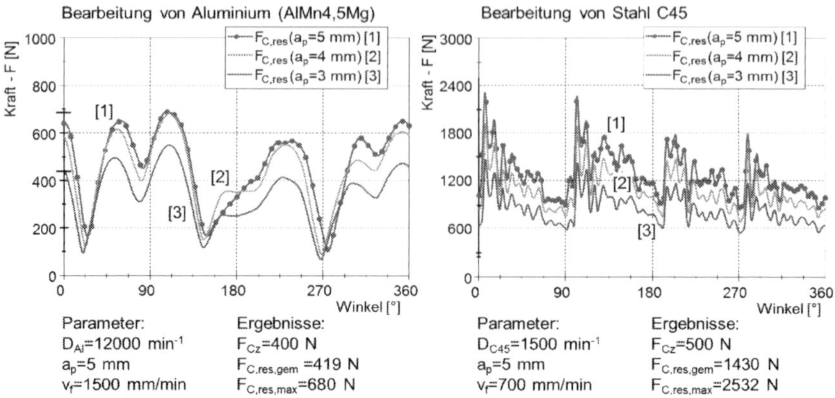

Bild 5.1: Verläufe der radialen Schnittkraft im Zerspanungsprozess bei unterschiedlichen Werkstoffen und Schnittparametern

Load curve at machining of different materials and process parameters

Zur Produktivitätssteigerung werden in vielen Anwendungen die Herstellerangaben der Schnittparameter trotz höheren Werkzeugverschleißes deutlich überschritten, da die Kosten der Wendeschneidplatten nur einen Bruchteil der Maschinenstundenkosten ausmachen [Schu92].

5.1.2 Lagerlasten bei Schnittparametern oberhalb der Herstellerangaben

Load condition at machining parameters above manufacturer´s specification

Zur Ermittlung der auftretenden Lasten werden die Drehzahlen und Schnitttiefen systematisch variiert und Stabilitätskarten erstellt. Mit steigender Schnitttiefe steigen die Schnittkräfte an. Bei den Versuchen treten nur in Einzelfällen instabile Prozesse auf. Da die Spindelleistung in diesem Maschinenaufbau einen begrenzenden Faktor darstellt, wird diese teilweise vor dem Auftreten eines instabilen Schnittes erreicht. Die höchsten auftretenden Schnittkräfte liegen für die Versuche in Höhe von $F_{C,res,max} = 3994$ N bei einem stabilen Prozess vor, welcher für das vordere, höher belastete Lager SPL1 unter statischen Annahmen eine kurzzeitige Spitzenlast von $F_{SPL1} = 4416$ N ergibt. In Bild 5.2 ist die Stabilitätskarte mit den resultierenden Spitzenlasten auf die Lager exemplarisch für den Werkstoff AlMn4,5Mg dargestellt.

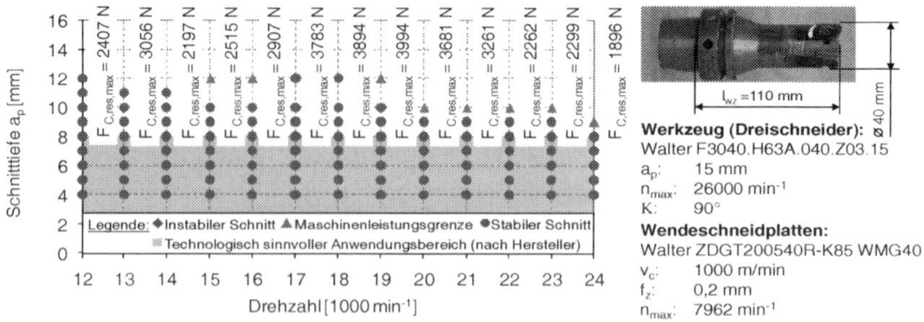

Bild 5.2: Exemplarische Stabilitätskarte von AlMn4,5Mg – Dreischneider

Exemplary stability card of AlMn4,5Mg – three cutter

5.1.3 Auswertung der Lagerlasten während der Zerspanung

Analysis of bearing loads while machining

Die Auswertung der während der Zerspanung auftretenden Schnittkräfte zeigt Bild 5.3. Die Höhe und Häufigkeit der radialen Schnittkräfte ist dargestellt, welche sich bei der Erstellung dreier Stabilitätskarten für die Werkstoffe AlMn4,5Mg und C45 mit verschiedenen Werkzeugen ergeben.

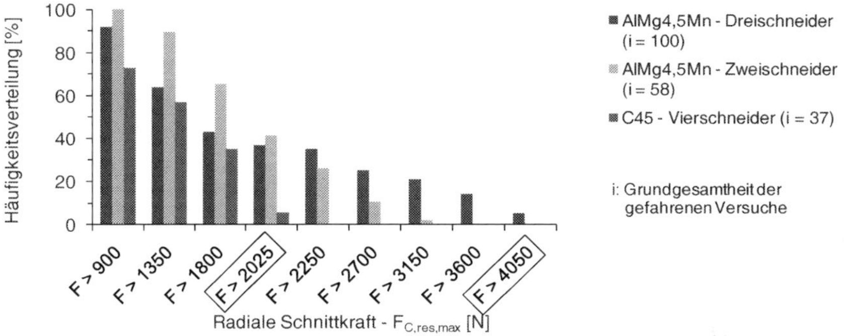

Bild 5.3: Häufigkeitsverteilung der auftretenden Schnittkräfte bei exemplarischer Zerspanung

Frequency distribution of cutting forces at exemplary machining processes

Um einen relevanten Lastbereich für die Prüfung von Spindellagern (Kap. 4.4.4) auszuwählen werden drei signifikante Lastpunkte ausgewählt. Der erste Punkt ist unter reiner axialer Vorspannung (siehe Tabelle 4.5, St. 1-5). Als zweiten Punkt wird eine Schnittkraft in Höhe von $F_{C,res,max\,1}$ = 2035 N mit einer resultierenden Radiallast in Höhe von $F_{SPL1,rad}$ = 2250 N ($p_{H,max,IR}$ = 1710 MPa) angenommen (siehe Tabelle 4.6, St. 6/7). Diese entspricht den gemessenen Höchstlasten im Bereich der Herstellerangaben und umfasst mehr als 75 % der aufgetretenen Belastungen bei der Zerspanung von C45. Der dritte Punkt bildet die Obergrenze der gemessenen Schnittkräfte von $F_{C,res,max\,2}$= 4000 N, welcher in weniger als 2,5 % der Fällen im gewichteten Mittel auftritt. Unter statischen Annahmen entspricht dieses einer radialen Lagerlast von $F_{SPL1,rad}$ = 4416 N ($p_{H,max,IR}$ = 2100 MPa). Diese wird als höchste Last für die Prüfstandsversuche festgelegt (siehe Tabelle 4.6, St. 8/9).

5.1.4 Kinematische Bedingungen unter kombinierter Last

Kinematic behaviour at combined load condition

Mit dem Berechnungsprogramm [WinL11] können die in [SpiL11] ermittelten Lagerlasten bei bekannter Lagergeometrie auf die inneren Lasten und kinematischen Verhältnisse zurückgerechnet werden. Für die Darstellung des radialen Lasteinflusses wurden exemplarisch die Lasten der Stahlzerspanung gewählt und für eine höhere Belastung mit den Drehzahlen im Bereich der Aluminiumzerspanung überlagert (D = 12000 min^{-1}; F_{ax} = 1000 N, F_{rad} = 2532 N, Lagertyp SPL3). In Bild 5.4 sind die wichtigsten Betriebsverhältnisse an einer Drehzahlstufe mit einem ortsfesten Kraftangriffspunkt der Radiallast bei 0° Drehwinkel dargestellt.

Der Einfluss der Radiallast ist im Vergleich zur Drehzahl signifikant. Durch die Radiallast besteht eine ungleichförmige Lasteinleitung und -verteilung innerhalb des Lagers. Im Gegensatz zu einer reinen Axiallast (Kap. 2.2.2) variieren hier die Pressung, der Druckwinkel, das

Bohr-Roll-Verhältnis und der Kugelvor-/-nachlauf sehr stark über den Drehwinkel bzw. die einzelnen Kontaktstellen. Für den Innenring ergibt sich eine umlaufende Last, für den Außenring eine Punktlast. Die Pressungen am Innenring sind geringfügig höher als am Außenring.

Die höchsten Pressungen treten nur bei ca. 3 Kontakten auf, also bei bspw. 13 % der Zeit während des Zerspanungsprozesses. Auf der lastabgewandten Seite ergeben sich die höchsten Bohr-Roll-Verhältnisse von bis zu 27 %, Druckwinkel bis 27 ° sowie der höchste Kugelvorlauf von 0,85 mm.

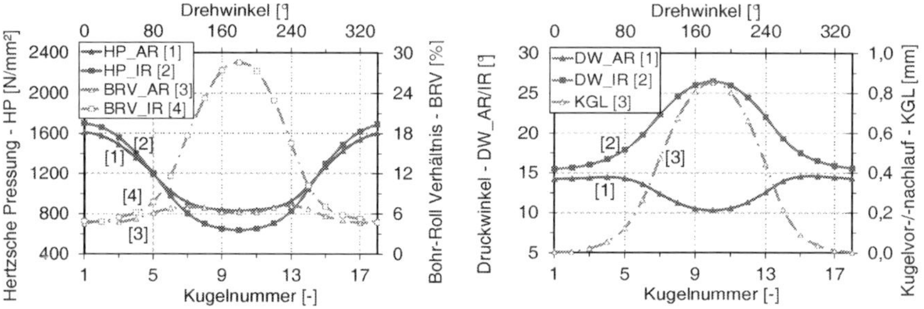

Bild 5.4: Hertzsche Pressung, Bohr-Roll-Verhältnis, Druckwinkel und Kugelvor-/-nachlauf unter kombinierter Last im Zerspanungsprozess (SPL3 bei $D = 12000\ min^{-1}$)

Hertzian pressure, spin-roll ratio, contact angle and ball backlash at combined load condition while machining (SPL3 at $D = 12000\ min^{-1}$)

5.2 Analyse der Einflussparameter auf den Schmierungszustand

Parameter analysis of the lubrication condition

Die zentralen Einflüsse auf den Schmierungszustand in einem Wälzkontakt sind Geometrie, Drehzahl (Differenzgeschwindigkeit), Last und Schmierungsstoffmenge (siehe Kap. 4.1). Der Schmierungszustand bzw. die Schmierfilmhöhe kann nach den vorgestellten Grundlagen berechnet bzw. experimentell ermittelt werden. Die Versuche orientieren sich an Tabelle 4.3.

5.2.1 Plausibilität der ermittelten Messwerte

Plausibility of measured values

In Bild 5.5 links sind die nach den Grundlagen von Kap. 4.1 berechneten Schmierfilmhöhen für das Versuchslager SPL1 bei unterschiedlichen Lasten über der Drehzahl dargestellt. Unter der Annahme der in [Koch96] vorgestellten unterschiedlichen Parameterwerte treten nach ZHOU und CHENG die geringsten Schmierfilmhöhen auf.

Aus dem Stillstand heraus baut sich im Hochlauf (HL) durch die Pressung bei ausreichend vorhandenem Schmierstoff aus dem Mischreibungsbereich mit zunehmender Drehzahl ein Schmierfilm auf (vgl. Bild 4.1), der bei einer bestimmten Drehzahl sein Maximum erreicht. Bei weiter zunehmender Drehzahl (Temperaturerhöhung: 25 K/1,0 Mio. $n \times d_m$) fällt die Schmierfilmhöhe trotz wachsender Kontaktfläche am Außenring ab. Durch die unterschiedlichen Lastbedingungen am Innen- und Außenkontakt weichen die Schmierfilmhöhen voneinander ab. Eine höhere Last führt zu einer geringeren Schmierfilmhöhe. Bei hohen Drehzahlen ist der Drehzahleinfluss im Vergleich zur Last dominant, so dass sich die Schmierfilmhöhen in ihren Werten angleichen.

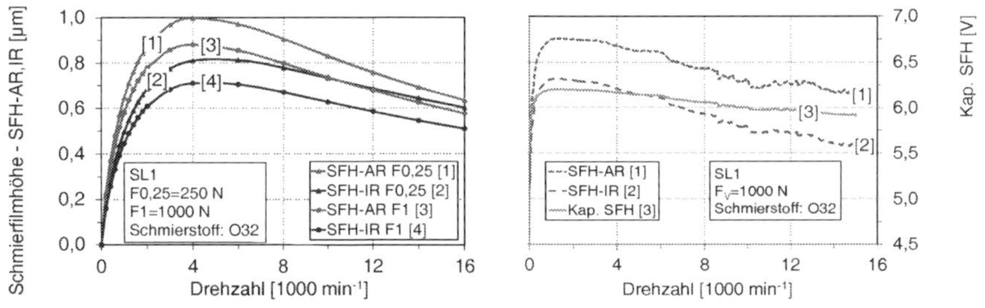

Bild 5.5: Vergleich von berechneter (links) und gemessener (rechts) Schmierfilmhöhe
Comparison of calculated (left) and measured (right) lubrication film thickness

Bei hohen Drehzahlen kann der Zustand der Grenzschmierung bzw. Mischreibung auftreten. Nach Definition müsste die spezifische Schmierfilmhöhe λ_0 kleiner als 3 werden. Bei den untersuchten Lagern liegen Mittenrauwerte von ca. $Rq_{LR} \approx 0{,}08$ µm und $Rq_{WK} \approx 0{,}04$ µm vor, so dass bei Schmierfilmhöhen von < 0,26 µm Mischreibung auftreten kann.

In Bild 5.5 rechts sind die anhand der in Kapitel 4.1.2 vorgestellten Messtechnik gemessenen Schmierfilmhöhen bei identischen Versuchsparametern dargestellt. Die berechneten und gemessenen Schmierfilmhöhen stimmen qualitativ weitgehend überein. Im Vergleich zur theoretischen Schmierfilmhöhe zeigt sich bei den Messungen ein aufgebauter Schmierfilm bereits bei niedrigeren Drehzahlen unterhalb von 1000 min^{-1}, welcher wiederum auch von der Beschleunigungszeit abhängig ist. Bei den kurzzeitigen Versuchen verschiebt sich das Maximum der Schmierfilmhöhe zu höheren Drehzahlen.

Die axiale Verlagerung ergibt sich als Summation von thermischem, kinematischem Verlagerungs- und Schmierfilmhöhenanteil, welcher sich über den Betriebsdruckwinkel aus der Schmierfilmhöhe berechnet.

$$x_{Gesamt} = x_{therm} + x_{kinemat} + x_{SFH} \quad \text{mit} \quad x_{SFH} = \frac{h_{AR}}{\sin\alpha_{AR}} + \frac{h_{IR}}{\sin\alpha_{IR}} \qquad \text{Gl. 5.1}$$

Für eine Abschätzung der Schmierfilmhöhe sind bei sehr geringen Drehzahlen (< 200 min^{-1}) und dem schnellen Hochlauf die ersten beiden Anteile zu vernachlässigen, so dass sich die Schmierfilmhöhe bei dem Beispiel aus Bild 5.5 mit $\alpha = 12{,}8\,°$ und $x_{SFH} = 1{,}6$ µm zu $h_{gem} = 0{,}18$ µm, was um Faktor 3 unterhalb der berechneten Schmierfilmhöhe liegt und dem Kapazitätsfaktor k_c entspricht. Somit treffen die getroffenen Annahmen zu.

5.2.2 Verhalten bei varianten Betriebsbedingungen

Characteristics at variant operation

Für die Betrachtung verschiedener Einflüsse wird das Anfahrverhalten sowie der Hochlauf für die Fett- und die Öl-Luft-Schmierung bei geringer und hoher Volumenstromzufuhr und unterschiedlichen Lasten untersucht.

Bei kurzzeitigen Beschleunigungsversuchen (BL) stellt sich kein Beharrungszustand der Temperatur ein, weswegen die thermischen Einflüsse zu vernachlässigen sind. In Bild 5.6 ist das Anfahrverhalten bis 500 min^{-1} dargestellt. Bei geringen Lasten [1] zeigt sich ein ausgeprägtes kapazitives Signal respektive Schmierfilm. Bei höherer Last sinkt das Signal (die Schmierfilmhöhe) ab [2]. Bei Fettschmierung und hoher Last von 1825 N (a)[3] ist noch kein tragender Schmierfilm (Mischreibung) vorhanden, während bei der Öl-Luft-Schmierung (b)[3], c)[3]) der EHD-Zustand schon erreicht wird.

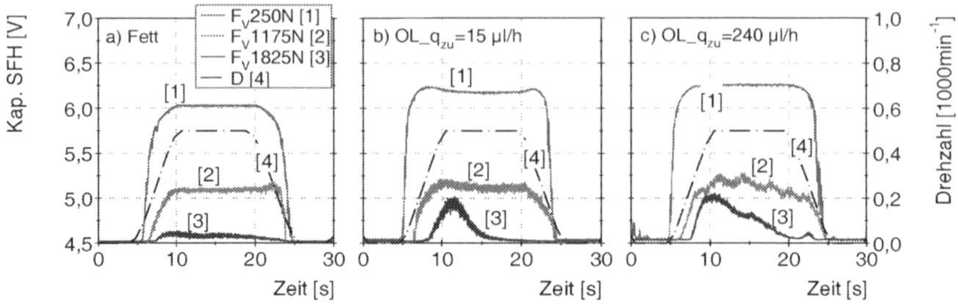

Bild 5.6: Einfluss niedriger Drehzahl und Last auf die Schmierfilmhöhe bei unterschiedlichen Schmierungstypen und Volumenströmen

Influence of low rotational speed and load onto the lubrication film thickness at different lubricants and lubrication amounts

Die Fettschmierung besitzt im Vergleich typisch eingesetzter Schmierstoffe somit bei hohen Lasten und geringen Drehzahlen einen schlechteren Schmierfilmaufbau, d.h. der Schmierfilm ist bei diesen Verhältnissen nicht tragend uns es liegt Mischreibung vor. Der Grund für den schlechteren Schmierfilmaufbau des Fettes ist eine üblicherweise geringere Viskosität des Grundöls von (22 zu 32 mm²/s) und die geringere freie Ölmenge. Bei der Öl-Luftschmierung Bild 5.6 b), c) ist kein deutlicher Unterschied zwischen geringer und hoher Volumenstromzufuhr erkennbar. Die Grenze für den Aufbau des Schmierfilms ist drehzahl-, last- und schmierstoffabhängig und liegt für die dargestellten Untersuchungen im Bereich von $50 < D < 500$ min^{-1}. Im Bereich hoher Lasten ist bei der Öl-Luft-Schmierung zusätzlich die Verdrängung des Schmierstoffs aus dem Kontakt zu erkennen, da die Signalhöhe bei konstanter Drehzahl abfällt. Dieser Verdrängungseffekt fällt bei der niedrigeren Schmierstoffmenge etwas stärker aus.

In Bild 5.7 ist das Verhalten im Drehzahlbereich bis 20000 min^{-1} dargestellt. Es zeigt sich, dass bei mittlerer und hoher Last die Schmierfilmhöhe über der Drehzahl noch deutlich ansteigt und bei 500 min^{-1} noch nicht vollständig ausgeprägt ist.

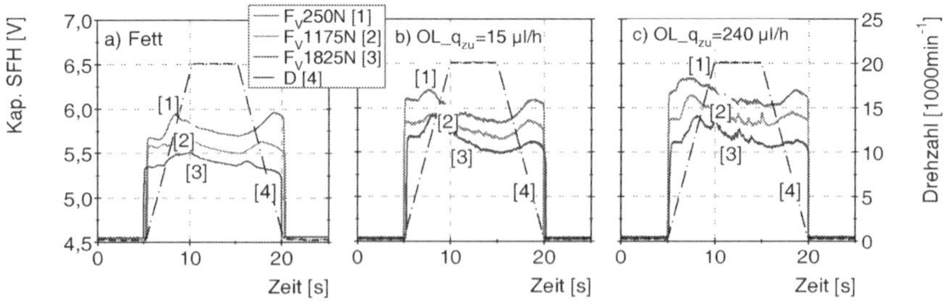

Bild 5.7: Einfluss hoher Drehzahl und Last auf die Schmierfilmhöhe bei unterschiedlichen Schmierungstypen und Volumenströmen

Influence of high rotational speed and load onto the lubrication film thickness at different lubricants and lubrication amounts

Im Vergleich von Bild 5.7 b) zu c) zeigt sich, dass eine größere Volumenstromzufuhr auch geringfügig höhere Kapazitätswerte und infolge dessen bei gleichen Bedingungen auch einen höheren Schmierfilm erbringt. Neben dem zugeführten Volumenstrom ist relevant, welche Schmierstoffmenge bereits im Lager vorhanden ist. Bei Drehzahlen ab ca. 15000 min^{-1} wird durch die hohen Relativgeschwindigkeiten und Luftverwirbelung um das Lager der Schmierstoff aus der Lagerlaufbahn getrieben und der Überschmierungszustand reduziert [Brec12a]. Bei wiederholtem Durchfahren des Hochlaufs (Bild 5.7) wird die überschüssige Schmierstoffmenge aus dem Lager verdrängt (vernebelt) und die Schmierfilmhöhen sinken auf den Wert bei niedriger Volumenstromzufuhr ab.

5.2.3 Verhalten bei konstanten Betriebsbedingungen

Characteristics at constant operation

Die Untersuchung charakteristischer Werte erfolgt in den Langzeitstufenversuchen (SL) bei einer Stufendauer von 2 h, bei der im Gegensatz zu den Kurzzeitversuchen jeweils der Beharrungszustand erreicht. In Bild 5.8 sind vier exemplarische Versuchsläufe bei niedriger und mittlerer Last (Vorspannung) sowie bei geringer und hoher Volumenstromzufuhr gegenübergestellt.

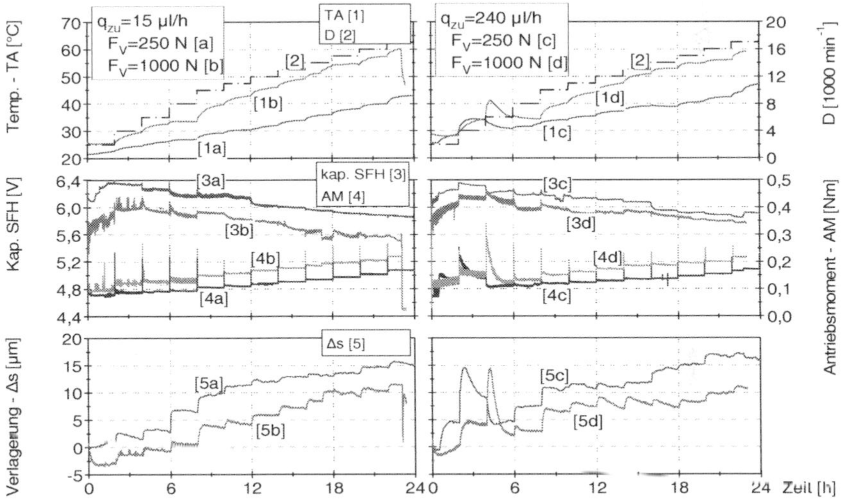

Bild 5.8: Verlauf von Temperatur, Kapazität, Antriebsmoment und Verlagerung beim Stufenlauf mit unterschiedlicher Last und Volumenstromzufuhr

Temperature, capacity, motor torque and axial displacement at different loads and flow rates

Bei geringer Volumenstromzufuhr und (a) niedriger bzw. (b) hoher Last folgen die Prüflagertemperatur, das Antriebsmoment und die differentielle axiale Verlagerung stufenförmig der Drehzahl. Das kapazitive Schmierfilmhöhensignal verläuft für die beiden Lasthöhen a) und b) nahezu parallel wie bei linearem Drehzahlverlauf (Bild 5.5). Die höhere Last führt zu einer niedrigeren Schmierfilmhöhe. Bei erhöhter Volumenstromzufuhr verlaufen die Kurven prinzipiell gleich. Im niedrigen Drehzahlbereich bis 8000 min^{-1} auf treten temporäre Überhöhungen auf. Diese zeigen sich in der Prüflagertemperatur (10 K), dem Antriebsmoment (0,3 Nm) und der differentiellen axialen Verlagerung (12 µm). Mit steigender Last verschieben sich die Überhöhungen zu höheren Drehzahlen (siehe Bild 5.8 c) zu d)).

Oberhalb dieser Drehzahl zeigen sich nur marginale Abweichungen in den Verläufen. Die Einflusseffekte decken sich mit den Literaturwerten sofern die Überschmierung als Vollschmierung betrachtet wird. Das Nachlaufverhalten in der Laufspur kann nach [Jaco99] in den Zeitraum des Überlaufs und kontaktfreien Nachflusses unterschieden werden. Das Ansteigen des Reibmoments, der Temperatur sowie geringfügig auch der Schmierfilmhöhe lassen sich auf eine mit der Zeit steigende, erhöhte Schmierstoffmenge im Lager und Wälzkontakt und auf die zusätzliche Verdrängungsarbeit zurückführen. Wie in Kapitel 2.2.3 angesprochen, existieren unterschiedliche Ansätze zur Beschreibung des Verhaltens bei Planscharbeit bzw. Mangelschmierung.

Bei Minimalmengenschmierung wird von [Cann04] bei steigender Last eine höhere Schmierfilmhöhe bestimmt, was in diesen Versuchen nicht bestätigt werden kann.

Durch Einführen einer dimensionslosen Mangelschmierungskennzahl [Cann04] können Schmierungszustände unterschieden – oder anhand eines Schmierstoffverdrängungsfaktors [Baly05, SKF11a] die anteiligen Verluste berechnet werden. Diese berücksichtigen die Drehzahl, die Schmierstoffviskosität sowie weitere lager- und schmierstoffspezifische Beiwerte. [Itoi98] stellte eine Erhöhung des gyroskopischen Schlupfes (Wälzwinkelverhältnis) durch Mehrmengen an Schmierstoff fest. Die Mehrmengen führen also zu einem höheren Schmierfilm, erhöhter Scherung, sowie zu einer temporären drehzahl- und lastabhängigen, erhöhten Schmierstoffverdrängung, was in den Versuchen bestätigt wird.

5.2.4 Verhalten bei Mangelschmierung

Characteristics at starvation condition

Die Untersuchung des Betriebsverhaltens im Mangelschmierungszustand erfolgt anhand der in Bild 5.9 dargestellten Dauerläufe (DL). In ein gereinigtes, trockenes Lager wird eine geringe Menge Schmierstoff von a) 1 µl und b) viermal 3 µl zeitgesteuert über eine Öl-Luft-Schmierung während des Versuchs eingebracht.

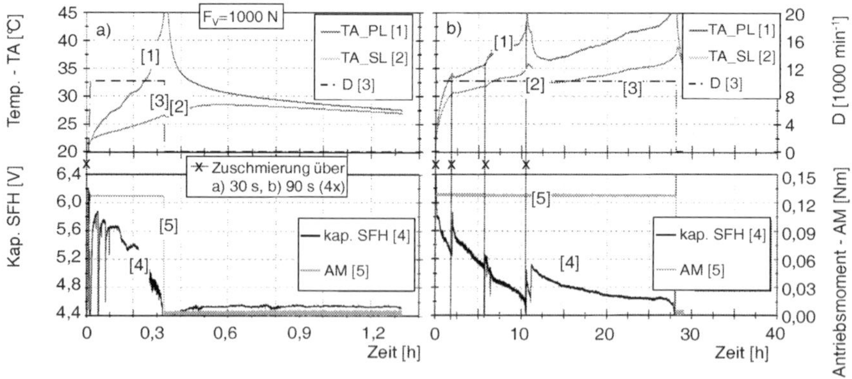

Bild 5.9: Laufverhalten von Spindellagern (SPL1) im Mangelschmierungszustand

Performance of spindle bearings (SPL1) at starvation condition

Ausgehend von einem geringfügig geschmierten Zustand wird das Verhalten von Temperatur, Antriebsmoment und kapazitiver Schmierfilmhöhe bei konstanter Drehzahl von 10000 min^{-1} betrachtet. Eine zu geringe Schmierstoffmenge führt innerhalb kurzer Zeit zu einer abnehmenden Schmierfilmhöhe, einem kurzzeitigen Einbrechen des Schmierfilms, einer kontinuierlichen Temperaturzunahme und nach einer Vorschädigung des Lagers zu einem Überschreiten der Grenztemperatur nach ca. 0,32 h (Bild 5.9 a)).

Bei wiederholter Zuschmierung geringster Mengen (Bild 5.9 b)) wird ein tragender Schmierungszustand nur zu Beginn und nach der ersten Nachschmierung kurzfristig erreicht. Die Schmierfilmhöhe reduziert sich zunehmend und erreicht trotz Zuschmierung das Ausgangsniveau nicht mehr. Im Antriebsmoment sind zu vernachlässigende Änderungen erkennbar.

Der Mangelschmierungszustand führt zu Oberflächenschädigungen (Änderung des Widerstands), Temperaturerhöhung und letztendlich zum Überschreiten der Grenztemperatur. Nach den Versuchen kann in der Laufbahn eine Laufspur nachgewiesen werden und das Lager ist somit vorgeschädigt. Durch das zeitnahe Nachschmieren kann der Lagerausfall somit nicht verhindert, aber die Restlaufzeit verlängert werden.

5.3 Fazit des Betriebsverhaltens hinsichtlich des Schmierungszustands

Conclusion of the analysis regarding the lubrication condition

Fazit der Untersuchung der Belastungs- und Schmierungszustände von Spindellagern ist, dass das Betriebsverhalten vielfältigen Einflussfaktoren unterliegt. Die im Betrieb auftretenden äußeren Zerspanungskräfte resultieren in umlaufenden Lasten am Innen- und einer Punktlast am Außenring. Die Pressungen hängen von den Geometriebedingungen im Lager ab und können deutlich variieren.

In den Untersuchungen konnten Last, Drehzahl, Drehzahländerung, Viskosität und Schmierstoffmenge als Einflussgrößen auf den Schmierungszustand identifiziert werden, wobei die Schmierstoffmenge signifikant ist. Kritische Schmierungsbedingungen des Wälzlagers sind Über- und Mangelschmierungszustände, die im Betrieb des Lagers auftreten können. In Tabelle 5.1 sind die Ursachen und Folgen dieser Zustände gegenübergestellt.

Die Folgen von Überschmierung sind temporäre Zustandsänderungen, während die der Mangelschmierung bei Verschleiß dauerhaft sind. Eine Untersuchung zur Reduktion der Schmierstoffmenge mittels Öl-Luft-Schmierung erbrachte, dass aufgrund der prinzipbedingten Schmierstoffzuführung durch Schlierenausbildung aufgrund der Transportdauer und Totzeit keine zeitnahe und genaue Dosierung möglich ist [Brec12a]. Die Folgen der Überschmierung sind Bearbeitungsungenauigkeit und erhöhte Leistungsverluste.

Anwendungen im Bereich von Mangelschmierung und insbesondere des Trockenlaufs finden sich vor allem in der Lebensmittelindustrie, bei deren Einsatz keine Schmierstoffe zugelassen sind oder im Vakuum ablaufen. Die Ausfallursachen von Wälzlagern und Spindellagern zeigen, dass ein Großteil dieser auf qualitativ und quantitativ unzureichende Schmierung zurückzuführen ist. Bei anderen Anwendungen ist der Mangelschmierungszustand unbedingt zu verhindern.

Tabelle 5.1: Ursachen und Folgen von Über- und Mangelschmierungszuständen
Causes and effects of overlubrication and starvation condition

	Überschmierungszustand	**Mangelschmierungszustand**
Ursache	- Einbringen einer zu großen Schmierstoffmenge (kontinuierlich, intermittierend)	- Einbringen einer zu geringen Schmierstoffmenge - nicht ausreichende Schmierstoffzufuhr
Auswirkung	- Planscharbeitsverluste - erhöhte Reibung - Temperaturerhöhung	- Mischreibungszustand (Grenzreibung) - erhöhte Reibung (kurzzeitig) - Temperaturerhöhung (kurzzeitig) - Oberflächenänderungen (irreversibel)
Folge für das Lager/Spindel	- thermische Dehnung - interne Lasterhöhung - Temperaturerhöhung	- thermische Dehnung - interne Lasterhöhung - Oberflächenschädigung/Verschleiß - Verschlechterung des Rundlaufs → Lagerausfall möglich
Folge für den Spindelbetrieb	- Bearbeitungsungenauigkeit (reversibel)	- Bearbeitungsungenauigkeit (irreversibel) → Spindelausfall
Weitere Folgen	- Betriebsmittel- und Ressourcenverschwendung - erhöhter Kapitaleinsatz	- Maschinenausfall

6 Tribologisches Verhalten beschichteter Spindellager bei EHD- und Mangelschmierung

Tribological behavior of coated spindle bearings at EHL and starvation condition

In diesem Kapitel erfolgt die Untersuchung von Spindellagern mit dem Ziel, eine Verbesserung des Betriebsverhaltens im EHD- und Mangelschmierungszustand zu erreichen. Ansätze bei gleichem äußeren Belastungskollektiv bieten neben der Makro- und Mikrogeometrie des Spindellagers der Werkstoff und die fertigungsbedingten Materialeigenschaften sowie der Schmierstoff des tribologischen Systems [Czic09].

Aufgrund der Schadensmechanismen sind die oberflächennahen Materialeigenschaften relevant (Kap. 2.2.4). Der Einsatz eines verschleißresistenteren Werkstoffs bspw. von hochreinem 100Cr6 [NSK11] oder HNS erhöht die Kosten signifikant. Fertigungsverfahren zur definierten Einbringung von Druckeigenspannungen wie Rollieren oder Walzen stellen eine Möglichkeit zur Eigenschaftsverbesserung bspw. der Wälzfestigkeit dar [Roet03], sind für Wälzlager allerdings noch nicht ausreichend untersucht. In dieser Arbeit wird daher der Ansatz verfolgt, die oberflächennahe verschleißunterlegene Randschicht durch den Einsatz von PVD-Beschichtungen zu verbessern. Das Verfahren wird im Anschluss an die konventionelle Fertigung durchgeführt, weswegen keine Umstellungen der Fertigungsverfahren notwendig sind und nur geringe zusätzliche Kosten entstehen.

Aufbauend auf einer simulativen Betrachtung zentraler Einflussfaktoren auf den Spannungszustand werden zunächst die Hartstoffschichten und ihre Eigenschaften vorgestellt. Es folgt die experimentelle Qualifizierung der Beschichtungen in Grundlagenversuchen an Analogiekörpern sowie die Übertragung der Schichten auf das Spindellager. Anschließend werden diese im Lager unter verschiedenen Betriebsbedingungen geprüft sowie ein qualifiziertes Schichtsystem im Feld eingesetzt und bewertet.

6.1 Simulative Betrachtung zentraler Einflussfaktoren auf die Spannungsverläufe im Wälzkontakt

Simulative analysis of central influences onto contact stresses

In den Grundlagen wurden bereits die kinematischen Bedingungen, das Betriebsverhalten (Kap. 2.2.2), die Reibungszustände und der EHD-Kontakt (Bild 4.1) sowie die zugehörigen Reibungsanteile (Kap. 2.2.3) vorgestellt. Wie in Kapitel 2.4.2 erläutert, können Schädigungen durch oberflächenfernes und oberflächennahes Materialversagen auftreten.

Die Simulationen sollen die Einflussgrößen der wichtigsten Faktoren auf die Spannungsverläufe im Wälzkontakt untersuchen. Betrachtet wird ein ungeschmierter Kugel-Ebenen-Kontakt. Auf diesen können die Kontaktbedingungen der einfach gekrümmten Triboscheibe bzw. der doppelt gekrümmten Lagerringe reduziert werden. Durch die veränderte Geometrie werden vor allem andere Kontaktellipsenverhältnisse und Pressungswerte errechnet. Die Bestimmungsgleichungen für die maximale Pressung, die Halbachsen der Druckellipse (a, b) und die Annäherung w_0 sind bspw. bei [Grot05] für verschiedene Kontaktgeometrien zusammengefasst:

$$\max \sigma_Z = \sigma_0 = 1{,}5 \cdot \frac{F}{\pi \cdot a \cdot b} \qquad \text{Gl. 6.1}$$

$$a=\sqrt[3]{\frac{3\cdot\xi^3\cdot(1-\nu^2)\cdot F_N}{E\cdot\left(\frac{1}{r}+\frac{1}{r'}\right)}}, \qquad b=\sqrt[3]{\frac{3\cdot\eta^3\cdot(1-\nu^2)\cdot F_N}{E\cdot\left(\frac{1}{r}+\frac{1}{r'}\right)}} \qquad \text{Gl. 6.2}$$

$$w_0=1{,}5\cdot\psi\cdot(1-\nu^2)\cdot\frac{F_N}{E\cdot a}. \qquad \text{Gl. 6.3}$$

Die Beschreibung des Spannungszustands erfolgt häufig über berechnete Vergleichswerte, in denen der räumliche Spannungszustand auf einen Kennwert reduziert wird. Diese sind üblicherweise die Gestaltänderungshypothese nach VON MISES und die Schubspannungshypothese nach TRESCA mit den Hauptspannungen σ_{I}, σ_{II} und σ_{III}.

$$\sigma_{V,MISES}=\sqrt{\frac{1}{2}\left[(\sigma_I-\sigma_{II})^2+(\sigma_{II}-\sigma_{III})^2+(\sigma_{III}-\sigma_I)^2\right]} \qquad \text{Gl. 6.4}$$

$$\sigma_{V,TRESCA}=2\tau_{\max}=MAX\left(|(\sigma_I-\sigma_{II});(\sigma_{II}-\sigma_{III});(\sigma_{III}-\sigma_I)|\right) \qquad \text{Gl. 6.5}$$

Der Spannungszustand besteht aus hydrostatischen (Normalspannung) und deviatorischen (Schubspannung) Anteilen. Es ist davon auszugehen, dass die Formänderung der Volumenänderung überwiegt, so dass die Vergleichsspannung als Kriterium zu Vergleichszwecken herangezogen werden kann.

Die vorgestellten Berechnungen und Analysen werden mit Hilfe der Methode der Finiten Elemente (FEM) durchgeführt. Das Werkstoffverhalten des Substrates wurde durch einen Druckversuch nach [DIN78] für den untersuchten martensitisch durchgehärteten 100Cr6 (60 HRC) ermittelt und als elastisch-plastisches Werkstoffmodell in der Simulation verwendet (siehe Anhang A3 Bild 10.1) [Brec12c].

Die Übertragbarkeit der Simulationsergebnisse wird durch die Anpassung der Lasthöhe des Kugel-Ebenen-Kontaktes ($F_N = 90$ N) auf die kritische Pressung im Wälzkontakt des Spindellagers in Höhe von 2000 MPa sichergestellt.

Um die Einflussgrößen Schichtstärke, Elastizitätsmodul (E-Modul), Bohrbewegung sowie Mikrogeometrie zu ermitteln und zu bewerten, werden diese im Folgenden separat diskutiert.

6.1.1 Eigenschaften des Beschichtungswerkstoffs und Schichtstärke

Properties of coating material and coating thickness

Die Untersuchung des Einflusses des Beschichtungswerkstoffes erfordert unterschiedliche Materialparameter für Substrat und Beschichtungwerkstoff. In dem FEM Modell ist der Grundkörper (Scheibe) aus zwei verschiedenen Bereichen aufgebaut, die an dem Übergang verbunden sind. Der obere Bereich definiert die Schicht, während der untere Bereich das Substrat definiert. Die Schicht ist aus mindestens 4 Elementen diskretisiert (Knotenstützweite von 0,5 µm). Im Übergangsbereich ist der Knotenabstand gleich gewählt und nimmt zum Rand zu. Der Faktor 1000 zwischen größter und kleinster Knotenstützweite wurde eingestellt.

Die Einflussgrößen von Schichtstärke und E-Modul einer Beschichtung sind für das Einwirken einer statischen Last bei einem idealglatten Kontakt (vgl. Hertzsche Theorie) in Bild 6.1 als Vergleichsspannungsverlauf über der Tiefe dargestellt. Für die Untersuchung werden verschiedene Schichtstärken und E-Moduln angenommen und verglichen.

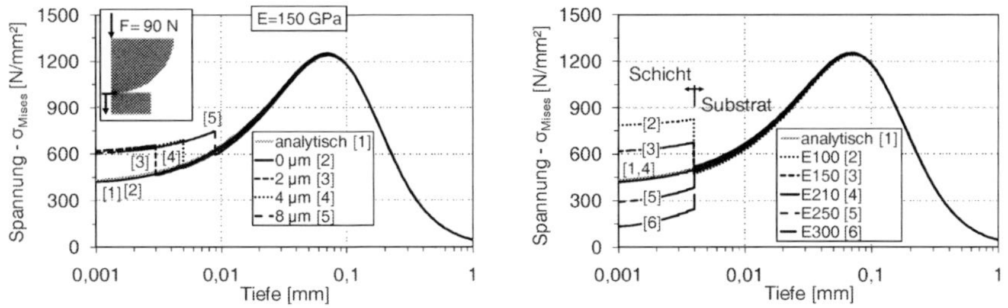

Bild 6.1: Einfluss von Schichtstärke und E-Modul$_{Schicht}$ auf die Vergleichsspannung

Influence of coating thickness and modulus of elasticity on the equivalent stress

In einer Tiefe von ca. 0,07 mm kommt es zu einem Spannungsmaximum, welches deutlich unterhalb der kritischen Ermüdungsgrenze (Fließgrenze) von 2000 N/mm² liegt. Durch die verschiedenen Schichtstärken und E-Moduln ist der oberflächenferne Spannungsverlauf unbeeinflusst. In oberflächennahen Bereichen kommt es zu einer Änderung der Spannung, die vor allem an dem hohen Gradienten am Schicht-Substratübergang kritisch ist.

Bei geringeren E-Moduln der Beschichtung im Vergleich zum Substrat nimmt die oberflächennahe Spannung entgegen der Annahme zu. Bei halbem E-Modul verdoppelt sich die Vergleichsspannung nahezu. Zudem vergrößert sich mit einer größeren E-Modul-Differenz die Gefahr eines Abplatzens der Beschichtung, da die Formänderung an der Grenzfläche einen größeren Gradienten aufweist (vgl. Eierschaleneffekt).

Die Zunahme der Vergleichsspannung kann wie folgt erklärt werden. Die Vergleichsspannung ist über die Differenz der Hauptspannungsanteile definiert (Gl. 6.4). Steigt diese an, so steigt auch die MISES Vergleichsspannung.

In Bild 6.2 sind die Spannungsverläufe S11/S22/S33 sowie σ_V exemplarisch für zwei verschiedene E-Moduli E = 100 GPa und E = 300 GPa in Tiefenrichtung gegenübergestellt.

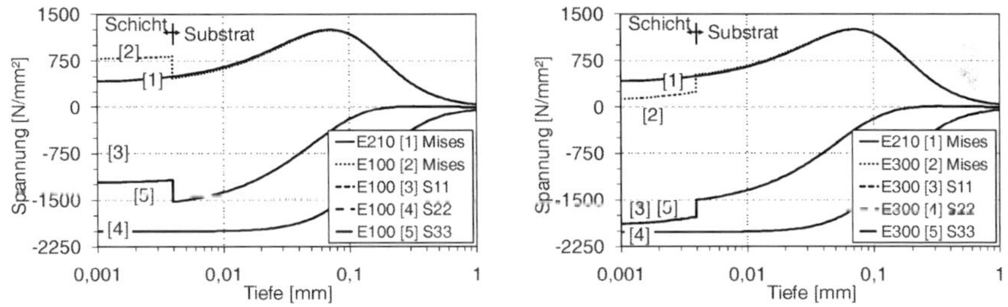

Bild 6.2: Verläufe der Spannungsanteile in Tiefenrichtung

Profile of equivalent stress shares

Die Spannungen sind für den rotationssymmetrischen Fall im Kontaktzentrum Hauptspannungen. In S22-Richtung (also in z bzw. Tiefenverlauf) ist der Spannungsverlauf (4) für beide E-Moduli nahezu gleich. Grund dafür ist, dass aufgrund der Definition des Modells in Tiefenrichtung (S22) die Schicht die gleiche Verformung, wie das Substrat besitzen muss, weil die Dehnung in z-Richtung an dem Übergang Substrat/Beschichtung physikalisch nicht gleich sein kann. Die Dehnung kann sich an das E-Modul anpassen, so dass die Spannung durch den E-Modulübergang nicht beeinflusst wird. Die Kontaktflächen für beide E-Moduli der Beschichtung sind nahezu gleich, da eine sehr dünne Schicht vorliegt besitzt das Substrat den dominanten Einfluss und bestimmt die Deformation sowie die Kontaktfläche. In die anderen Richtungen ist eine gleiche Dehnung nur am Übergang von der Schicht zum Substrat gegeben. Die Dehnung innerhalb der Schicht ist eine andere, so dass die Spannung ebenfalls unterschiedlich ist. Der Verlauf in S11 [3] und S33 [5] Richtung ist aus Symmetriegründen jeweils gleich.

Bei einem geringeren Schicht-E-Modul E100 verringert sich der Betrag der Hauptspannungen [3] und [5]. Die Hauptspannung in Tiefenrichtung [4] bleibt allerdings konstant. Die Differenz zwischen S11/S33 und S22 wird größer, so dass daher auch die Vergleichsspannung größer ist [2]. Bei einem höheren Schicht E-Modul ist der Effekt invers.

6.1.2 Bohrbewegung

Spin

Die Abrollbewegung stellt für die Axiallast eine Druckschwellbeanspruchung und für die Schubspannung eine dynamische Wechsellast dar. Für Ermüdungsvorgänge ist diese signifikant, für oberflächeninitiierte Schädigungen allerdings sekundär, weswegen auf die Darstellung verzichtet wird. Zusätzlich zu der Abrollbewegung wird durch den Betriebsdruckwinkel eine Bohrbewegung überlagert, die eine zusätzliche Reibkraft bzw. Schubspannung in der Oberfläche induziert. Zentral für deren Höhe ist der Wert des Reibkoeffizienten, da die eingebrachte Radialkraft proportional zu diesem ist. Reale Werte liegen zustandsabhängig zwischen einem trockenen Wälzkontakt ($\mu < 0{,}2$) über dem Grenzreibungszustand bis zu geschmierten EHD-Kontakten ($\mu < 0{,}01$) vor (vgl. Bild 4.1) [Czic09]. Für die Untersuchung des qualitativen Einflusses werden exemplarisch die Werte $\mu = 0$, 0,1 und 0,2 gewählt. Somit entstehen über der Druckellipse unterschiedliche Spannungsveräufe. In dem Momentanpol im Kontaktzentrum (KZ) liegt keine Änderung vor. Daher werden eine Stelle nahe des KZ (bei b = 0,001 mm) und am Kontaktrand (KR) (b = 0,145 mm) in Bild 6.3 dargestellt.

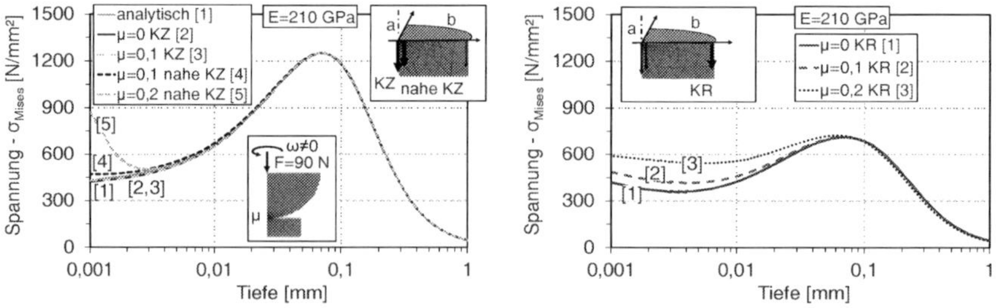

Bild 6.3: Einfluss des Reibkoeffizienten auf die Vergleichsspannung

Influence of the friction coefficient onto equivalent stress

Durch die zusätzliche Schubspannung erhöht sich die Vergleichsspannung nur oberflächlich bis ca. 3 µm Tiefe und ist im KZ bei $\mu = 0{,}2$ doppelt so hoch. Am KR führt die zusätzliche Schubspannung zu einer Spannungserhöhung um Faktor 1,5, die sich bis zu einer Tiefe von 0,08 mm abbaut. Bei zunehmendem Reibkoeffizienten erhöht sich die Vergleichsspannung über der gesamten Kontaktbreite (Bild 6.4). Die Änderungen sind am KR geringfügig und nehmen zum KZ zu.

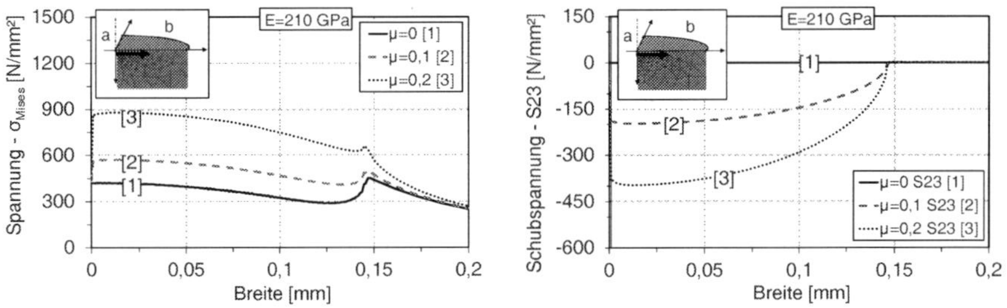

Bild 6.4: Einfluss des Reibkoeffizienten entlang der Oberfläche
Influence of the friction coefficient in surface orientation

Es treten Spannungsspitzen in einem Bereich bis ca. 2 µm neben dem KZ auf, die bei einem Reibkoeffizienten von $\mu = 0{,}2$ mehr als das Doppelte über der Vergleichsspannung im Referenzzustand liegen und höher als die maximale Tiefenspannung sind. Signifikant ist dabei die Zunahme des Anteils der Schubspannung.

6.1.3 Mikrokontaktgeometrie

Micro contact geometry

Die angenommenen Kontaktbedingungen von idealglatten Oberflächen gelten für die Spindellager nur idealisiert. Für die Betrachtung der realen Oberflächenrauheit wird ein Lagersegment analysiert 301 x 501 µm und ein repräsentativer Rauheitsverlauf für den Grundkörper verwendet ($R_{max} = 0{,}3$ µm) [Murr10], während der Gegenkörper idealglatt verbleibt. Die Analyse dreier unterschiedlicher Spannungs-Tiefenverläufe von Kontaktzentrum KZ [2], Rauheitsspitze [3] und Rauheitstal [4] zeigt Bild 6.5.

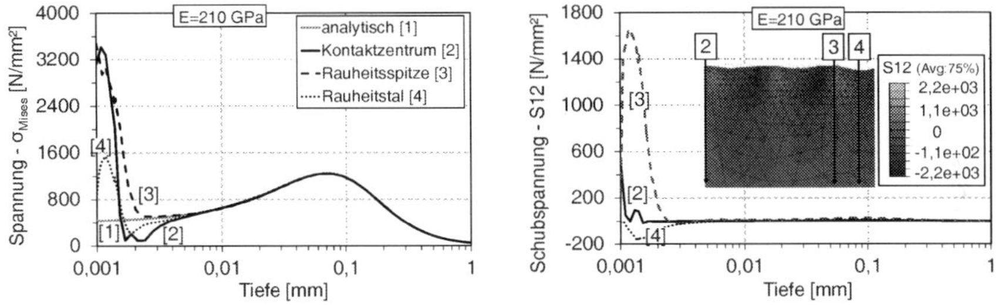

Bild 6.5: Einfluss der Mikrokontaktgeometrie
Influence of the micro contact geometry

Der oberflächenferne Spannungsverlauf bleibt unverändert. Durch die Oberflächenrauheit steigt die Pressung durch den reduzierten Traganteil in der Oberfläche. Im oberflächennahen Kontakt ergibt sich eine signifikante Erhöhung der Vergleichsspannung, die zu einem Überschreiten der Fließgrenze ($\sigma_{Mises} = 3500$ N/mm² > 2000 N/mm²) in der Rauheitsspitze des Kontaktes führt. Signifikant ist die überhöhte Schubspannung S12. Diese liegt nur oberflächennah vor und baut sich bis zu einer Tiefe von 4 µm komplett ab.

Einen gleichen Einfluss hat das Einbringen harter Partikel in den Wälzkontakt, die aufgrund der reduzierten Kontaktfläche zu einer Erhöhung der lokalen Pressung führen würde.

6.1.4 Fazit der Simulationen

Conclusion of the simulation

Bei abnehmendem E-Modul erhöht sich die Vergleichsspannung, welche an dem Werkstoffübergang kritisch ist. Bei geringen Werkstoff-E-Moduln treten in Oberflächennähe höhere Vergleichsspannungen auf. Die Bohrbewegung führt bei hohen Reibkoeffizienten zu einer zusätzlichen Erhöhung der Vergleichsspannung in der gesamten Druckellipse sowie einem deutlichen Anstieg am Kontaktzentrum. Die reale Mikrogeometrie des Lagers bedingt eine signifikante Erhöhung der Vergleichsspannung an Rauheitsspitzen, an denen die Fließgrenze überschritten werden kann. Eingebrachte harte Partikel haben durch die reduzierten Kontaktflächen die gleichen Folgen.

Die Überlagerung der vorgestellten Effekte führt zu einer deutlichen Steigerung oberflächennaher Spannungen. Diese liegen nach den Berechnungen mit ihrem Maximum innerhalb der ersten 2 - 3 µm des Werkstoffs und somit innerhalb der Beschichtung. Bei einsetzendem Schichtverschleiß rückt das Maximum in den Bereich des Interlayers, was bei mangelnder Schichthaftung zur Delamination führen kann.

Neben den vorgestellten Einflussgrößen bleiben Abrollbewegung und Eigenspannung als weitere Größen zu nennen. Der Beschichtungswerkstoff kann im Gegensatz zum Substrat mittels röntgenographischer Methode nicht analysiert werden. Die Auswirkung auf das Versagen in der Schicht wird für diese Analyse vernachlässigt. Der Einfluss der Abrollbewegung ist eine zeitlich veränderliche Wechselbelastung der Schubspannung in Überrollrichtung. Die Dynamik bewirkt im Vergleich zur statischen Kontaktlast lediglich einen Vorzeichenwechsel im überrollten Bereich und wird somit ebenfalls vernachlässigt.

Zentral für die Beschichtung ist es daher, eine ausreichend hohe Oberflächengüte des zu beschichtenden Bauteils sicherzustellen, sowie auf einen gleichförmigen Schicht-Substrat-Übergang zu achten, bei dem die Werkstoffeigenschaften angeglichen werden (bspw. durch einen gradierten Übergang). Zudem sollten die E-Moduln der Werkstoffe (Substrat, Interlayer, Schicht) ähnlich sein, um Spannungs- und Dehnungsspitzen zu vermeiden.

Verifikation der Simulationsergebnisse

Das Ergebnis der Analysen mittels Kugel-Ebenen-Modell lässt sich mit einer hohen Überdeckung auf das Spindellager übertragen. Durch die Annahme gleicher Pressung im Kontakt liegen aufgrund der Schmiegung im Lager höhere Lasten und entsprechend größere Kontaktflächen pro Wälzkontakt an. Die längeren Halbachsen führen zu einer Vergrößerung der Relativgeschwindigkeit in den Kontakten, welche hier nicht betrachtet wird. Daher entspricht der qualitative Spannungsverlauf im Wälzkontakt des Spindellagers im Wesentlichen den Analysen.

6.2 Hartstoffschichten zur Reibungs- und Verschleißreduktion

Hard coatings for the reduction of friction and wear

Die Ausführungen im Kapitel 5 zur Schmierung von Spindellagern und die Belastungen im Wälzkontakt (Kap. 2.2.4, 6.1) haben gezeigt, dass der Mangelschmierungszustand zu einem Ausfall des Lagers führen kann. Die verantwortlichen Größen sind Reibungs- und Temperaturentwicklung innerhalb des Lagers, die oberflächennahen Verschleiß oder auch Käfigversagen verursachen.

Das tribologische Verhalten von Wälzlagern kann durch den Einsatz von Beschichtungen verbessert werden (Kap. 2.4). Die Bedingungen des Elementes Spindellager und die Anforderungen des Beschichtungsprozesses sind teilweise gegenläufig. In Tabelle 6.1 sind die wichtigsten Charakteristika gegenübergestellt. Zentraler Punkt ist die Gewährleistung der geometrischen Stabilität des Präzisionsbauteils bei ausreichender Energieeinbringung für die Schichthaftung.

Tabelle 6.1: Technische Anforderungen an den Beschichtungsprozess
Technical requirements for the coating process

	Bedingungen des Spindellagers an den Beschichtungsprozess	**Anforderungen des Beschichtungsprozesses selbst**
Energieeinbringung, Temperatur	geometrische Stabilität, Maßhaltigkeit → geringe Temperatur (Verzug, Härteverlust)	Energiezuführung während des Prozesses → hohe Temperatur (Haftung)
Schichtstärke	Maßhaltigkeit, Gleichförmigkeit → geringe, gleichmäßige Schichtstärke	Lastüberleitung, Spannungsübergang → hohe, ausreichende Schichtstärke
Schichtstruktur	geometrische Stabilität, Laufverhalten → homogene Schicht	Prozess, Prozessführung → homogene Schichtabscheidung, Sichtliniencharakteristik
Oberflächenstruktur	geometrische Stabilität, Feingestalt → geringe Rauheit	Prozessführung → Deckschichteigenschaften
mechanische/ tribologische Eigenschaften	hohe Wälz- und Verschleißfestigkeit → hohe Härte, Steifigkeit, ausreichende Elastizität, hohe Partikeltoleranz (gute Spannungsüberleitung), ausreichende Korrosionsbeständigkeit	Prozessführung → Schichthaftung, Schichteigenschaften

Im Folgenden wird ein Überblick über relevante Beschichtungssysteme gegeben und zwei ausgewählte Beschichtungstypen werden im Detail vorgestellt. Es folgt die Betrachtung der Interaktion zwischen Schmierstoff und Werkstoffoberfläche. Anschließend werden grundlegende Verschleißuntersuchungen anhand von Triboscheiben durchgeführt, Anpassungen zu einem Niedertemperaturprozess am Beispiel eines Beschichtungstyps auf das Spindellager beschrieben, Versuchsergebnisse der Komponententests vorgestellt und die Korrelation der Ergebnisse betrachtet. Auf Basis dieser werden weitere Beschichtungssysteme getestet und das Lauf- und Verschleißverhalten sowie das Verhalten im Trockenlauf analysiert. Abschließend erfolgt die Untersuchung eines qualifizierten Schichtsystems im Feldeinsatz mit dem Fokus, die Prüfstandsergebnisse zu verifizieren.

Für die Anwendung einer verschleiß- und reibungsreduzierenden Schicht kommen für das betrachtete Tribosystem aufgrund der geforderten Wälz- und Verschleißfestigkeit, geometrischen Stabilität sowie Steifigkeit keine weichen Beschichtungen in Frage. Hartstoffbeschichtungen lassen sich nach [Holm94] durch ihr Abscheideverfahren, der eingesetzten Werkstoffe sowie ihres Aufbaus unterscheiden. Die Beschichtungen werden auf Basis von Nitriden, Karbiden, Oxiden und Boriden der Metalle Ti, Cr, W, Al, Zr und B sowie deren Mischung aus der Dampfphase erzeugt (Bild 6.6). Neben diesen etablierten Schichten haben die Kohlenstoffschichten in den letzten Jahren größere Bedeutung erlangt [Moel01, Seme10].

Tribologische Untersuchungen mit verschiedenen Beschichtungssystemen sind Gegenstand vieler unterschiedlicher Arbeiten. Als besonders geeignet haben sich dabei Kohlenstoff- und

Nitridschichten herausgestellt [Bobz06, Loos01, Kuhn06, Spal11], die im Folgenden kurz vorgestellt werden.

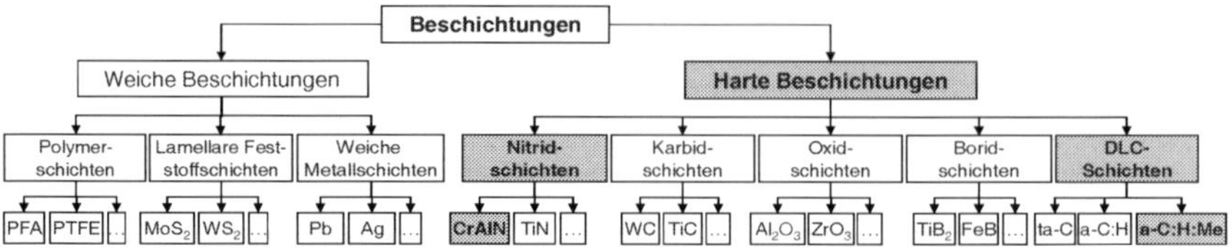

Bild 6.6: Klassifizierung der Schichten, nach [Holm94]
Classification of coatings, see [Holm94]

6.2.1 Amorphe Kohlenstoffbeschichtung a-C:H:W

Amorphous tungsten carbide coating a-C:H:W

Kohlenstoffartige Schichten basieren auf polykristallinem Diamant, allotrophem Graphit oder amorphem diamantähnlichen Kohlenstoff. Diamantähnlicher Kohlenstoff bzw. amorphe Kohlenstoffschichten werden auch als DLC-Schichten (Diamond-like-Carbon-Schichten) bezeichnet. Sie werden der Atomanordnung entsprechend in Plasmapolymerschichten, amorphe Kohlenstoffschichten und kristalline Kohlenstoffschichten unterteilt. Die Synthetisierung kann in regelloser Anordnung oder in zwei Kristallmodifikationen der Diamant-Gitterstruktur (sp^3-Hybridisierung) oder der Graphit-Gitterstruktur (sp^2-Hybridisierung) erfolgen. Die beiden Kristallmodifikationen bestimmen die wesentlichen Materialeigenschaften wie Härte, Elastizität und Dichte.

In amorphen Strukturen liegen die Atome in vernetzter, regelloser Anordnung vor und besitzen unterschiedliche Anteile von sp^2 und sp^3 Bindungen. Diese bestimmen maßgeblich die Eigenschaften, so dass mit steigendem Anteil der Graphit-Struktur der Kohlenstoff amorpher wird. Neben der Bindungsart lässt sich durch die Zugabe von Wasserstoff zu sogenannten a-C:H-Schichten der Vernetzungsgrad der Schicht einstellen. Mit zunehmendem H-Gehalt (10 - 40 %) verringert sich der Vernetzungsgrad und die Schicht wird weicher [VDI05].

Durch die Dotierung der Schicht von Metallen (W, Ti, etc.) oder Nichtmetallen (Si, O, etc.) werden so genannte modifizierte a-C:H:Me- oder Me-DLC-Schichten gebildet. Diese zeichnen sich durch geringere Druckeigenspannungen und bessere Haftfestigkeit im Vergleich zu a-C:H-Schichten aus. Um die Schicht besser mit dem Substrat zu verbinden, werden metallische Interlayer aus Chrom oder Molybdän eingesetzt.

DLC-Schichten werden in der Norm [VDI05] klassifiziert, in der neben einer einheitlichen Bezeichnung auch die weit streuenden Eigenschaften wie Verschleißschutz, Benetzbarkeit, Härte etc. festgehalten sind. Je nach Struktur der Kohlenstoffschicht schwanken die chemischen und physikalischen Schichteigenschaften sehr stark. In der Literatur finden sich Werte des E-Moduls im Bereich von 120 bis 335 GPa, sowie Härten von 10 bis 40 GPa und Schichtdicken von 1 bis 5 µm für harte DLC-Schichten, die bei Temperaturen bis ca. 300 °C abgeschieden werden [Holm94, VDI05].

Für die Anpassung der Beschichtung wird im Rahmen dieser Arbeit eine amorphe, mit Wolfram dotierte Kohlenstoffschicht (a-C:H:W) ausgewählt. Diese besitzt nach [VDI05] den höchsten Verschleißschutz gegen Oberflächenzerrüttung sowie den niedrigsten Reibungskoeffizienten.

6.2.2 Chromaluminiumnitrid-Beschichtung $(Cr_{1-x}Al_x)N$

Chromiumaluminiumnitride-coating $(Cr_{1-x}Al_x)N$

Nitridische Schichtsysteme basieren auf der Einlagerung von Nitriden, die in einem metallischen Gitter (Titan oder Chrom) verspannt sind. Die chrombasierten Schichten besitzen neben ihrer Korrosionsbeständigkeit typischerweise hohe Schichtraten und Eigenspannungen.

Das Schichtsystem $(Cr_{1-x}Al_x)N$ ist eine Weiterentwicklung der CrN-Schichten. Im Vergleich zu den monokristallinen Schichten lässt sich durch die Zugabe von Al zu CrN die Härte bei gleichzeitiger Senkung des E-Moduls steigern. Mit steigendem Aluminiumgehalt für eine Zusammensetzung von $(Cr_{1-x}Al_x)N$ von $0<x<0{,}63$ werden günstige mechanische Eigenschaften wahrgenommen. Es bilden sich metastabile Substitutionsmischkristalle mit kubisch flächenzentrierter (kfz) NaCl-Struktur (Chrom- und Aluminiumatome belegen abwechselnd die Ecken der Elementarzelle), die unter Gleichgewichtsbedingungen nicht existent sind. Die dazu notwendige Isotypie ist wegen der etwa gleichgroßen Atomradien von Cr und Al (1:1,2) gewährleistet.

Die zahlreichen intermetallischen Phasen im binären Cr-Al-System führen zu einer Versprödung. Diese bedingt, dass die Werkstoffe in zwei separaten Targets (Cr und Al) im Magnetron Sputter Ion Plating(MSIP)-Prozess eingesetzt werden. Versuche mit verschiedenen Haftvermittlern zeigten eine besonders gute Eignung metallischer Interlayer, insbesondere Chrom [Bobz06, Murr10].

Im Rahmen des Forschungsvorhabens des SFB 442 wurde dieses speziell für hochbelastete Maschinenkomponenten weiterentwickelt. Durch die Verwendung des MSIP-Prozesses mit mittelfrequenz-gepulster Leistungsversorgung konnte die Übertragung in einen Niedertemperaturprozess erreicht werden [Bobz06, Maes07]. Die Untersuchungen im Rahmen des SFB 442 zeigten einen entscheidenden Einfluss des Verhältnisses Cr:Al für Härte, Zähigkeit, Morphologie und Kristallstruktur. [Bobz06] gibt einen zusammenfassenden Überblick der untersuchten $(Cr_{1-x}Al_x)N$-Schichtsysteme, die sich hinsichtlich Al-Anteil und Beschichtungsparametern unterscheiden. Je nach Al-Anteil besitzt dieser Beschichtungstyp eine kolumnare (23 at.%) bis hin zu einer feinkristallinen (66 at.%) Schichtstruktur. Nanoindenteruntersuchungen zeigten mit zunehmendem Al-Gehalt ein duktileres Schichtverhalten bei gleichzeitigem Anstieg der Härte. Somit können plastische Verformungen z.B. bei Wälzbelastungen unterdrückt werden. Als Schichtsystem dient die $(Cr_{1-x}Al_x)N$-Schicht des Prozesstyps 2.054 mit einen Al-Anteil von $x=0{,}23$ (im Folgenden CrAlN genannt). Das CrAlN besitzt neben einer hohen Abrasionsbeständigkeit und gutem Korrosionsschutz auch einen hohen Adhäsionswiderstand [Bobz06]. Untersuchungen am Schwingreibverschleiß-Prüfstand (SRV) mit unterschiedlichen Schichtsystemen konnten für CrAlN-Beschichtungen einen deutlich geringeren Verschleiß im trockenen und geschmierten Kontakt nachweisen [Murr10].

6.2.3 Vergleich der Schichteigenschaften

Comparison of coating properties

Voruntersuchungen an den gewählten a-C:H:W und CrAlN-Beschichtungen zeigten geringsten Rollenverschleiß und höchste kritische Last bei bester Haftklasse [Loos01, Murr10].

Externe Analysen zur Bestimmung der Schichteigenschaften an Ronden (vgl. Kap. 6.2.4) wurden von [ASME11] durchgeführt. Nanoindentermessungen dienen zur Messung des tiefenabhängigen E-Moduls, der Mikrohärte sowie Mikro-Scratchtests zur Bestimmung der

Fließgrenze (siehe Anhang A3 Bild 10.2) [ASME11]. Die Werkstoffeigenschaften des Beschichtungsmaterials weichen bei der CrAlN-Beschichtung erheblich von den Literaturangaben ab und gleichen den Ergebnissen von REICHELT [Murr10, Reic11]. Angenommen werden gleiche Schichteigenschaften, die in der Vielzahl von Untersuchungen erarbeitet wurden [Bobz09b, Maes07, Murr10] sowie lediglich eine fehlerhafte Auswertung seitens [Maes07].

Im Vergleich zum Reibwert zwischen 100Cr6 und Si_3N_4 von $\mu = 0{,}85$ besitzen alle eingesetzten Systeme einen geringeren Reibwert (trocken) und eine höhere Härte (2,35 GPa) [CEME06, IOT06].

In Tabelle 6.2 werden die eingesetzten Schichtsysteme und ihre wichtigsten Eigenschaften miteinander verglichen.

Tabelle 6.2: Prozessparameter und Eigenschaften der eingesetzten Schichtsysteme [CEME07, Bobz09b, Maes07, ASME11]

Parameters and properties of the deposited coating systems [CEME07, Bobz09b, Maes07, ASME11]

Prozessgröße/Eigenschaft	Einheit	amorphe Kohlenwasserstoffschicht		Nitridschicht
Bezeichnung		a-C:H:W	a-C:H:W	$(Cr_{1-x}Al_x)N$ mit $x = 0{,}23$
Beschichtungsprozess		MSIP (DC)	MSIP (gepulst)	MSIP (gepulst)
Kathodenleistung	kW	4 x 2	4 x 2	4 x 2
Tastverhältnis	%	-	50	50
Frequenz	kHz	-	50	50
MF Bias Spannung	V	50 - 200	150 – 250	-35
Abscheidetemperatur	°C	180 - 250	150	< 160
Schichtdicke	µm	3,0* (2 - 3)	2 – 3	3,6 [5**]
Schichthärte	GPa	10,37* (9,6 ± 0,6)	12	6,91* (13,1 ± 1,0)
Schicht E-Modul	GPa	110* (105 ± 5)	169	160* (305 ± 22)
Fliessgrenze	GPa	7,2*	n.e.	3,5*
krit. Scratchlast [DIN EN 1071-3]	N	> 80	> 80	> 90
Haftfestigkeit (HF)		1 - 2	1	1
Mikrohärte	HV 0,5	ca. 1500	1700 (2100)	1465
Reibwert trocken zu 100Cr6		0,14	0,20	0,56
Reibwert trocken zu Si_3N_4		0,24	ca. 0,30	0,75
REM-Aufnahme der Bruchmorphologie		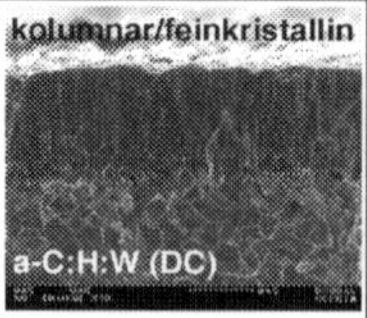	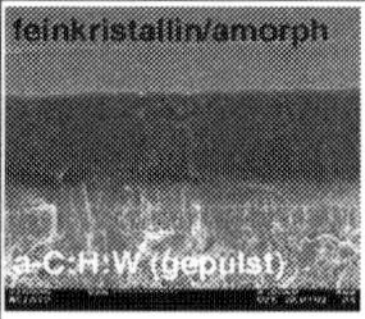	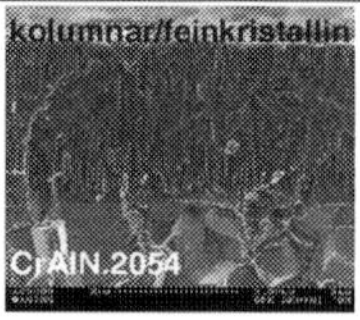

* Messwerte [ASME11], ** Schichtstärke bei den untersuchten Triboscheiben

6.2.4 Benetzungsverhalten von Schmierstoffen auf PVD-beschichteten Oberflächen

Wetting behavior of lubricants on PVD-coated surfaces

Tribosysteme werden stark durch den eingesetzten Zwischenstoff beeinflusst. Trotz einer optimalen Bauteilauslegung können durch falsche Abstimmung des Schmierstoffs auf das vorliegende Tribosystem erhöhte Reibung und Verschleiß und als Folge frühzeitiger Ausfall des Bauteils eintreten.

Der Einfluss der tribologischen Parameter wie Mikro-, Makrogeometrie oder Betriebsbedingungen auf den Schmierungszustand sind ausführlich diskutiert [Czic10, Jaco10]. Die mechanischen, physikalischen und chemischen Wechselwirkungen zwischen den Oberflächen und Schmierstoffen unter tribologischen Gesichtspunkten sind trotz verschiedenster Adhäsionsmodelle dagegen oft unbekannt [Mass07].

Die Interaktion zwischen Oberflächen und Schmierstoffen kann zum Teil über das Benetzungsverhalten dieser beschrieben werden. Es handelt sich hierbei um eine schmierungstechnische Kenngröße. Der physikalische Parameter, der die Benetzbarkeit beschreibt, ist die freie Oberflächenenergie, die bei Flüssigkeiten auch als Oberflächenspannung bezeichnet wird. Neben der Oberflächenenergie für Schmierstoff und Werkstoffoberfläche wird der Spreitungsdruck (Wert, ob eine Flüssigkeit auf einer Substratoberfläche spreitet) als Benetzungskriterium für die Grenzfläche herangezogen [Janc89, Love06].

Für die Untersuchungen des Benetzungsverhaltens werden verschiedene in Kapitel 4.3 vorgestellte Schmierstoffe eingesetzt. Als Oberfläche kommen martensitisch durchgehärtete 100Cr6/HNS-Ronden zum Einsatz. Die Ronden sind mit einer Diamantsuspension (Körnung: 9 µm → $R_z = 0{,}71$ µm, bzw. 3 µm → $R_z = 0{,}13$ µm) und Wasser als Kühlschmiermittel bearbeitet, mit einem Seidentuch poliert und ggf. mit a-C:H:W oder CrAlN beschichtet. Die Messungen der Oberflächenenergien erfolgen auf einem kommerziellen Video-Kontaktwinkel-Messgerät DSA 100 der Fa. KRÜSS [KRUE04].

Spreitungsdruck der Schmierstoff-/Werkstoffkombinationen

Die Bestimmung der Oberflächenspannung erfolgt anhand verschiedener Arbeitsschritte. Zunächst wird mit der Methode des „hängenden Tropfens" mittels Messung der Fläche bei bekannter Dichte die Oberflächenspannung des Schmierstoffs ermittelt [1]. Anschließend erfolgt anhand der Methode des „liegenden Tropfens" die Messung des Kontaktwinkels der Werkstoffoberfläche zur Bestimmung der polaren und dispersen Anteile der Werkstoffoberfläche [2/3]. Als Referenz dient dabei die Oberflächenspannung auf einem dispersen Körper PTFE (Polytetrafluorethylen = Teflon). Als Kriterium wird die Oberflächenenergie nach Wolf herangezogen [4] [Wolf57]. Anhand der sich mit dem Berechnungsverfahren nach Owens ergebenden Grenzflächenspannung kann schließlich der Spreitungsdruck p_{Sp} bestimmt werden [5] [Owen69]. Das Ergebnis der Untersuchungen zum Spreitungsdruck für die verschiedenen Schmierstoff/Werkstoffoberflächen-Kombinationen zeigt Bild 6.7.

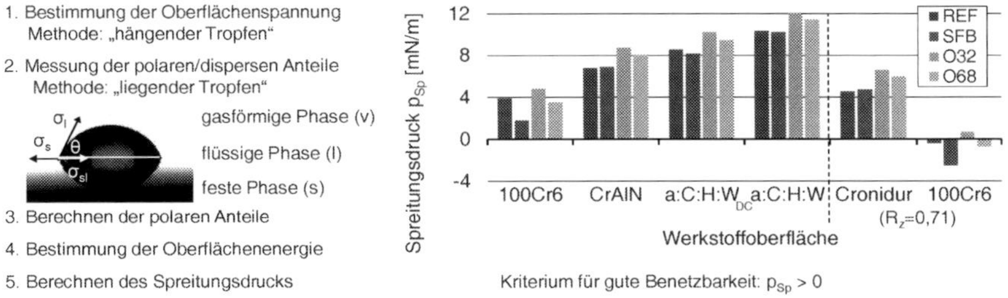

Bild 6.7: Spreitungsdruck verschiedener Schmierstoff-Werkstoff-Kombinationen

Surface energy of different lubricant material combinations

Unter der Annahme, dass durch bessere Spreitung des Schmierstoffs auf einer Oberfläche diese schneller benetzt wird und dadurch ein positiver Einfluss auf die Schmierfilmbildung bzw. den Schmierungszustand ausgeübt werden kann, weisen die PVD-beschichteten Oberflächen ein günstigeres Verhalten gegenüber unbeschichteten Oberflächen auf. Die a-C:H:W-Oberfläche zeigt den höchsten Spreitungsdruck und somit die beste Benetzungsfähigkeit. Zudem weist sie einen deutlich größeren polaren Anteil der Oberflächenenergie auf.

Die Ursache hierfür ist das Bestehen des Schichtsystems aus einer amorphen Kohlenstoffmatrix, in der nanokristalline WC-Körner eine Hexagonalstruktur bilden [Derf99]. WC gehört zu der Gruppe metallischer Keramiken, welche aufgrund von metallischen Bindungen eine vergleichsweise hohe Polarität aufweist [Holl95]. Die CrAlN-Beschichtung zeigt gegenüber der unbeschichteten Variante ebenfalls einen höheren Spreitungsdruck mit geringerer Polarität. Der Einfluss der Werkstoffe ist deutlich stärker als jener der Schmierstoffe. Die unbeschichtete 100Cr6-Oberfläche ($R_{Z\,0,71}$) zeigt als Einzige ein schlechtes Benetzungsverhalten, welches nur in Verbindung mit O32 als gering positiv zu bewerten ist. Die Ergebnisse für die Werkstoffoberflächen decken sich weitestgehend mit den von Bugiel und Bobzin erzielten [Bugi09, Bobz09a]. Untersuchungen von Bobzin ergaben [Bobz09b], dass zwischen Spreitungskoeffizient und Reibwert im geschmierten Kontakt eine positive Korrelation besteht, während das Verhältnis im Bereich der Grenz- bzw. Mischreibung negativ ist.

Der Einfluss des Schmierstoffadditivs auf das Benetzungsverhalten liegt am Beispiel des REF-Schmierstoffs nach [Murr10] in Höhe von -8,1 mN/m (unadditiviert) zu 3,6 mN/m (additiviert). Der synthetische Kohlenwasserstoff PAO zeigt bei allen Werkstoffoberflächen den höchsten Spreitungsdruck. Ester besitzt im Vergleich zu PAO bessere Schmierungseigenschaften und weist eine höhere chemische Reaktivität auf. Die vorgestellten Untersuchungen zum Benetzungsverhalten von Schmierstoffen auf unbeschichteten und PVD-beschichteten Oberflächen wurden unter Laborbedingungen bei Raumtemperatur und Umgebungsdruck durchgeführt. Im realen Einsatzort eines Wälzkontaktes wirken hohe Temperaturen und Drücke, die das Benetzungsverhalten von Schmierstoffen und Oberflächen beeinflussen. Das Wälzlager wird bei hohen Temperaturen bis zu 90 °C betrieben, es stellt sich trotz Wärmeabfuhr über Konvektion und Kühlung lokal im Mikrokontakt eine noch höhere Temperatur ein. Die nachfolgenden Untersuchungen sollen einen Einblick des Temperatureinflusses auf das Benetzungsverhalten geben. Untersuchungen zur Druckabhängigkeit sind allerdings nicht möglich.

Temperatureinfluss der Oberflächenenergien

Die Temperaturabhängigkeit der Oberflächenspannungen wurde für die einzelnen Schmierstoffe untersucht. Hierzu wurde am hängenden Tropfen die Oberflächenspannung bei steigender Umgebungstemperatur in einer Heizkammer gemessen.

Bei allen Schmierstoffen zeigt sich bei zunehmender Temperatur eine nahezu proportionale Abnahme der Oberflächenenergie. Als Erklärung dient die Tatsache, dass spätestens bei einer kritischen Temperatur die Oberflächenspannung chemisch einheitlicher Flüssigkeiten aufgrund der fehlenden Ausbildung definierter Oberflächen bei Gasen verschwindet. Die Oberflächenspannung strebt mit steigender Temperatur den Wert null an. Als weitere wichtige Aspekte seien die Dichte- und Viskositätsabhängigkeit von der Temperatur genannt. Ein Unterschied zwischen den einzelnen Schmierstoffen ist nicht zu erkennen. Das Ergebnis deckt sich mit den Untersuchungen von Wolf und Bugiel [Wolf57, Bugi09].

Das Benetzungsverhalten ist bei hohen Temperaturen nicht mehr durch die o.g. Gleichungen bestimmt. Die Oberflächenspannung kann aufgrund der Temperaturabhängigkeit von PTFE nicht in polare und disperse Anteile zerlegt werden. Zudem ist die Annahme der vernachlässigbaren Wechselwirkung mit der Gasphase nicht mehr gegeben. Eine Möglichkeit zur Qualifizierung der Benetzungsfähigkeit ist die Messung der Zeitdauer bis eine konstante Fläche vollständig von einem Schmierstoff benetzt ist. Als Schmiermittel wurde exemplarisch O32 gewählt.

Beim Vergleich der Zeit bis zur vollständigen Benetzung der Oberfläche zeigt sich ein ähnliches Verhalten wie bei der Messung des Spreitungsdrucks. Die beschichteten Oberflächen besitzen eine kürzere Ausbreitungszeit und somit bessere Benetzungsfähigkeit als die unbeschichteten. Bei einer höheren Temperatur nimmt die Benetzungszeit der unbeschichteten Oberfläche deutlich weniger ab als bei den beschichteten Oberflächen [Brec12c].

Die ermittelten makroskopischen Kenngrößen wurden unter vereinfachenden Annahmen ermittelt. Die Grenzen stellen zum einen die Vernachlässigung der kohäsiven Kräfte im Inneren des Schmierstoffs und der Beschichtung sowie die Mikrotopographie der Oberfläche dar. Zum anderen stellen die polaren und dispersen Anteile der Flüssigkeiten Hilfsgrößen dar, welche die physikalischen Wechselwirkungen der van der Waalsschen Wechselwirkungskräfte (KEESOM-, LONDON-Kraft) durch Vernachlässigen der debyeschen Wechselwirkungen nicht exakt abbilden können [Bobz09b, Mass07].

Als Ergebnis kann festgehalten werden, dass die Beschichtungen eine bessere Benetzungsfähigkeit als die unbeschichtete Referenz besitzen. Der Unterschied erhöht sich mit zunehmender Temperatur.

6.3 Experimentelle Qualifizierung am Analogiebauteil Triboscheibe

Experimental qualification at the analogous component tribo disc

Die Entwicklung von Schichtsystemen muss in Bezug auf die spätere Komponentenanwendung und Einsatzbedingungen erfolgen. Ausgehend von der Werkstoffwahl werden eine geeignete Prozesstechnik sowie das Abscheideverfahren ausgewählt. Für die Korrelation von Schichtsynthese und Schichteigenschaft wird eine entsprechende Diagnostik eingesetzt. Die genormten Untersuchungsverfahren zur Qualitätssicherung [VDI01] sind Sichtprüfung, Schichtdicke (über Kalottenschliff, Querschliff), Härte (Mikro- und Universalhärte), Zusammenhalt des Schicht-Substrat-Verbundes (Härteprüfung mittels Rockwell-Test, Ritztest = Scratch-Test) sowie funktionale Eigenschaften (Pin on Disk (PoD)). Üblicherweise werden dazu Ronden, sogenannte Begleitproben, dem Beschichtungsprozess beigelegt und an diesen die o.g. Eigenschaften geprüft. Im nächsten Schritt erfolgen die Bauteilapplikation und anwendungsnahe Funktionstests.

In der Vergangenheit wurde nachgewiesen, dass die signifikanten Unterschiede der realen tribologischen Belastungen nicht ausreichend genau mit vereinfachten Tests und Untersuchungen qualifiziert werden können, so dass bspw. von [Erke98] der Impact Test oder von ELGETI der Oberflächenermüdungstest (OET) hinzugezogen wurden [Murr10].

Da das Spindellager eine fertigungstechnisch anspruchsvolle und kostenintensive Komponente ist, bietet das Verwenden von anwendungsnahen Analogiekörpern der Triboscheiben für Grundlagenversuche in einem Tribometer eine sinnvolle Alternative [Spac08, Murr10].

6.3.1 Grundlagenuntersuchungen an Triboscheiben

Fundamental analysis on tribo discs

Die Grundlagenuntersuchungen gliedern sich in den Qualifikationsnachweis der Fertigung, die Laufversuche zum Verschleißverhalten bei niedrigen und hohen Laststufen sowie die Analyse des Verschleißes (Schichtversagen, Substratversagen) der Beschichtungssysteme. Die Versuche werden auf dem in Kap. 4.2.1 vorgestellten Tribometer mit dem in Kap. 4.4.3 erläuterten Prüfprogramm durchgeführt.

Die Schichtentwicklung von [Spac08] bezieht sich auf drei verschiedene Beschichtungsprozesse. Anhand dieser wurden a-C:H:W-Beschichtungen abgeschieden und im Tribometer bei Pressungen von 1400 MPa bei $D = 3000\ min^{-1}$ verifiziert. Das Standardsystem delaminierte bereits bei geringen Überrollungszahlen. In dem gradierten Schichtsystem ist der Layer mit zur Oberfläche ansteigendem Kohlenstoffgehalt aufgetragen. Bei diesem reduzierte sich der Schichtverschleiß auf die Profilhöhen.

Eine zweite Versuchsreihe bezog sich auf den Einfluss der Oberflächentopographie anhand verschiedener Strahlverfahren für hartgedrehte Oberflächen (unbehandelt $R_z = 1{,}98$ – glasgestrahlt $R_z = 2{,}18$ – nassgestrahlt $R_z = 1{,}52$). Es zeigt sich, dass mit steigender Oberflächengüte der Verschleiß absinkt. Ausgangspunkt für das Schichtversagen blieben bei gestrahlten Triboscheiben die Drehriefen. Bei polierten Oberflächen ($R_z = 0{,}73$) konnte bis Pressungen von 2600 MPa kein Verschleiß an der gepulst abgeschiedenen Schicht nachgewiesen werden [Spac08].

Oberflächentopographie der Triboscheiben

Zur Verifikation der Bearbeitungsprozesse wurden die Triboscheiben nach jedem Prozessschritt der Fertigung (siehe Kap. 4.4) vermessen. Die Ergebnisse sind in Tabelle 6.3 als gemittelte Werte gegenübergestellt.

Tabelle 6.3: Oberflächentopographie der Triboscheiben im Vergleich zum Spindellager

Surface topography of the tribo discs compared to the spindle bearing

	Triboscheibe					Spindellagerinnenring				Oberflächenoptik
Bearbeitungs-Zst. / Oberflächenrauigkeit	geschliffen	poliert	beschichtet (bes.)	bes. & nassgestrahlt (ges.)	bes. und ges. nach Einlauf	Innenring	beschichtet	bes. und ges.	bes. und ges. nach Einlauf	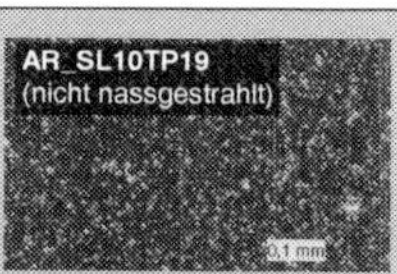
R_z,axial	1,39	0,31	0,48	0,31	0,20	0,12	0,68	0,16	0,15	
R_z,radial	1,01	0,09	0,84	0,24	0,17	0,08	0,51	0,15	0,14	
R_{pk},axial	0,19	0,04	0,11	0,04	0,04	0,02	0,05	0,03	0,02	
R_{vk},axial	0,28	0,06	0,09	0,07	0,05	0,02	0,04	0,03	0,03	

Der Rundheitsfehler liegt im Durchschnitt bei 0,8 µm und die Exzentrizität bei 0,82 µm. Der mehrstufige Fertigungsprozess reduziert die Rauigkeit deutlich, so dass die Oberflächengüte der Triboscheiben nach dem Polieren reproduzierbar im Bereich von Spindellagern liegt. Durch die Beschichtung wird die Oberflächenrauigkeit (nur R_z) leicht erhöht, allerdings steigen die Profilhöhen (R_{PK}) deutlich an. Ursache sind Kohlenstoffanhäufungen, die nach dem Einlauf abgerieben sind. Für die Gleichförmigkeit der Kennwerte werden die Scheiben nach dem Beschichten mit EK 400 ($Ø_{EK} = 10$ - 17 µm, $p_S = 2$ bar) nassgestrahlt (Tabelle 6.3).

Einfluss der Mikrokontaktgeometrie auf den Verschleiß

Die Bewertung der Mikrokontaktgeometrie erfolgt für die beiden Fertigungszustände geschliffen und poliert nach der Beschichtung. In Bild 6.8 sind die Verschleißerscheinungen nach St 3 gegenübergestellt.

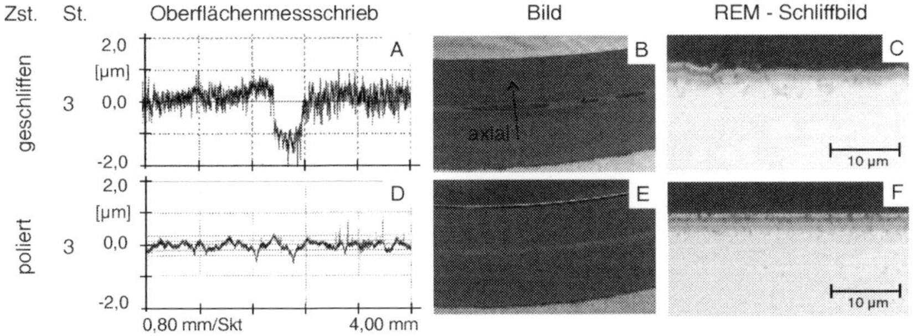

Bild 6.8: Analyse des Einflusses der Mikrokontaktgeometrie auf den Schichtverschleiß
Analysis of the influence of micro contact geometry onto wear

Bis zu einer Pressung von 1400 MPa (St 0) ist eine Laufspur visuell erkennbar, die taktil nicht nachgewiesen werden kann und somit im Bereich von < 0,2 µm liegt. Nach St 1 ist ein lokaler kohäsiver Verschleiß mit einer Verschleißbreite von ca. 0,25 mm und -tiefe von ca. 1,0 µm vorhanden. Mit zunehmender Überrollungszahl und Last vergrößern sich die Verschleißbereiche sowohl in radialer als auch axialer Richtung. Nach St 3 liegen Verschleißstellen über den Umfang stochastisch verteilt vor. Sie korrelieren nicht mit der Abweichung der Oberflächenkontur 2. Grades (Welligkeit). Die Ausprägung bleibt mit einer Breite von 0,55 mm und einer Tiefe von ca. 1,1 µm und innerhalb der Schicht nahezu konstant (Bild 6.8, A, B, C).

Wird eine polierte Triboscheibe verwendet, sind nach derselben Versuchslaufzeit und Belastung außer einer visuellen Laufspur keine Verschleißerscheinungen ersichtlich (Bild 6.8 D, E, F). Somit gilt eine Pressung ab 1730 MPa für die geschliffene Oberfläche als verschleißkritisch und bei polierter Oberfläche ab 2250 MPa. Die Mikrokontaktgeometrie ist durch die lokale Pressungsüberhöhung wie in Kap. 6.1.3 simuliert für den Schichtverschleiß signifikant. Daher werden alle weiteren Untersuchungen im polierten Ausgangszustand fortgeführt.

Verschleißverhalten der Beschichtungen

Für die Analyse des Verschleißverhaltens werden die unbeschichtete Referenz, die a-C:H:W- und die CrAlN-Beschichtung mit REF-Schmierstoff in dem in Tabelle 4.4 vorgestellten Versuchsprogramm durchfahren und nach jeder Stufe vermessen. In Bild 6.9 sind die relevanten axialen Oberflächenmessschriebe der Triboscheiben dargestellt.

Bei der unbeschichteten Referenz ist ein Einebnen der Oberfläche ab St 5 (2500 MPa) erkennbar, die bis St 8 (3000 MPa) auf ca. 0,8 µm zunimmt. Die Kontur der Verschleißausprägung entspricht der Druckverteilung. Erster messbarer Verschleiß tritt bei St 9 (3875 MPa) an verschiedenen Stellen über dem Umfang auf. Die Tiefen reichen im Mittel von ca. 3,5 µm (Bild 6.9, A) bis zu einer deutlichen Schädigung von ca. 22 µm, welche zu einem Ausfall geführt hat.

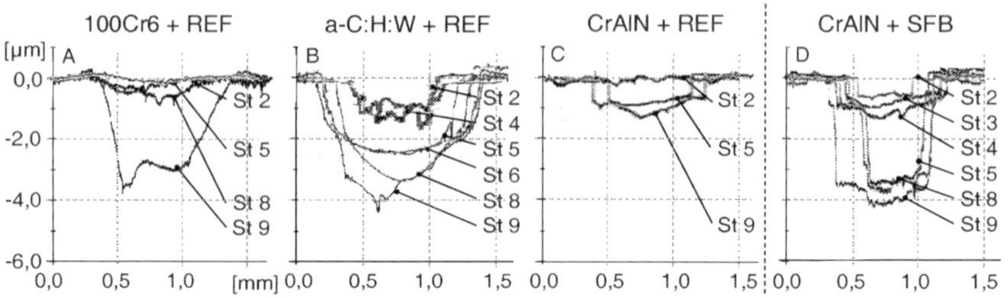

Bild 6.9: Vergleich des Verschleißverhaltens verschiedener Schmierstoff-Werkstoff-Kombinationen nach exemplarischen Versuchsläufen ($\Lambda_0 > 3$)

Comparison of the wear behavior of different coating-lubricant combinations after exemplary test stages ($\Lambda_0 > 3$)

Bei Verwendung der a-C:H:W-Beschichtung treten bereits bei St 2 (1900 MPa) an einigen lokal begrenzten Stellen Verschleißerscheinungen auf. Diese sind ca. 0,8 mm breit und 0,8 µm tief. Mit zunehmender Stufe erhöht sich die Anzahl der Verschleißstellen, welche nach St 4 ca. 5 % des Lagerumfangs umfassen. Breite und Tiefe bleiben nahezu konstant. Nach St 5 (2500 MPa) haben sich deutlich stärkere Verschleißstellen gebildet, die mit 0,9 mm Breite und 2,0 µm Tiefe ca. 15 % des Gesamtumfangs einnehmen. Ab St 6 (2700 MPa) ist der Verschleiß gleichförmig über den gesamten Umfang. Mit zunehmender Stufe erhöht sich die Tiefe bis St 9 (3875 MPa) auf ca. 3,5 µm und es treten lokal deutlich tiefere Schädigungen auf (Bild 6.9, B). Weitere Versuche zeigen, dass die Erhöhung der Laufdauer in St 4 ebenfalls zu einem umfassenden Verschleiß führt.

Die CrAlN-Schicht besitzt bis zur St 5 (2500 MPa) keine Anzeichen eines Verschleißes. Ab St 5 treten über den gesamten Umfang statistisch verteilte Verschleißstellen auf, die bei zunehmender Überrollung eine gleichmäßige Verschleißspur ausbilden. Diese besitzt eine Breite von ca. 0,8 mm und eine Tiefe von 0,8 µm. Die Ränder zur intakten Schicht hin sind scharfkantig ausgeprägt und der Verschleißgrund ist eben. Trotz höherer Stufen kommt der Verschleiß zum Erliegen. Erst ab St 9 (3875 MPa) nimmt die Verschleißspur geringfügig auf eine Breite von 0,9 mm und Tiefe von 1,2 µm zu. Es tritt kein Schaden auf (Bild 6.9, C). Aufgrund des gradierten Schichtaufbaus variieren die Eigenschaften zudem tiefen- bzw. verschleißabhängig. Die Oberflächendeckschicht besitzt einen geringeren Verschleißschutz als die innere Schicht. Dieser ist größer als die der unbeschichteten Referenz.

Der Unterschied in den Verschleißtiefen lässt sich über die Verschleißneigung der Werkstoffe zurückführen. CrAlN besitzt einen höheren Verschleißschutz als die a-C:H:W-Beschichtung. Dieser lässt sich aus einer Reaktionsschichtbildung in Verbindung mit dem additivierten Schmierstoff erklären, welche in EDX-Analysen von Reichelt in [Bugi09] mittels Focused Ion Beam (FIB) nachgewiesen wurde. In weiteren Versuchen konnte bei dem Werkstoff X30CrMoN15-1 (unbes.+ REF) kein Oberflächenverschleiß festgestellt werden.

Einfluss des Schmierstoffes auf das Verschleißverhalten der Beschichtung

Der Schmierstoffeinfluss erfolgt exemplarisch für die CrAlN-Beschichtung durch Vergleich mit dem SFB-Schmierstoff und bei der a-C:H:W-Beschichtung anhand O32. Bei Verwendung des SFB-Schmierstoffs besitzt die CrAlN-Beschichtung ein anderes Verschleißverhalten. Bereits bei St 2 (1900 MPa) tritt ein lokaler Verschleiß von 0,5 mm Breite und ca. 0,8 µm Tiefe auf. Mit zunehmender Stufe nimmt dieser zu und prägt sich über der Laufspur einheitlich mit 1,1 mm Breite und 1,1 µm Tiefe aus. Ab St 5 ist in dieser eine zweite, schmalere Laufspur (0,6 mm Breite) mit bis ca. 3,2 µm Tiefe erkennbar, die sich bis St 9 zunehmend auf 0,8 mm verbreitert (Bild 6.9, D). Unterschiede in den Verschleißbreiten lassen sich durch die unterschiedlichen Druckellipsenhalbachsen während der Versuchsstufen, bedingt durch Drehzahl- und Lastvariation, erklären. Die Verschleißausprägung bei Verwendung des unadditivierten Schmierstoffs bis St 4 ist mit der des additivierten Schmierstoffs bis St 9 vergleichbar. Der Unterschied lässt sich auf den Mangel an Additiven zurückführen, da sich vermutlich keine verschleißschützende Reaktionsschicht ausbildet.

Bei der a-C:H:W-Beschichtung und Verwendung von O32 ist kein Unterschied zum Verschleißverhalten zum REF-Schmierstoff erkennbar. EDX-Analysen mittels Focused Ion Beam (FIB) [Bugi09] belegen, dass die explizit für Eisenwerkstoffe entwickelten Schmierstoffadditive auf der keramischen Struktur einer a-C:H:W-Beschichtung keine Reaktionsschicht zum Schutz vor Verschleiß bilden. Daher wird auf Vergleichsversuche zur Verschleißuntersuchung verzichtet.

Rasterelektronenmikroskopische Analysen

Die Oberflächen nach St 9 der Laufversuche sind im Bild 6.10 als REM-Aufnahmen im Bereich der Laufspur, des Schädigungsbereichs sowie im geätzten Schliff dargestellt.

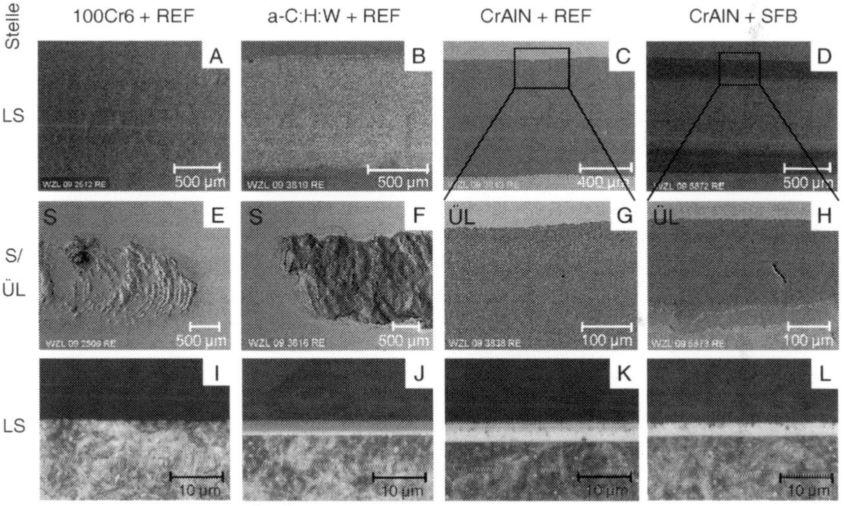

Legende: LS: Laufspur, ÜL: Übergang ungelaufen - Laufspur, S: Schaden

Bild 6.10: Verschleißanalyse mittels REM und geätztem Schliff nach Stufe 9

Wear analysis by SEM and etched micro section after test stage 9

Durch die Überrollung der Partikel zeigen sich deutliche Eindrücke in der Laufspur der unbeschichteten Referenz (Bild 6.10, A). Im Vergleich dazu werden die Partikel wegen der höheren Mikrohärte der Schichtsystems a-C:H:W nicht in die Oberflächenbeschichtung eingedrückt (Bild 6.10, B-D). Es lässt sich wie in der taktilen Analyse ein scharfkantiger Übergang zur Laufspur nachweisen. Die zweigeteilte Verschleißspur ist in Bild 6.10, D, H deutlich zu erkennen.

In den Schliffbildern der Laufspuren (Bild 6.10, J-L) zeigt sich, dass sich der Verschleiß auf die Schicht selbst beschränkt und nach [Yone05] als reiner Innerschichtverschleiß des Typs II klassifiziert werden kann.

6.3.2 Fazit der Grundlagenuntersuchungen an Triboscheiben

Conclusion of the fundamental analyses on tribo discs

Durch die Fertigung der Triboscheiben mittels des vorgestellten, mehrstufigen Schleif- und Polierprozesses konnten materialspezifisch und oberflächentopographisch adäquate Analogiekörper erstellt werden. Anhand der Untersuchung unterschiedlicher Vorbehandlungen konnte der Einfluss der Mikrokontaktgeometrie nachgewiesen werden.

Das Verschleißverhalten der Beschichtungen stellte sich in den Versuchen als stark unterschiedlich heraus. Beide Beschichtungssysteme halten Pressungen bis 1900 MPa ohne messbaren Verschleiß stand. Bei höheren Pressungen zeigt die a-C:H:W-Beschichtung deutlichen Verschleiß, der mit den Laststufen zunehmend ansteigt. Die CrAlN-Beschichtung zeigt lediglich einen Einlaufverschleiß, der trotz steigender Lasten zum Erliegen kommt. Die Verschleißausprägung ist geringer als im unbeschichteten Zustand. Bei Verwendung des unadditivierten Schmierstoffs zeigt auch diese Schicht einen ausgeprägten Verschleiß, der dem der a-C:H:W-Beschichtung ähnelt und zur Delamination führt.

In Tabelle 6.4 sind die kritischen Pressungen, die zum Auftreten von Oberflächenverschleiß und Schädigungen führen, dargestellt. Die Ergebnisse bestätigten sich in einer Vielzahl von Versuchen.

Tabelle 6.4: Verschleißkritische Pressungen der untersuchten Triboscheiben

Critical stresses for wear of the analysed tribo discs

Werkstoff	Schmierstoff	kritische Pressungen [MPa] zum Auftreten von	
		Oberflächenverschleiß	Schädigungen
100Cr6	REF	3000	3000
a-C:H:W_{DC}	REF	1900	3000
CrAlN	REF	2250	nicht nachweisbar
CrAlN	SFB	1900	nicht nachweisbar

Nach den Ergebnissen der Grundlagenuntersuchungen sind die Beschichtungen nur bedingt für den Einsatz im Spindellager geeignet. Je nach angenommenem Lastfall liegen im Spindellager höhere als die zulässigen Pressungen vor. Allerdings treten diese Lasten nur sehr kurzfristig bei Schneideneingriff auf, weswegen die Einsatzfähigkeit im Spindellager nachzuweisen bleibt.

Durch den hydrostatischen Aufbau des Tribometers wird das Temperaturprofil verzerrt. Zudem sind die zulässigen Drehzahlkennwerte prinzipbedingt auf $n \times d_m = 1{,}23 \cdot 10^6$ mm/min beschränkt. Die bei höheren Drehzahlen zunehmende Bohrwinkelgeschwindigkeit (siehe Bild 2.3) und Gleitanteile der Rollbewegung bei Spindellagern konnte bei den Triboscheiben aufgrund des konstanten, vorgegebenen Druckwinkels nicht untersucht werden.

6.4 Experimentelle Qualifizierung im Spindellager

Experimental qualification on spindle bearings

Die Qualifizierung der Schichtsysteme gliedert sich in die Berechnung des Einflusses dieser auf das Lager, Schichtanpassung und Untersuchung der a-C:H:W_{DC}-Beschichtung, Untersuchung der a-C:H:W_{Puls}- und CrAlN-Beschichtung, Untersuchung der Notlaufeigenschaften und dem Einsatz der beschichteten Spindellager im Feld.

6.4.1 Einfluss der Beschichtung auf das Lager

Influence of the coating onto the bearing

Das Aufbringen einer Beschichtung erfolgt auf den Innenflächen des Außenrings sowie auf den Außenflächen des Innenrings. Die axialen Funktionsflächen werden bei dem Beschichtungsprozess durch Deckel entsprechend abgedeckt. Die Änderung der Lagergeometrie betrifft somit theoretisch die folgenden Größen: Rillenradius (Schmiegung), Rillengrundradius, Lagerluft, Druckwinkel sowie die daraus resultierende Kinematik (siehe Anhang).

Abweichung in der Schichtstärke

Zentraler Punkt ist die Gewährleistung der geometrischen Stabilität des Präzisionsbauteils bei ausreichender Schichthaftung. Durch die Charakteristika des Beschichtungsverfahrens (Kap. 2.4) sowie der Lageraußenringgeometrie variiert die Schichtstärke über der Bauteiloberfläche. Bei der PVD-Beschichtung wird aufgrund der Lage von Bauteiloberflächennormale zum Target von einer Sichtliniencharakteristik ausgegangen [Erke98]. Diese beschreibt das Verhalten ungleichförmiger Schichtabscheidung von Konturen im Hinterschnitt. Als Nacnbhweis für die Qualifikation der Beschichtungshalterung in Kombination mit der Bahnführung während des Beschichtungsprozesses (vgl. Bild 2.8) dient die abgeschiedene Schichtdicke am Außenring in axialer und radialer Richtung. Dazu ist an sieben Axialschnitten mit einem Abstand von je 30° die Schichtd icke mittels Schliffbildern vermessen. Der Schichtdickenverlauf ist in Bild 6.11 exemplarisch dargestellt.

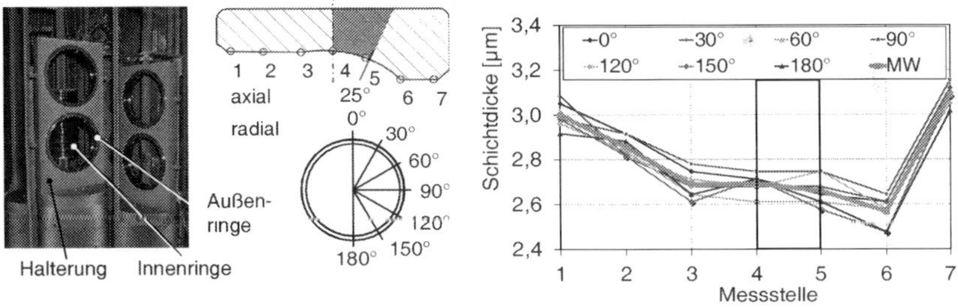

Bild 6.11: Lagerringaufnahme und Schichtdickenverlauf in axialer und radialer Richtung exemplarisch für AR SL10TP07

Bearing holder and analysis of the coating thickness in axial and radial direction of OR SL10TP07

Die Schichtdickenvariation im Lager beträgt in axialer Richtung ± 13,5 % sowie in radialer Richtung ± 3,8 %. Bei Betrachtung des relevanten Druckwinkelbereichs von $\alpha = 0 - 25°$ reduziert sich die Variation in axialer Richtung und radialer Richtung auf ± 3,5 %. Die Schichtstärke nimmt am Radius bei 90° ein Maximum und bei 180° ein Minimum ein. Die Variation ist in radialer deutlich geringer als in axialer Richtung. Der Rundlauffehler wird durch die Beschichtung (Maximale Differenz in radialer Richtung: 0,14 µm) nur marginal erhöht. Eine Sichtliniencharakteristik ist nicht feststellbar. Härtedifferenzen konnten aufgrund der homogenen langfristigen Temperatureinbringung in dem Lagerschnitt nicht nachgewiesen werden [Brec12c]. Eine Änderung der Lagerringaufnahme ist daher nicht notwendig.

Einfluss auf das Betriebsverhalten

Der Effekt auf ein starr eingebautes Lager ist signifikant, so erhöht sich die weggebundene Vorspannung in einem starr eingebauten Lager durch Aufbringen einer Schicht in Höhe von 3 µm um ca. $\Delta F = 1600$ N (ca. $\Delta p_H = 500$ MPa) [Murr10].

Für ein federnd angestelltes (vgl. Spindel) oder kraftgebunden bspw. hydraulisch vorgespanntes Lager (vgl. Prüfstand) ist die Änderung deutlich geringer als für ein weggebundenes System. Durch die Beschichtung von 3 µm nimmt die Pressung um ca. 50 MPa zu. Zur Kompensation der geometrischen und somit kinematischen Änderungen können entweder die Lagerringe bspw. mit einem Untermaß oder bei der Montage mit entsprechend kleineren Wälzkörpern chargiert werden, so dass die kinematischen Änderungen kompensiert werden.

In Bild 6.12 ist der Einfluss durch die Beschichtung auf die relevanten Lagergrößen für den Außen- und Innenringkontakt dargestellt. Der Vergleich betrifft den Einbauzustand im Prüfstand. Durch die kraftgebundene Vorspannungserzeugung ist diese über der Drehzahl als konstant anzunehmen. Gegenübergestellt wird der Zustand unbeschichtet (1/2), mit einer 3 µm starken Beschichtung (3/4) sowie mit einer 6 µm starken Beschichtung (5/6) und geringem thermischen Verzug.

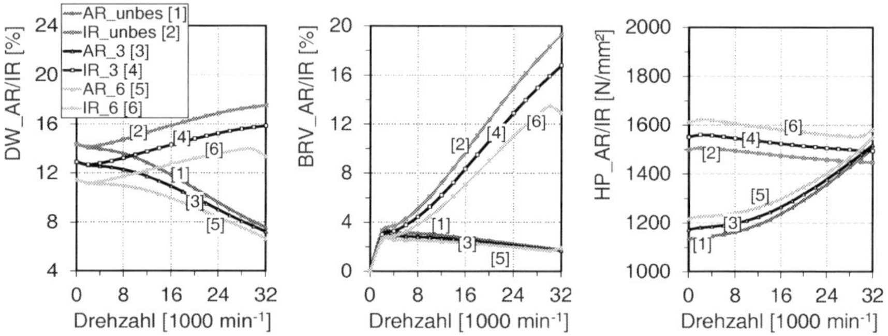

Bild 6.12: Einfluss der Beschichtungsstärke auf Druckwinkel, Bohr-Roll-Verhältnis und Hertzsche Pressung (SPL1)

Influence of coating thickness onto pressure angle, spin/roll ratio and hertzian pressure (SPL1)

Das Abknicken der Kurven (5/6) bei 29000 min^{-1} erfolgt durch das Abheben des Innenrings von der Welle aufgrund des zu geringen Pressmaßes. Infolge des reduzierten Druckwinkels erhöht sich die Normalkraft auf den Wälzkontakt und die Pressungen steigen an.

6.4.2 Schichtanpassung und Untersuchungen der a-C:H:W_{DC}-Beschichtung

Coating adaption and analysis of the a-C:H:W_{DC}-coating

Zur Überprüfung des Beschichtungseinflusses auf die Lagergeometrie und die Werkstoffeigenschaften sowie zur Optimierung des Beschichtungsprozesses wurden mehrere Iterationsschritte (IS) mit systematisch veränderten Prozessparametern durchlaufen (Tabelle 6.5).

Tabelle 6.5: Beschichtungsparameter der Iterationsschritte [META11]

Parameters of the coating process iteration [META11]

IS	Lagerungen	Kathoden-leistung	Abscheidetemperatur [°C]		Schicht-stärke [µm]	Nach-behandlung
			Prozessgröße	Ermittelt (Ist)		
0a	SL10TP19-22	4 x 2 kW	180...250	< 210	2,5±0,2	-
0b	SL10TP29/30	4 x 2 kW	180...250	< 200	2,5±0,2	nassgestrahlt
I	SL10TP09/10	4 x 2 kW	180...250	< 180	2,7	-
II	SL10TP11/12	reduziert ↓	reduziert ↓	< 165	2,6	nassgestrahlt
III	SL10TP13/14	erhöht ↑	erhöht ↑	< 180	2,9	nassgestrahlt
IV	SL10TP15/16	4 x 2 kW	180...250	< 165	2,5±0,2	nassgestrahlt
V	SL10TP31/32	4 x 2 kW	180...250	< 180	4,1	nassgestrahlt

Die Prozessgröße der Abscheidetemperatur ergibt sich u.a. aus Heizleistung, Heizzeit sowie des Arc Enhanced Glow Discharge(AEGD)-Prozesses (Bias-Spannung 50 - 200 V und zusätzlicher Anodenstrom) zur Plasmaanregung, die auf das zu beschichtende Bauteil einwirkt. Die Verfahrensanpassungen sollen möglichst nah am etablierten Standardprozess liegen, so dass nur geringe Änderungen durchgeführt werden. Ausgehend vom Standardprozess sind bei IS II die Heizleistung reduziert, bei IS III die Heizleistung erhöht und bei IS V zusätzlich zur reduzierten Heizleistung die Heizdauer verlängert, so dass sich eine größere Schichtstärke ergibt. Die vorliegende Abscheidetemperatur wird prozessinhärent nicht erfasst, weswegen diese im Anschluss über das Anlassdiagramm von 100Cr6 über die Härtewerte ermittelt wird. Die Schichtstärke variiert geometriebedingt (siehe Bild 6.11), so dass hier die gemessene Schichtstärke an der Begleitprobe bzw. die Grundtoleranz angenommen wird. Nach der Beschichtung schließt sich die Nachbehandlung durch einen Nassstrahlprozess an (vgl. Grundlagenuntersuchung Triboscheibe Kap. 6.3.1).
Die Qualität seitens Beschichtungshersteller wird für die Iterationsstufen mit einer ausreichenden Haftfestigkeitsklasse von HF 1 - 2 angegeben.

Einfluss der Beschichtung auf Härte, Rauheit, Durchmesser und Rundheit

Zentrale Forderung für die Verifikation des Beschichtungsprozesses ist aus Lagersicht die Gewährleistung der Härte und Maßhaltigkeit (vgl. Kap. 2.4.3). In Bild 6.13 sind die zentralen Eigenschaften bzw. -änderungen von Härte, Oberflächenrauigkeit, Durchmesseränderung und Unrundheit durch den Beschichtungsprozess exemplarisch für den AR aufgezeigt. Die Änderungen an den Innenringen verhalten sich ähnlich zu diesen.

Durch verschiedene Stahl-, Wärmebehandlungschargen und Fertigungstoleranzen streuen die Ausgangswerte in engen Bereichen, weswegen der Durchschnittswert angegeben ist. Die Unterschiede in der Oberflächenrauigkeit lassen sich wie bei den Triboscheiben durch Kohlenstoffanhäufungen begründen, die im Vergleich der ungestrahlten Proben IS 0a, I zu den übrigen deutlich wird (Bild 6.13, B, C). Durch den Nassstrahlprozess können nahezu die ursprünglichen Oberflächenkennwerte erreicht werden. Neben dem absoluten Härtewert ist aufgrund der Streuung der Härtewerte die Differenz zum Ausgangszustand relevant, welche jeweils gemittelt werden (Bild 6.13 A).

Durchmesser sowie Unrundheit (Bild 6.13, D, E) ändern sich über den Iterationsstufen deutlich. Die größten Durchmesseränderungen finden sich bei den Beschichtungsprozessen (IS 0, 0a, III) mit den höchsten Temperatur- und den geringsten Härtewerten. Die Durchmesserwerte liegen teilweise soweit außerhalb der Toleranz, dass ein Lagereinbau nicht möglich ist (IS 0). Die Unrundheit korreliert nur bedingt, da bspw. IS 0a eine geringere Unrundheitsabweichung als IS I besitzt.

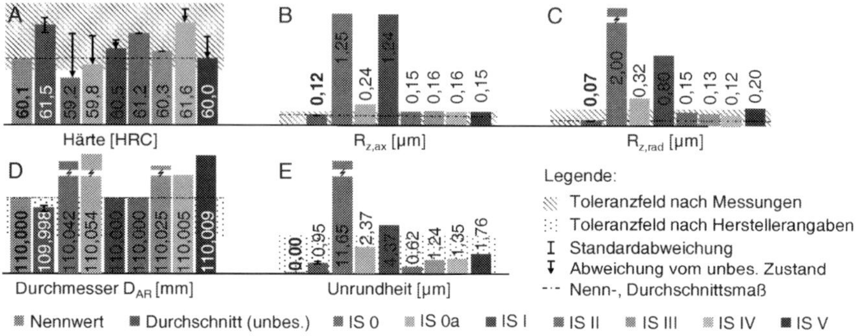

Bild 6.13: Vergleich von Härte, Oberflächenrauigkeit, Durchmesser und Unrundheit der beschichteten Außenringe

Comparison of hardness, surface roughness, diameter and roundness deviation of the coated outer rings

Die Geometrieänderung resultiert aus einer Gefügeumwandlung des Lagerringwerkstoffes (Kap. 2.2.1). Die Umwandlung von Restaustenit wird durch Anlassvorgänge überlagert, bei denen es letztlich zu einer Umwandlung von Martensit (γ-Eisen) in α-Eisen oder Zementit (Fe_3C) kommt. Durch diese diffusionsgesteuerte Phasenumwandlung reduzieren sich die Eigenspannungen im Gitter, da der Kohlenstoff seine Zwangsposition im Gitter verlässt. Eine höhere Temperatur bedingt die Maßänderung der Lagerringe und den Härteverlust.
Aus den Messergebnissen lässt sich keine direkte Korrelation ableiten und daher eine Ursache im unterschiedlichen Restaustenitgehalt, vorliegenden Eigenspannungen und Eigenspannungsrichtungen vermuten.

Eigenspannungen und Restaustenitgehalt

Aus diesem Grund werden exemplarisch die Außenringe von SL10TP11 (IS II – niedrige Prozesstemperatur), SL10TP19 (IS III – hohe Prozesstemperatur) sowie SL10TP16 (IS IV – mittlere Prozesstemperatur) in Hinblick auf den Restaustenitgehalt und die Eigenspannungen untersucht. Für die Untersuchung in der Laufrille wurden aus den Lagerringen Proben in einer Länge von 3 cm mit einer Diamanttrennschleifscheibe unter Einsatz des minimalen Vorschubes von 0,1 mm/s herausgetrennt. Eine thermische Beeinflussung des Gefüges und somit eine Verzerrung der Messung kann durch die Wahl des sehr geringen Vorschubes ausgeschlossen werden. Die Ergebnisse der röntgenographischen Messung sind in Tabelle 6.6 dargestellt.
Die Halbwertsbreite (HWB) ist definiert als die Breite der Beugungslinie bei halber Nettointensität und wird aus den Reflexen von kohärent streuenden Bereichen (Kristalliten) gebildet

[Bern08]. Sie verhält sich proportional zu den Härtewerten und kann teilweise schon vor der eintretenden Härteänderung eine Gefügeumwandlung anzeigen. Ein direkter Vergleich der Absolutwerte ist nicht möglich, da nicht gewährleistet werden kann, dass die Lagerringe aus gleichen Werkstoff- und Wärmebehandlungschargen stammen.

Tabelle 6.6: Eigenspannungen und Restaustenitgehalt

Internal stresses and retained austenite content

IS	Bezeichnung	Messpunkt	HWB [°]	φ [°]	Eigenspannung [MPa]		Restaustenitgehalt [%]		
					Achse σ_1 (radial $\varphi = 0°$)	Achse σ_2 (axial $\varphi = 0°$)	M I	M II	Ø
0	SL10TP19	Beschichtung	5,63	- 55	- 40	- 74	0	2,6	1,3
II	SL10TP11	Intakte Beschichtung	5,97	- 63	- 416	- 473	11,5	14,1	12,8
II	SL10TP11	Laufspur	5,82	87	- 595	- 644	8,2	7,7	8,0
IV	SL10TP16	Intakte Beschichtung	6,43	- 81	- 298	- 335	5,7	7,0	6,4

Das Achsensystem σ_1 und σ_2 spannt eine Ebene parallel zur Laufrillenoberfläche auf, so dass hier ausschließlich Oberflächeneigenspannungen betrachtet werden. Der Restaustenitgehalt wurde an zwei unterschiedlichen Positionen M I und M II pro Lagerring bestimmt und sollte je nach Anlasstemperatur des Grundwerkstoffs 100Cr6 zwischen 4,0 % (Anlasstemperatur T = 820 °C) und 12,0 % (Anlasstemperatur T = 880 °C) liegen [Bern08]. [Heng90] stellte bei Untersuchungen fest, dass 1 % umgewandelter Restaustenit eine Durchmesser- bzw. Längenänderung von 0,007 % bewirken kann, was in der gemessenen Größenordnung liegt.
Die Ergebnisse bestätigen, dass der Restaustenitgehalt sowie die Eigenspannungen bei steigender Prozesstemperatur geringer werden (IS IV < IS II < IS 0) und mit einem Härteverlust einhergehen. Die Rundheitsabweichungen, welche die Formänderungen der Bauteile darstellen, ergeben sich aus einem unsymmetrischen Fließen, das auf unterschiedliche Wärmeausdehnungskoeffizienten der einzelnen Phasen (γ-Eisen: $23 \cdot 10^{-6}$ 1/K und α-Eisen: $12 \cdot 10^{-6}$ 1/K) und eine heterogene Verteilung dieser zurückzuführen ist [Bern08]. Der Vergleich zwischen der Messung an der intakten Beschichtung und der Laufspur von SL10TP11 zeigt, dass im Bereich der tribologisch beanspruchten Zone mindestens 3,3 % weniger Restaustenitgehalt vorliegt. Dies deutet auf eine mechanisch induzierte Umwandlung des Gefüges durch das Überrollen der Wälzkörper hin, welches anhand der höheren Druckeigenspannungen in beiden Achsensystemen bestätigt wird. Aufgrund des fehlenden Vergleichswertes vor der Beschichtung kann keine Aussage über die absoluten Veränderungen getroffen werden. Bei niedriger Beschichtungstemperatur (Annahme des Ausgangszustands) liegen Eigenspannungen in Höhe von ca. -450 MPa (IS II) vor, bei höheren Beschichtungstemperaturen (IS 0) werden diese auf ca. -60 MPa abgebaut und bei Überrollung erhöhen sich diese auf bis zu -620 MPa (IS II). Der ungerichtete Abbau der Eigenspannung führt demnach zu einer Unrundheit, die nicht zwangsläufig mit der Durchmesseraufweitung korreliert.
Grundsätzlich sei darauf verwiesen, dass die durchgeführten Untersuchungen dem Einfluss der komplexen Bauteilgeometrie unterliegen, so dass es zu Abweichungen kommen kann.

Analyse des Laufverhaltens

Das Laufverhalten der Lager wird zunächst anhand der Temperatur- und Reibmomente bewertet. Zur Reduktion der Messdaten werden nur die sich ergebenden Maximalwerte dargestellt. In dem Toleranzfeld wird die Abweichung über der jeweiligen Stufendauer (SL) oder der Gesamtlaufzeit nach Erreichen des Beharrungszustands dargestellt (PL, DL). Die Versuche werden bei identischen Last- und Drehzahlbedingungen in einem temperierten Prüfstandsraum durchgeführt, so dass die absoluten Temperaturwerte verglichen werden.

Die Ergebnisse der Versuche im moderaten Drehzahlbereich unter Axiallast zeigt Bild 6.14.

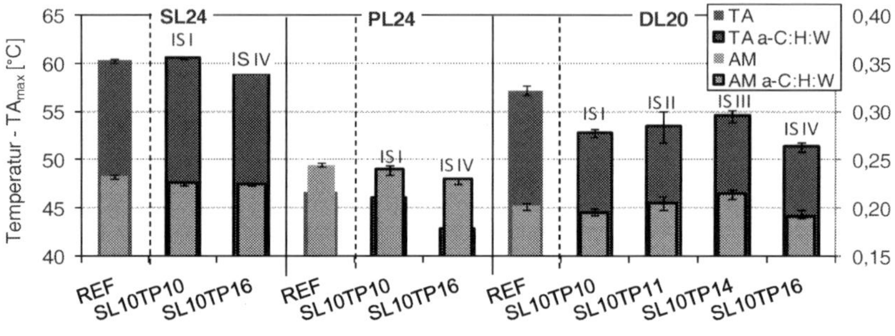

Bild 6.14: Laufverhalten un-/a-C:H:W-beschichteter Spindellager unter Axiallast

Running behavior of un-/a-C:H:W-coated bearings at axial load condition

Die unbeschichtete Referenz (Bild 6.14) besitzt eine geringe Streuung innerhalb eines Versuchslaufes. Die erzielten Temperaturen und Antriebsmomente der beschichteten Lager aller Iterationsstufen (IS I - IV) liegen in allen Versuchsstufen gleichwertig oder leicht unterhalb der unbeschichteten Referenz. IS IV besitzt im Vergleich die niedrigsten Temperatur- und Antriebsmomentwerte und liegt 5 - 12 K unterhalb der Referenz.

In den Vergleichsversuchen bei höherer Drehzahl liegen die Ergebnisse – wie in Bild 6.15 vorgestellt – geringfügig anders.

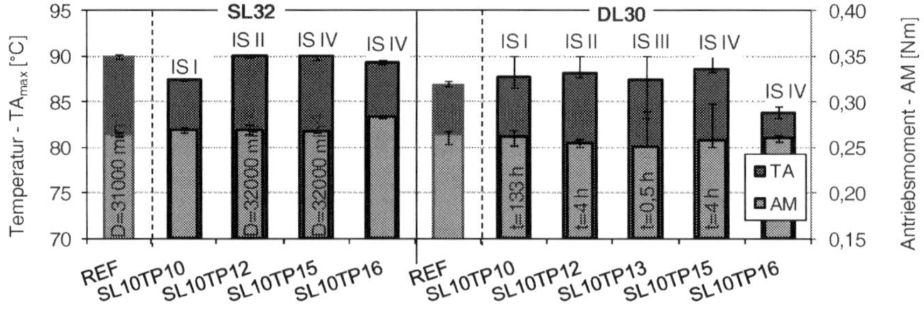

Bild 6.15: Laufverhalten un-/a-C:H:W-beschichteter Spindellager unter Hochdrehzahl

Running behavior of un-/a-C:H:W-coated bearings at high speed condition

In dem Stufenlauf zeigt sich, dass die überwiegende Anzahl der Lager vor Erreichen der Grenzdrehzahl von 32000 min^{-1} den Temperaturgrenzwert von $T_{gr} = 90$ °C überschreiten. Die Lager von IS I und IS IV bleiben unterhalb dieser Grenze und besitzen ein besseres Laufverhalten als die unbeschichtete Referenz. In den Dauerversuchen (DL30) zeigt sich, dass die beschichteten Lager der IS I – III nach kurzer Zeit die Grenztemperatur überschreiten. Lediglich ein Lager der IS IV erreicht das Versuchsende und besitzt ein besseres Laufverhalten als die Referenz mit ca. 4 K reduzierten Temperaturen.

Der Unterschied zu den Betriebsbedingungen im mittleren Drehzahlbereich liegt in den höheren Differenzgeschwindigkeiten und der höheren thermischen Belastung im Wälzkontakt.

Angenommen wird, dass die Tragfähigkeit des Schmierfilms bei diesen Betriebsbedingungen nicht ausreicht, so dass es unter hoher Scherung zu einem Abreißen des Schmierfilms und zum Festkörperkontakt kommt, der zu Verschleiß führt. Lediglich das Lager SL10TP16 hat die Versuche unbeschadet überstanden. Im Anschluss an die Versuche wird das Lager mit einer kombinierten Axial- und Radiallast (SL13, DL12) und Pressungen von $p_{H,max,IR} = 2064$ MPa belastet. Bei den Versuchen zeigt dieses Lager während des Laufes ein schlechteres Laufverhalten als die Referenz, weswegen ein Schichtverschleiß angenommen wird.

Analyse des Schichtverschleißes

Nach dem Durchlauf der Grenzdrehzahlversuche (respektive Radiallastversuche) sind die in Bild 6.16 dargestellten Verschleißerscheinungen feststellbar. Die Schicht in der Außenringlaufbahn ist verschlissen. In den REM-Untersuchungen und der EDX-Analyse exemplarisch für das Lager SL10TP11 durchgeführt, ist zu erkennen, dass die Laufspur keine Anteile von Wolfram (W) und sehr hohe Anteile Eisen (Fe) enthält. Eine Änderung im Chromanteil ist nicht erkennbar, so dass der Haftvermittler auf der Oberfläche nicht nachgewiesen werden kann.

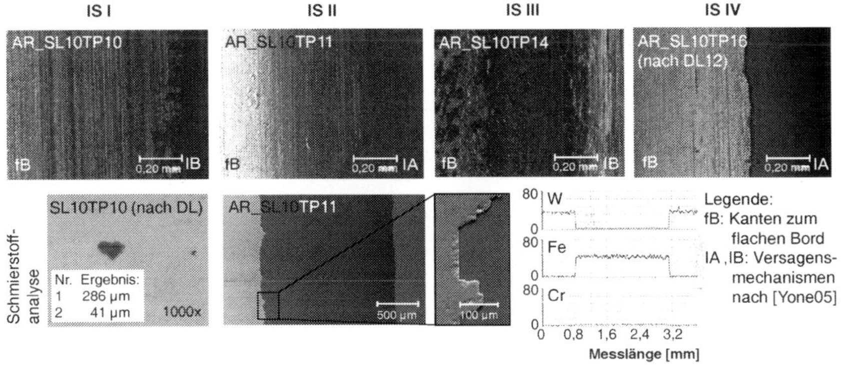

Bild 6.16: Darstellung des Schichtverschleißes der Außenringe nach den Versuchsläufen

Presentation of the coating wear of outer rings after the test stages

Die komplette Schicht ist über dem gesamten Lagerumfang in einer Breite von ca. 2,4 mm delaminiert. Bei nicht ausreichend hoher Beschichtungstemperatur liegt der Übergang zur intakten Schicht scharfkantig vor (IS II, IS IV). In dem ausgetragenen Schmierstoff finden sich scharfkantige Partikelteile mit einer Längenausdehnung von 3,9 bis zu 286 µm. Die Beschichtung besitzt eine zu geringe Haftung und platzt teilweise ab. Bei höheren Prozesstemperaturen (IS III) ist keine scharfe Kante zu erkennen, so dass die Schicht lokal unterschiedliche Haftfestigkeiten aufweist und nicht komplett delaminiert. Dennoch besitzt die Beschichtung einen nicht ausreichenden Verschleißschutz und wird in den Versuchen abgetragen.

Die nachträgliche Ermittlung der Haftfestigkeitsklassen an den Innenringen (außer IS 5) zeigte wie an den Begleitproben die notwendige Haftklasse von HF 1 - 2. Die der Lageraußenringe liegt mit HF 4-6 deutlich schlechter als die notwendige Haftfestigkeitsklasse [VDI01]. Dieses kann einerseits auf die Lage zur Abscheidungsoberfläche sowie die Krümmung der Funktionsfläche zurückgeführt werden, andererseits liegt es an der Schichtstruktur und der unzureichenden Schichthaftung (Bild 6.17). Bei einer höheren Wärmeeinkopplung ist die Schichthaftung besser (IS 0).

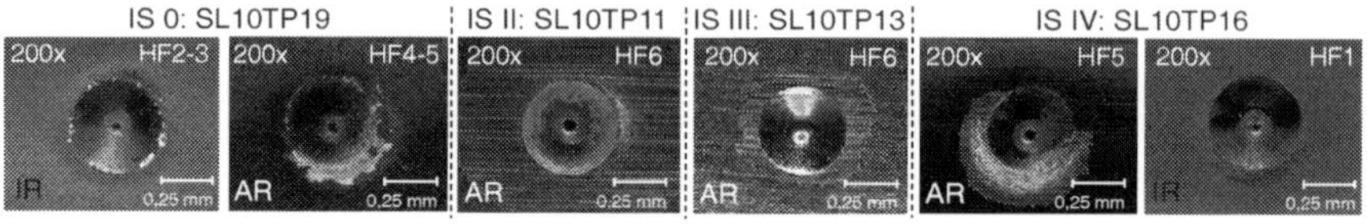

Bild 6.17: Vergleich der Haftfestigkeitsklasse gemessen in der Laufbahn
Comparison of the adhesion class measured in the running track

Fazit der Schichtanpassung

Die Korrelation der Versuchsergebnisse von Geometrieänderung, Lauf- und Verschleißverhalten zeigt Bild 6.18.

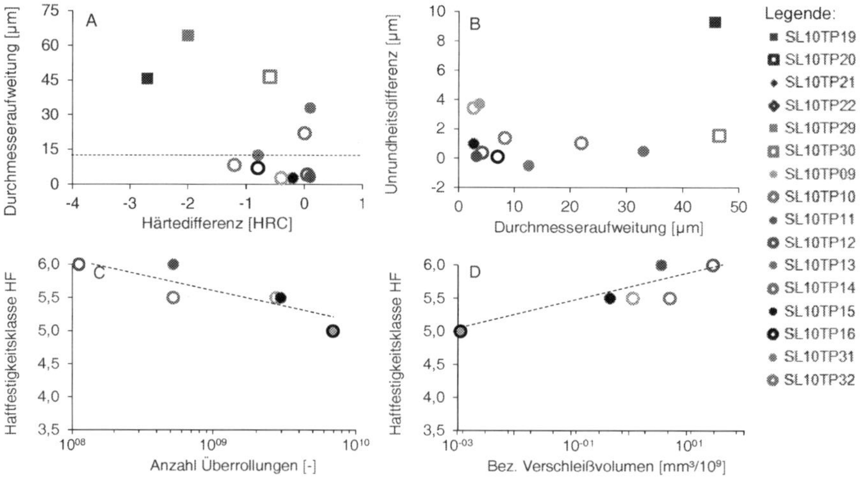

Bild 6.18: Korrelationsanalyse der wichtigsten Eigenschaften an den Außenringen
Correlation analysis of the important properties of the outer ring

Die Ergebnisse der geometrischen Änderungen streuen in großen Bereichen. Eine Korrelation von Härtedifferenz (Restaustenitgehalt) und Durchmesseraufweitung konnte nachgewiesen werden. Mit steigender Härtedifferenz nimmt ebenfalls die Wahrscheinlichkeit der Unrundheit zu (Bild 6.18, B). Die Anforderungen von geringster Geometrieänderung bei ausreichender Schichthaftung und Verschleißschutz müssen separat geprüft werden. Geometrieabweichungen führen durch Toleranzfeldüberschreitung zur Abnahme der Genauigkeit und ggf. sogar Unbrauchbarkeit der Lagerringe (ΔD_{AR} > 12 µm).

Das Laufverhalten der Spindellager ist bei intakter Schicht besser als die unbeschichtete Referenz. Bei Pressungen von $p_H > 1500$ MPa setzt Verschleiß ein und das Verhältnis kehrt sich um, lediglich Ausreißer ertragen die Ermüdungsgrenzbelastung bis $p_H = 2000$ MPa. Die Zunahme von Temperatur und Antriebsmomentwert kann auf Verschleiß innerhalb des Lagers zurückgeführt werden. Zunehmender Verschleiß, Überrollung von Schichtpartikeln als auch die entstehende ungleichförmige Oberfläche führen zu der Verschlechterung des Laufverhaltens. Anhand der Verschleißausprägung kann das Verschleißvolumina W_V berechnet und auf die Anzahl an Überrollungen bezogen werden. Die erzielten Verschleißvolumina streuen durch die unterschiedlichen Schichteigenschaften in weiten Bereichen über den einzelnen Iterationen sowie selbst in einer einzelnen Charge (IS IV). Mit besserer Haftfestigkeit reduziert sich das bezogene Verschleißvolumen (Bild 6.18, D).

Ein Rückschluss aus normierten Standardanalysen (Geometrie und Haftfestigkeit) in Verbindung mit den tribologischen Voruntersuchungen an Begleitproben auf das Verschleißverhalten im Komponenteneinsatz ist nach den Ergebnissen nicht zulässig. Das Durchführen von zusätzlichen Messungen der Eigenschaften in der Funktionsfläche der Lagerringlaufbahn ist zwingend notwendig. Als charakteristische Eigenschaft zur Qualifikation kann die Haftfestigkeit in der Laufbahn des kritischen Lageraußenrings identifiziert werden. Die Untersuchung des Betriebsverhaltens in Laufversuchen bei unterschiedlichen Einsatzbereichen ist zur Qualifikation der Beschichtung unabdingbar.

Das Spannungsfeld von einer Temperatureinbringung unterhalb der Anlasstemperatur des Lagerwerkstoffs einerseits und möglichst hoher Schichtabscheidungstemperatur andererseits kann mittels angepassten DC-Prozesses nicht ausreichend bewerkstelligt werden.

6.4.3 Untersuchungen der a-C:H:W_{Puls}-Beschichtung

Analysis of the a-C:H:W_{Pulse}-coating

Die Verfahrensiteration der Schichtabscheidung durch Pulstechnik (Kap. 2.4.1) reduziert die in die Lagerringe eingebrachte Energie. Während der Pulse ist die Kathodenleistung erhöht, so dass die Adhäsion und Schichtstruktur im Vergleich zur DC-Abscheidung verbessert ist. Durch die Pulspausen wird die thermische Belastung der Lagerringe deutlich reduziert.

Die Analyse der Geometrie nach dem Beschichtungsprozess zeigt Tabelle 6.7. Sowohl Härtewerte als auch die Abweichungen von Innendurchmesser sowie Rundheit nach dem Beschichtungsprozess sind ebenso unkritisch wie die Schmiegungsänderungen. Die Haftfestigkeitsklasse der Lagerringe liegt in der Laufrille im Bereich HF 1.

Tabelle 6.7: Exemplarische Messwerte der un- und a-C:H:W_{Puls}-beschichteten Lager

Exemplary parameters of un- and a-C:H:W_{Pulse}-coated bearings

		Lager A	Lager B	Lager C	Lager D
Härte AR/IR	HRC	59,2/59,0	59,0/59,0	59,2/59,0	59,5/59,0
Rundheitsabweichung AR/IR	µm/mm	4,73/ 1,00	4,89/ 1,58	6,30/ 0,98	5,24/ 4,33
Innenringdurchmesser	Mm	69,998	69,998	69,998	70,000
Schmiegung AR/IR	%	4,82/9,33	4,63/9,21	4,83/9,19	4,66/9,27
Oberflächenrauigkeit IR axial Rz/Rpk	µm	0,46/ 0,05	0,49/ 0,05	0,31/ 0,04	0,41/ 0,05
Beschichtung		-	-	a-C:H:W_{Puls}	a-C:H:W_{Puls}
Haftfestigkeitsklasse AR_{LS}	HF	-	-	1	1

Ausnahme ist bei allen Lagern die erhöhte Rundheitsabweichung, die allerdings nicht auf den Beschichtungsprozess zurückgeführt werden kann, da die Härtewerte unkritisch sind. Die Oberflächen der beschichteten Lager sind wie bei der Pulstechnik nassgestrahlt und liegen in der gleichen Höhe wie die der unbeschichteten Lagerringe.

Der Schmierstoff stellt eine zentrale Komponente für das Tribosystem dar. In den Untersuchungen werden zusätzlich zum Vergleich der Beschichtung zur unbeschichteten Referenz die beiden synthetischen Ester miteinander verglichen. Da der Additiveinfluss bei der a-C:H:W-Beschichtung gering ist, steht bei dieser Untersuchung der Einfluss der Partikel im Vordergrund.

Analyse des Laufverhaltens

Das Laufverhalten der Lagerungen unter hoher Axiallast und Pressungen bis 1430 MPa zeigt Bild 6.19. Der Einfluss des Schmierstoffs ist im Vergleich der unbeschichteten Lager signifikant. Bei Verwendung des additivierten Schmierstoffs werden deutlich geringere Temperaturen und Antriebsmomente erzielt. Die beschichteten Lager zeigen im Vergleich zu den unbeschichteten Lagern ein etwas geringeres Temperatur- und Antriebsmomentniveau, welches sowohl für den additivierten, partikelbehafteten als auch für den unadditivierten partikelfreien synthetischen Ester zutrifft. Die Differenz beträgt in den Versuchsläufen zwischen 0 - 4 K. Der schmierstoffbedingte Unterschied liegt deutlich oberhalb des werkstoffbedingten und steigt bei höheren Drehzahlen signifikant an (Bild 6.19, SL24).

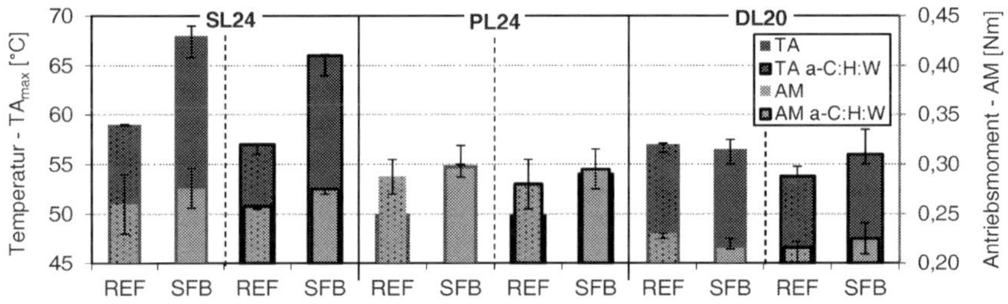

Bild 6.19: Laufverhalten un-/a-C:H:W-beschichteter Spindellager unter mittlerer Axiallast

Running behavior of un-/a-C:H:W-coated bearings at medium load condition

Drehzahlen über 24000 min^{-1} können aufgrund der Käfiggeometrie - zu geringes Spiel am Käfigführungsbord - nicht durchgeführt werden. Die Ergebnisse unter kombinierter Axial- und Radiallast zeigt Bild 6.20.

Die aufgebrachten Pressungen am Innenring liegen bei den Versuchen SL13/DL12 bei 2000 MPa und bei den letzten beiden Versuchen bei bis zu 2520 MPa. Die Unterschiede im Laufverhalten zwischen den Schmierstoffen sind bei beschichteten Lagern geringer ausgeprägt als bei der unbeschichteten Referenz. Die erreichten Temperatur- und Antriebsmomente der beschichteten Lager liegen wie bei den Versuchen unter mittlerer Axiallast gleichwertig oder leicht unterhalb der unbeschichteten Referenz.
Im Anschluss an den Versuchslauf wurde der Dauerlauf $DL20_F$ ($p_{H,IR} = 1774$ MPa) mit dem beschichteten Lager und SFB-Schmierstoff durchgeführt.

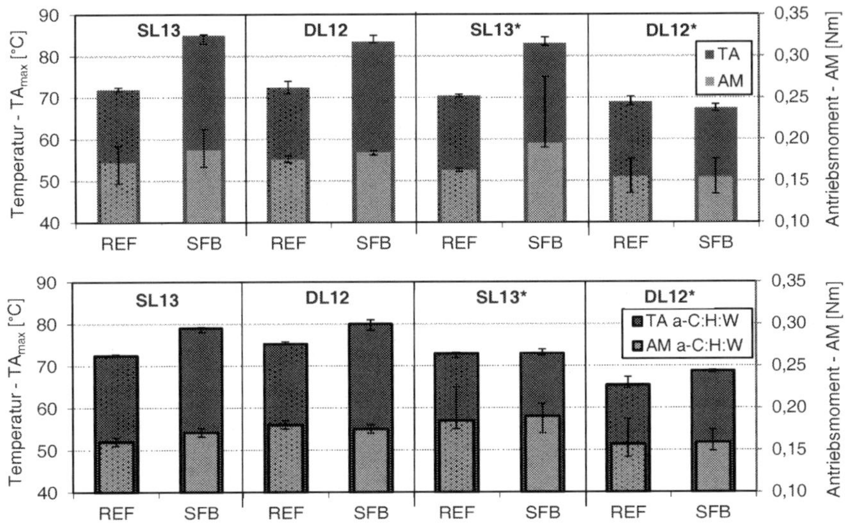

Bild 6.20: Laufverhalten un-/a-C:H:W-beschichteter Spindellager bei kombinierter Last

Running behavior of un-/a-C:H:W-coated bearings at high axial and radial forces

Analyse des Verschleißverhaltens, der Initiierung und der Ausbreitung

Zur Analyse des Schichtverschleißes werden die Lagerringe taktil untersucht. Durch die Berechnung des Rauheitsprofils ist lokaler Verschleiß nur marginal durch eine sprunghafte Änderung erkennbar. Eine Aussage über die Verschleißtiefe lässt sich nicht bestimmen, da die Grundkontur eine doppelt gekrümmte Geometrie aufweist und das Rauheitsprofil verzerrt dargestellt wird. Für die Analyse wird durch eine kubische Näherungsfunktion die Ausgangskontur errechnet. Da die Laufbahn einen konstant angenommen Radius aufweist, kann aus ca. 200 Teilpunkten des gemessenen Profils die Grundkontur berechnet werden. Diese Näherungsfunktion wird von den vermessenen Datenpunkten subtrahiert. Die sich ergebenden Abweichungen werden als Residuen über der egalisierten Laufbahn dargestellt. Somit lässt sich der Verschleiß in der Laufbahn analysieren und für einen Vergleich heranziehen.

An den niedriger belasteten Lageraußenringen sind keine Verschleißerscheinungen zu erkennen.

Die Lager (B, D), welche mit dem partikelfreien Schmierstoff gelaufen sind, weisen weder einen visuell sichtbaren noch taktil messbaren Verschleiß auf. Der partikelbehaftete Schmierstoff führt in dem unbeschichteten Lager (A) zu einer visuellen Laufspurausprägung über dem gesamten Umfang. Die Laufspur weist eine Tiefe von ca. 1,0 µm bei einer Breite von 520 µm auf. Die Kantenausprägung ist flach, da es sich um einen homogenen Werkstoff handelt. Die Laufspur erscheint optisch mehr als doppelt so breit durch eine Verfärbung der Laufbahn. Die REM-Analysen zeigen nach [DIN04] Eindrücke von Partikeln über der gesamten Laufspur mit Größen bis zu ca. 14 µm (Bild 6.21, A1), wie sie im Schmierstoff enthalten sind.

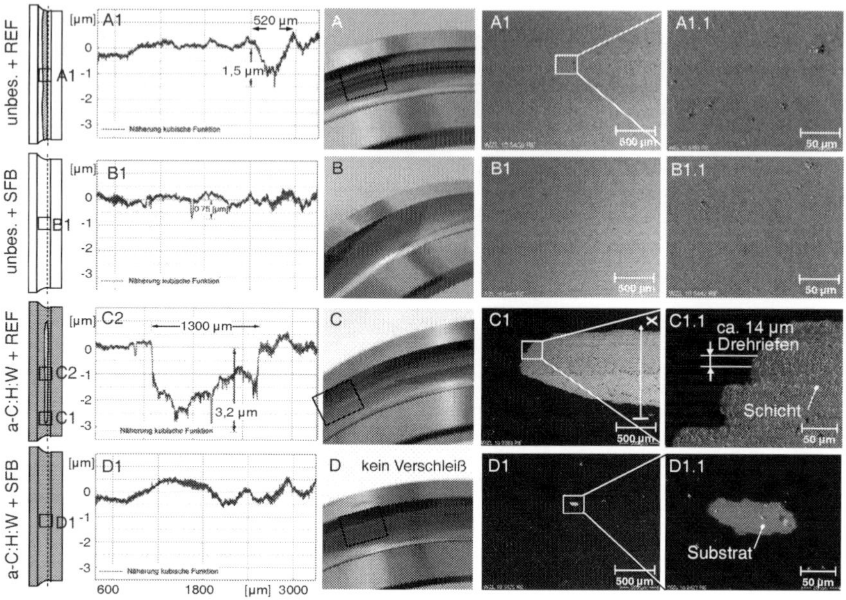

Bild 6.21: Darstellung des Schichtverschleißes der Innenringe

Overview of the wear of the coated inner rings

Im Lagerinnenring C ist ein Schichtverschleiß in zwei Bereichen über insgesamt 80° des Lagerrings unterschiedlicher Breite vorhanden, größtenteils ist die Deckschicht noch vollständig intakt. Die Verschleißbreite ist mit bis zu 1300 µm wesentlich breiter als die Laufspur in Lager A. Die Verschleißtiefe ist mit ca. 2,0 µm noch innerhalb der Beschichtung. Die Ergebnisse der REM-Untersuchungen mittels EDX-Analyse bestätigen die Ergebnisse der taktilen Messung. Der Verschleiß an dem Lagerinnenring C kann nach Dawson als Innerschichtverschleiß des Typs II charakterisiert werden. Höhere Laufleistungen führen zu einem erhöhten Verschleiß, an dem es lokal zur Delamination (Typ IB) kommt [Daws94]. [Brec12b]

Nach Bugiel [Bugi09] beeinflussen die untersuchten Additive das Verschleißverhalten der a-C:H:W-Beschichtung nicht. Daher kann die Verschleißausprägung auf die Partikel im Schmierstoff zurückgeführt werden. Dieser wird auch in der unbeschichteten Referenz deutlich, da sich bei Verwendung des partikelfreien Schmierstoffs im Vergleich zum partikelbehafteten keine Laufspur abzeichnet.

Fazit der untersuchten a-C:H:W_{Puls}-Beschichtung

Die a-C:H:W_{Puls}-Beschichtung führt trotz der deutlich geringeren Reibungswerte nur bei moderaten Lasten zu einem technologischen Vorteil. Bei mittleren (St 1 - 3) und höheren Lasten (St 6 - 9) bis $p_H < 2500$ MPa sind die a-C:H:W-beschichteten Lager im Laufverhalten gleichwertig oder geringfügig besser als die unbeschichtete Referenz. Trotz der hohen Lasten und großen Anzahl an Überrollungen kann kein Verschleiß an den Lagerringen festgestellt werden. Bei Einsatz von partikelbehaftetem Schmierstoff zeigt der Außenring ($p_H < 2000$ MPa) keinen Verschleiß, während am höher belasteten Innenring von $p_H < 2500$ MPa Verschleiß einsetzt. Der Verschleiß verläuft zunächst innerhalb der Beschichtung und führt durch zunehmende Belastung und Überrollung zu einem kompletten Schichtverschleiß über dem gesamten Lagerringumfang.

Die Beschichtung führt demnach bei moderaten Lasten zu einem ausreichenden Verschleißschutz, wobei eine starke Abhängigkeit des Schmierstoffs insbesondere bei Partikelversatz besteht.

6.4.4 Untersuchungen der CrAlN-Beschichtung

Analysis of the CrAlN-coating

Die CrAlN-Beschichtung wird im Einsatz mit verschiedenen Schmierstoffen verglichen. Neben zwei synthetischen Estern, von denen einer mit Partikeln versetzt ist, wird ein kommerzielles PAO verwendet.

Die Analyse der Geometrie nach dem Beschichtungsprozess zeigt Tabelle 6.8.

Tabelle 6.8: Exemplarische Messwerte der un- und CrAlN-beschichteten Lager (SPL3)

Exemplary parameters of un- and CrAlN-coated bearings (SPL3)

	Ein-heit	**Ø unbes.**	**Gem. Abwei-chungen**	**SL08SFB 03/07**	**SL09SFB 16/17**	**SL08SFB 03/07**	**SL09SFB 16/17**
Härte AR/IR	HRC	61,3/62,7	58,9-62,8	61,7/62,3	62,2/62,4	61,8/61,8	62,0/61,7
Rundheitsabweichung AR/IR	µm/mm	0,87/0,50	1,33/1,03	1,23/1,08	1,25/0,63	1,17/1,25	1,75/2,20
Innenringdurchmesser	mm	69,998	±0,002	69,998	70,000	69,998	70,000
Schmiegung AR/IR	%	4,932/ 3,691	4,250/ 3,212	5,061/ 3,731	4,407/ 3,424	4,801/ 3,526	4,148/ 3,219
Oberflächenrauigkeit IR axial Rz/Rpk	µm	0,16 0,02	0,19 0,04	0,16 0,02	0,16 0,02	0,17 0,04	0,19 0,03
Beschichtung		-	-	-	-	CrAlN	CrAlN
Haftfestigkeitsklasse AR_{LS}	HF	-	-	-	-	1	1

Sowohl Härtewerte als auch die Abweichungen von Innendurchmesser sowie Rundheit nach dem Beschichtungsprozess sind ebenso unkritisch wie die Schmiegungsänderungen. Die Oberflächen der beschichteten Lager sind nassgestrahlt und die Rauigkeit liegt in der gleichen Höhe wie die der unbeschichteten Lager. Die Prozesstemperatur während der Beschichtung kann aufgrund der hohen unveränderten Härte von 61,8 HRC im Bereich von ca. 150 °C angenommen werden [vgl. Maes07]. Die Haftfestigkeitsklasse der Lagerringe liegt in der Laufrille im Bereich von HF 1.

Analyse des Laufverhaltens

Das Laufverhalten der Lagerungen unter hoher Axiallast und Pressungen bis zu 1394 MPa zeigt Bild 6.22. Der Einfluss des Schmierstoffs ist im Vergleich der unbeschichteten Lager signifikant.

Bei mittlerer Drehzahl besitzt der unadditivierte partikelfreie Ester-Schmierstoff ein geringfügig besseres Laufverhalten als der additivierte Schmierstoff, während der synthetische Kohlenwasserstoff O32 schlechter als die Ester-Schmierstoffe abschneidet.

Die beschichteten Lager zeigen im Vergleich zu den unbeschichteten Lagern ein geringeres Temperatur- und Antriebsmomentniveau, welches sowohl für den additivierten, partikelbehafteten als auch für den unadditivierten partikelfreien synthetischen Ester zutrifft. Die Differenz beträgt in den Versuchsläufen zwischen 0 K bis zu 9 K. Bei dem REF-Schmierstoff konnten im Stufenlauf bei mittlerer Last von 1000 N und gleicher Drehzahl geringere Temperaturen von bis zu 10 K erreicht bzw. bei gleicher Temperatur bis zu 5000 min^{-1} höhere Drehzahlen gefahren werden.

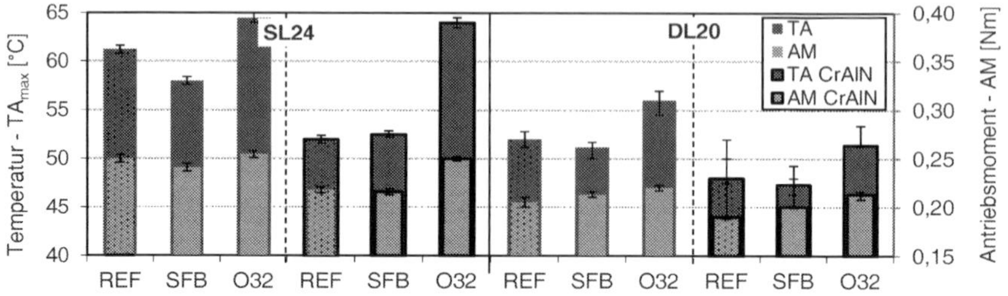

Bild 6.22: Vergleich des Laufverhaltens unter mittlerer Axiallast und Drehzahl

Comparison of the running behavior at medium load condition and speed

Der SFB-Schmierstoff besitzt Vorteile bei niedriger Last und niedriger Drehzahl gegenüber den additivierten Schmierstoffen. Mit zunehmender Überrollungszahl und hohen Drehzahlen ($p_{H,IR}$ = 1493 MPa) kehrt sich das Verhältnis um. Ein Grund dafür liegt in der EP- und AW-Additivierung der Schmierstoffe. Die sich bildenden Scherschichten führen zu einer geringeren Reibkraft (Kap. 4.3) und infolge dessen zu einer niedrigeren Erwärmung.

In dem beschichteten Kontakt scheint der Additiveinfluss bei den hohen Drehzahlen und Pressungen stärker ausgeprägt, da der unadditivierte Schmierstoff im Vergleich das schlechteste Laufverhalten aufweist (Bild 6.23). Ursache ist das bessere Adsorptionsverhalten - höhere Polarität - der Werkstoffoberfläche 100Cr6, so dass die Additivwirkungen besser zur Entfaltung kommen, als bei der eher dispersen CrAlN-Beschichtung.

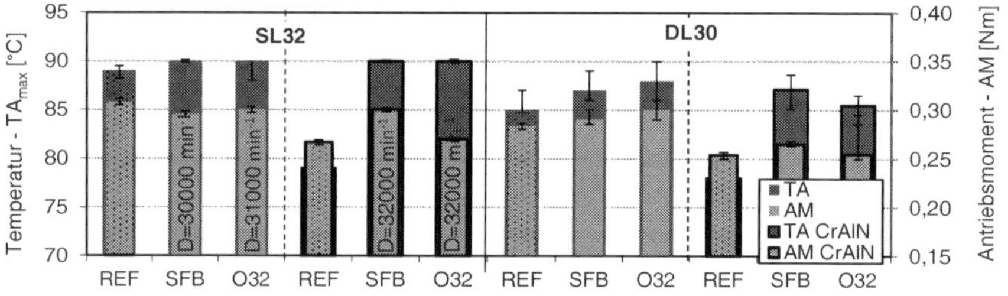

Bild 6.23: Vergleich des Laufverhaltens unter mittlerer Axiallast und hoher Drehzahl

Comparison of the running behavior at medium loads and high speeds

Die Versuchsergebnisse unter hohen Pressungen um p_{H,IR_DL12} = 1680 MPa (p_{H,IR_DL20} = 1490 MPa) (Bild 6.24) zeigen gleiche Verhältnisse wie bei den hohen Drehzahlen. Durch die Additivierung der Schmierstoffe werden geringere Temperaturen und Antriebsmomente erzielt. In dem Versuch bei konstanter hoher Last ($DL20_F$) treten über der Versuchsdauer beim beschichteten Lager ein deutlicher Temperatur- und Antriebsmomentanstieg auf. Bei additiviertem Schmierstoff ist dieser sprungförmig nach 48 h um $\Delta T = 3$ K bzw. $\Delta AM = 0{,}005$ Nm, während bei unadditiviertem Schmierstoff der Anstieg langsam ab 30 h kontinuierlich um $\Delta T = 4$ K bzw. $\Delta AM = 0{,}015$ Nm auftritt.

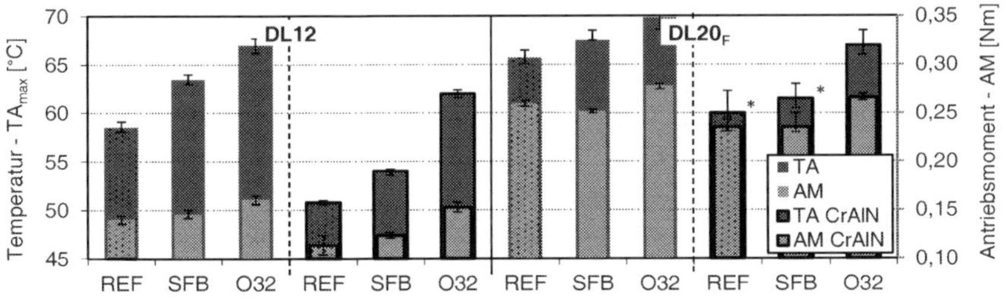

Bild 6.24: Vergleich des Laufverhaltens unter hoher Last

Comparison of the running behavior at high load condition

Analyse des Schichtverschleißes, der Initiierung und der Ausbreitung

Bis zur Durchführung des Dauerlaufs V10 konnten keine Oberflächenänderungen an den Lagerringen festgestellt werden. Der Verschleiß nach dieser Belastungsstufe ist in dem folgenden Bild 6.25 dargestellt. Bei der unbeschichteten Referenz zeigen sich lediglich in Kombination mit dem partikelbehafteten REF-Schmierstoff sich leichte Eindrücke weicher Partikel in der Oberfläche (Bild 6.25, A). Nach den Versuchen unter hoher Last zeigt sich ein unterschiedlich ausgeprägter Verschleiß des Typs II. Bei Verwendung des additivierten Esters zeigt sich (Bild 6.25, B1) ein umlaufender Verschleiß im Außenring mit einer Tiefe von ca. 0,3 µm und einer Breite von ca. 2,5 mm.

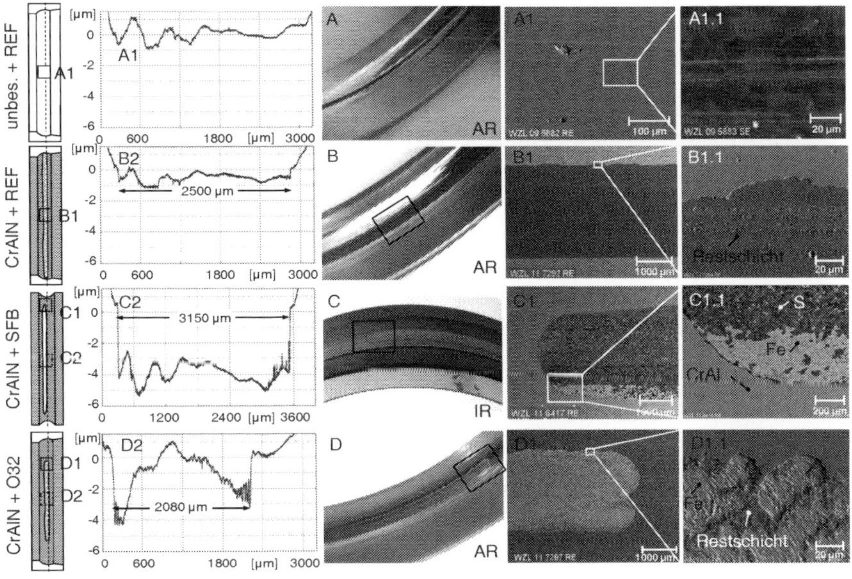

Bild 6.25: Vergleich des Verschleißverhaltens unter hoher Last

Comparison of wear behavior at high loads

Die Erscheinung am Außenring gleicht den Ergebnissen der Grundlagenuntersuchungen an Triboscheiben (vgl. Bild 6.8, Bild 6.9). Eine Vermutung ist, dass die gradierte CrAlN-Schicht in Oberflächennähe (bis 0,15 µm) einen höheren Aluminiumgehalt besitzt, weswegen sie duktiler als in Literaturwerten angegeben ist [Bild 10.2] und verschleißt. Der Innenring weist hingegen keinen Verschleiß auf.

Bei Einsatz des unadditivierten Esters besitzt der Außenring keinen Verschleiß, während der Innenring auf einem Umfangswinkel von ca. 205° eine deutliche Verschleißspur von nahezu 3,6 µm Tiefe und 3,15 mm Breite aufweist. Die energy dispersive X-ray spectroscopy(EDX)-Analyse (Bild 6.25, C1.1) bestätigt, dass die Beschichtung bis zum Substrat verschlissen ist. Tritt ein Oberflächenverschleiß auf, führt dieser zu einem fortschreitenden Verschleiß bis zum Substrat, d.h. die innere Beschichtung besitzt einen geringen Verschleißschutz (vgl. Ergebnis der Grundlagenuntersuchung). Der Verschleiß erstreckt sich homogen über der Laufspur und besitzt im Anfangs- und Endbereich überwiegend die Kontur der Druckellipse.

Bei Einsatz des additivierten PAO zeigt sich eine lokale Verschleißausprägung von ca. 20° im Bereich der lastzugewandten Seite der Radiallastversuche. Somit ist das hohe Bohr-Roll-Verhältnis bei niedriger Pressung auf der lastabgewandten Seite als unkritisch zu bezeichnen. Der Schichtverschleiß reicht von ca. 2,3 µm bis 3,5 µm und verläuft scharfkantig (Bild 6.25, D1). Durch die EDX-Analyse wird eine Delamination mit geringer Restschicht am Übergang zur intakten Beschichtung nachgewiesen. Der Innenring weist lediglich an Stellen, in denen Partikel eingedrückt wurden, eine lokal scharf begrenzte Delamination auf. Am Übergang zum Verschleiß zeigen sich Risse, die bei wiederkehrender Überrollung zur Delamination führen können.

Fazit der untersuchten CrAlN-Beschichtung

Bei mittleren Lasten (St 1 - 3) und höheren Lasten (St 6 - 9) bis $p_H = 2000$ MPa sind die CrAlN-beschichteten Lager im Laufverhalten deutlich besser als die unbeschichtete Referenz. Der unadditivierte synthetische Ester zeigt bei beiden Werkstoffoberflächen ein deutlich besseres Laufverhalten als der additivierte synthetische Ester, während der PAO das schlechteste Laufverhalten aufweist. Bei hohen Drehzahlen (St 4 - 5) bis zur Drehzahlgrenze zeigen Additive einen deutlich positiven Einfluss auf das Laufverhalten, welcher bei der Beschichtung noch stärker ausgeprägt ist. Trotz der hohen lokalen Belastungen konnte kein Verschleiß an den Lagerringen festgestellt werden.

Erst bei hoher dauerhafter Last (St 10) zeigen die Beschichtungen unterschiedliche Verschleißausprägungen. Additivierter Ester führt zu geringem Oberflächenverschleiß, additivierter PAO zu starkem Oberflächenverschleiß und unadditivierter Ester zu einer Delamination über einen Teil des Innenrings. Bei CrAlN-Beschichtungen zeigen die Schmierstoffe mit Additivwirkungen einen deutlich höheren Verschleißschutz.

6.4.5 Notlaufeigenschaften beschichteter Spindellager

Dry running behavior of the coated bearings

Die Analyse der Notlaufeigenschaften erfolgt unter nahezu trockenen Betriebsbedingungen. Dazu werden die Lager vor dem Lauf in einem Ultraschallbad entölt. Um nicht direkt das Versagen des Käfigs zu provozieren wird dieser vor der Montage in Öl getränkt und mit einer Ölmenge von 0,1 g eingesetzt. Anschließend erfolgt der Einbau des Lagers und die Durchführung eines Stufenlaufs unter mittlerer Pressung mit $F_V = 1000$ N. Für den Vergleich werden die Lager jeweils im be- und unbeschichteten Zustand bis zum Abschaltkriterium der Grenztemperatur von $T = 90$ °C gefahren. Als Vergleichsgrößen dienen neben d er Temperatur und dem Antriebsmoment zusätzlich der gemittelte Schwingungswert (RMS).

Analyse des Laufverhaltens

In Bild 6.26 ist das Laufverhalten der Lager gegenübergestellt. Es zeigt sich bis zu einer Drehzahl von 13000 min^{-1} ein ähnlicher Verlauf wie bei den Versuchen unter geschmierten Bedingungen.

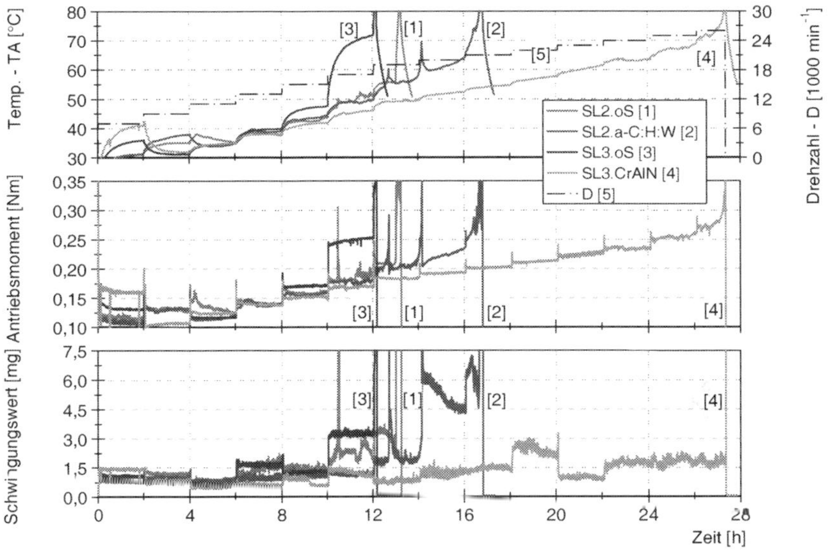

Bild 6.26: Notlaufverhalten der un-/beschichteten Spindellager im Grenzstufenlauf

Fail safe properties of un-/coated bearings in step test run

Im unbeschichteten 100Cr6-Lager (1) tritt nach 10,5 h (bei 17000 min^{-1}) der erste sprunghafte Anstieg in den Messgrößen auf. Das Niveau ist anschließend höher als zuvor. Nach 13 h folgt ein weiterer sprunghafter Anstieg, der nach 13,25 h zum Überschreiten der Grenztemperatur führt. Im Vergleich besitzt das a-C:H:W-beschichtete Lager (2) ähnliche Sprünge, allerdings setzen diese erst später ein, bzw. führen nicht direkt zu einem Ausfall. Erst nach einer Laufzeit von 16,8 h erfolgt das Überschreiten der Grenztemperatur.

Ab der Drehzahl von 15000 min^{-1} zeigt die unbeschichtete Referenz (3) eine leicht erhöhte Beharrungstemperatur. Nach einer weiteren Drehzahlstufe steigen die Messgrößen deutlich an und führen bei der anschließenden Drehzahlstufe nach 12,1 h zu einem Ausfall des Lagers. Das CrAlN-beschichtete Lager (4) läuft bis zu einer Drehzahl von 25000 min^{-1} bei gleicher Temperatur wie im geschmierten Zustand und erreicht bei einer Drehzahl von 26000 min^{-1} einen sprunghaften Temperatur-, Antriebsmomenten- und RMS-Wert-Anstieg, der zu einer Abschaltung führt. Der beschichtete Innenring hält bis zum Ausfall Faktor 3,35 so vielen Überrollungen stand wie der unbeschichtete.

Analyse des Verschleißverhaltens

Die Analysen der Lagerkomponenten nach dem Versuch weisen den im Bild 6.27 dargestellten Verschleiß auf. In den Laufbahnen des HNS-Lagers sind keine Verschleißspuren (1A, 1B, 2A, 2B) nachweisbar, lediglich am IR ist eine geringe Laufspur zu erkennen (1B). Der

Kontakt zwischen Wälzkörper und Lagerring ist unkritisch. In dem unbeschichteten HNS-Lager zeigt sich ein starkes Anlaufen des PEEK-Käfigs an dem Führungsbord (1C), während in den Käfigtaschen noch kein Verschleiß ersichtlich ist. In dem a-C:H:W-beschichteten Lager ist dagegen der Käfig am Führungsbord nicht verschlissen, während in den Taschen ein starker Verschleiß zu erkennen ist (2C).

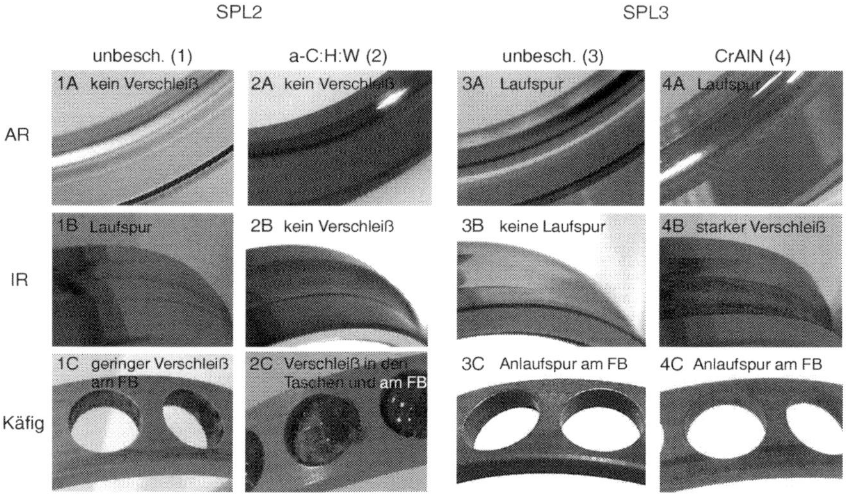

Bild 6.27: Vergleich des Verschleißverhaltens der Spindellager SPL2/3 nach dem Trockenlauf

Comparison of the running behavior of spindle bearing SPL2/3 at dry running condition

Der Kontakt zu einem beschichteten Gleitpartner ist daher im Vergleich zum unbeschichteten Kontakt unkritisch. Die Notlaufeigenschaften des PEEK-Käfigs sind durch mangelnde Schmierstoffaufnahme als gering zu bewerten. Der Wälzkontakt weist bei den 100Cr6-Lagern ein leichtes Anlaufen durch eine visuelle Laufspur auf, die am Außenring stärker ausgeprägt ist. Bei der CrAlN-Beschichtung ist am Außenring ebenfalls eine Laufspur erkennbar. Infolge der hohen Belastungen kommt es am Innenring zu einem Aufschmelzen des Beschichtungswerkstoffs, der anschließend delaminiert. Die Verschleißausprägung zeigt sich ähnlich der Ergebnisse von MAES zur Reibwertmessung im trockenen Kontakt [Maes07]. Die Phenolharzkäfige zeigen nur geringe Anlaufspuren am Bordkontakt. Durch das Benetzen des Käfigs mit Schmierstoff zu Beginn des Versuchs reichen die Notlaufeigenschaften aus.

Im Trockenlauf erreicht das CrAlN-beschichtete Lager eine signifikant längere Laufzeit. Die Anzahl der Überrollungen ist mehr als dreimal so hoch und es sind deutlich höhere Drehzahlen erreichbar.

6.4.6 Einsatz beschichteter Spindellager im Feld

Testing of coated spindle bearing in field use

Der Nachweis von in Modellversuchen qualifizierten Tribosystemen ist im letzten Schritt nur durch die Anwendung der Komponenten im realen Einsatzfall möglich [DIN95]. Die Einsatzbedingungen in einer Motorspindel werden durch die Prüfstandsuntersuchungen nicht identisch abgebildet. Ausgeprägte Temperaturgradienten zwischen Innen- und Außenring infolge der Verlustleistung des Motors und der Kühlung des Stators sowie Schwingungseffekte im Zerspanvorgang stellen erhöhte Anforderungen an die Lagerung dar. Aus diesem Grund wurde die in den Prüfstandsversuchen qualifizierte Lagerringbeschichtung des Typs CrAlN in einer Motorspindel (Kap. 4.2.2) geprüft.

Vergleich des Laufverhaltens

Die Spindelversuche gliedern sich in das zweimalige Durchfahren der Versuchsläufe wie im Prüfstandsprogramm Tabelle 4.5 (siehe Kap. 4.4.4) sowie zwischen diesen durchgeführte Zerspanversuche Tabelle 4.2. Die Parameter und relevanten Belastungen beziehen sich auf die untersuchten Maximalwerte an der ermittelten Maschinenleistungsgrenze nach Kapitel 4.4.1.

Für einen Vergleich der verschiedenen Laufversuche und Bezug der Temperaturunterschiede auf die Eigenschaften des Tribosystems muss sichergestellt werden, dass Änderungen im Spindelaufbau ausgeschlossen werden oder der Einfluss auf die Ausprägung der Vergleichsgröße Temperatur zu vernachlässigen ist. Durch Verwendung identischer Komponenten und Normanzugsmomenten der Verschraubungen werden die Einbaubedingungen als gleich angenommen. Die Spindel wird vor der Endmontage in die Maschine auf Güte G = 1 mm/s feingewuchtet. Ein Temperatureinfluss durch Abweichungen im Wuchtzustand kann somit ausgeschlossen werden [Brec09a].

Im Laufverhalten zeigt sich analog zu den Prüfstandsversuchen die Tendenz, dass die unbeschichtete Variante mit dem REF-Schmierstoff zu höheren Temperaturen führt (Bild 6.28). Bei Verwendung des SFB-Schmierstoffs wird an beiden Lagerstellen eine geringere Temperatur um ca. 2 K erreicht. Durch den Einsatz der Beschichtung wird die Temperatur im Vergleich zur unbeschichteten Variante deutlich um ca. 4 K reduziert. Vor und nach der Durchführung der Zerspanversuche zeigen sich an den Lagerstellen nahezu identische Temperaturausprägungen mit Abweichungen von ±0,3 K [Brec09a]. Somit ist von keinem Schichtverschleiß in den Lagern durch die Zerspanungsversuche auszugehen.

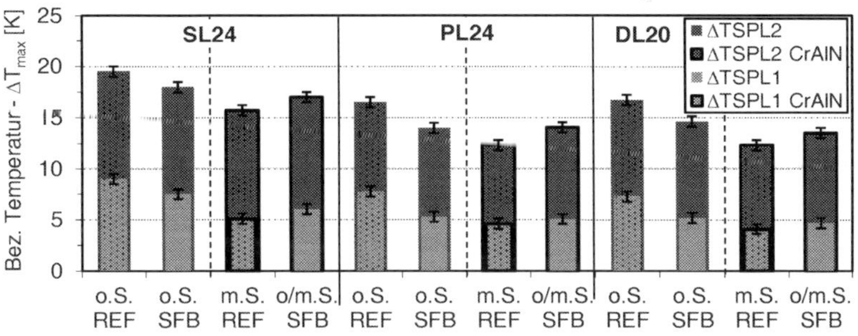

Bild 6.28: Ergebnis des Temperaturverhaltens der eingesetzten Spindellager nach der Zerspanung

Running behavior of the spindle bearing after machining processes

Analyse des Schichtverschleißes

Die Analyse der eingesetzten Spindellager zeigt anhand der taktilen Messungen und Sekundärelektronenmikroskopie(SEM)-Analysen im Bereich der Laufspur kreisförmige Eindrücke weicher Partikel. Die Rauigkeitsänderung ist bei den unbeschichteten Lagern deutlich stärker ausgeprägt als bei den beschichteten Lagern (Bild 6.29) (vgl. [Murr10]).

Die Anzahl der Partikeleindrücke ist bei Verwendung des REF-Schmierstoffs ist wie zu erwarten deutlich höher (Bild 6.29, A) als beim SFB Schmierstoff (Bild 6.29, B). Die beschichteten Lager zeigen abgesehen von wenigen Eindrücken keine Anzeichen eines Verschleißes (Bild 6.29, C, D).

Die CrAlN zeigt in der Endanwendung und bei moderaten und höheren kurzzeitigen Lasten durch die Zerspanung identische, bessere Laufeigenschaften als die unbeschichtete Referenz. Die Maschinenversuche bestätigen die Prüfstandsergebnisse (Bild 6.22).

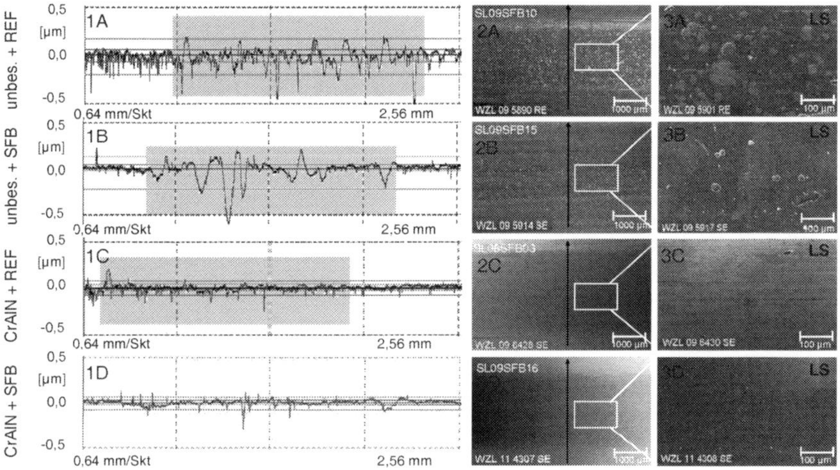

Bild 6.29: Oberflächenmessschriebe sowie REM-Analyse Spindellager-Innenringe nach dem Maschineneinsatz

Tactile analysis and SEM analysis of the spindle bearing inner rings after machining processes

Trotz der im Zerspanungsprozess kurzzeitig auftretenden hohen Lasten konnte nach den Versuchen kein Verschleiß an den beschichteten Lagerringen festgestellt werden. Somit scheint eine geringere konstante Last eher verschleißkritisch zu sein als eine kurzzeitig hohe Last.

6.5 Fazit der Untersuchungen

Conclusion of the analysis

Die Grundlagenuntersuchungen ergaben ein unterschiedliches Benetzungsverhalten für die Schmierstoff-Werkstoffkombinationen, wobei der Werkstoff einen größeren Einfluss als der Schmierstoff besitzt. Anhand der Analogieversuche konnten verschieden hohe Pressungen für diese Kombinationen als verschleißkritisch ermittelt werden. Die ertragbaren Pressungen reichten bis in den Bereich der Ermüdungsfestigkeit von 100Cr6.

Die Untersuchungen wurden an unterschiedlichen Lagertypen und Schmierstoffen durchgeführt und können für die einzelnen Beschichtungssysteme wie folgt zusammengefasst werden.

Das Spannungsfeld der Temperatureinbringung zwischen geometrischer Abweichung und Schichthaftung für einen ausreichenden Verschleißschutz konnte trotz systematischer Prozessiterationen bei der a-C:H:W_{DC}-Beschichtung nicht gelöst werden.

Durch die Prozessumstellung auf einen gepulsten Prozess kann die Haftfestigkeitsklasse im Innenring der Laufspur auf HF 1 bei unbedeutender geometrischer Abweichung verbessert werden. Das Laufverhalten zeigt sich im Vergleich zur unbeschichteten Referenz nur gering verbessert oder gleich. Bei einem partikelfreien Schmierstoff konnte ein ausreichender Verschleißschutz in allen Betriebsbereichen nachgewiesen werden. Die Schicht reagiert auf Partikel mit deutlich ausgeprägtem Verschleiß. Die Beschichtung bietet durch die verbesserten Verschleißschutzeigenschaften im Trockenlauf weitere Vorteile.

Die CrAlN-Beschichtung besitzt mit den verwendeten Schmierstoffen in allen Betriebsbedingungen deutliche Vorteile im Betriebsverhalten zur unbeschichteten Referenz. Deutlich höhere Drehzahlen bzw. niedrigere Beharrungstemperaturen können erreicht werden. Erst bei der letzten konstanten Belastungsstufe tritt Verschleiß auf. Die Additivierung führt bei Einsatz eines synthetischen Esters zu minimalem Verschleiß, der sich auf einen Bereich von 0,6 µm Tiefe beschränkt. Da der Verschleiß trotz höchster Last von $p_H = 3500$ MPa – wie in den Grundlagenuntersuchungen nachgewiesen – zum Erliegen kommt, kann das Verschleißverhalten im Vergleich zur unbeschichteten Referenz als verbessert bezeichnet werden. Die Notlaufeigenschaften sind mit der Beschichtung signifikant verbessert. Die Belastungsversuche im Feld bei kurzfristigen Lasten führten zu einer Bestätigung der Prüfstandsergebnisse und keinem Verschleiß. Die CrAlN-Beschichtung führt somit für einen Betriebseinsatz bei moderaten Lasten zu einem technologischen Vorteil. Zudem besitzt die Beschichtung Potential bei einer Reduktion des Einlaufverschleißes oder Erhöhung des Verschleißschutzes, wie sie die innere Schicht aufweist.

Die Zusatzkosten für die Beschichtung betragen bei entsprechender Chargierung ca. 0,6 bis 1 % für ein Hybridlager der Baugröße 7014 [META11, Spac08].

7 Vermeidung von Überschmierungszuständen mittels Direktschmierung

Prevention of overlubrication condition by direct lubrication

Im Stand der Technik (Kap. 2.3.3) wurde auf die Funktionsweise derzeit eingesetzter Schmierungssysteme eingegangen. Bei der Öl-Luft-Schmierung kann die Zuführung in Schlierenform zu einer prinzipbedingten Totzeit von bis zu 100 min führen. Diese hat im Betrieb aufgrund einer konstanten, nach oben abgeschätzten Sollwertführung deutliche Übermengen an Schmierstoff zur Folge. Zudem wird bei Spindel- oder Maschinenstillstand kontinuierlich Schmierstoff gefördert ohne diesen zu benötigen. Nach dem Einschalten der Maschine treten durch lokale Schmierstoffansammlungen Ungleichförmigkeiten und Übermengen im Volumenstrom auf. Im Bereich niedriger Drehzahlen führen diese Übermengen zu erhöhter Planscharbeit und Wärmeentwicklung, die eine Verlagerung des TCP verursachen und somit die Bearbeitungsgenauigkeit der Spindel reduzieren (Kap. 5.2).

In Kapitel 2.3.4 wurden die in der Literatur bekannten Möglichkeiten vorgestellt, die zugeführte Schmierstoffmenge zu reduzieren, welche überwiegend totzeitbehaftet sind. Um die Mengen zeitnah anpassen zu können wird in dieser Arbeit die Möglichkeit verfolgt, das Förderungsprinzip mittels Transportmedium als Schliere durch eine direkte Medienförderung zu ersetzen.

Für eine Förderung geringster Mengen können nach SCHOMBURG verschiedene Dosierverfahren unterschieden werden [Scho10]. Neben Systemen auf der Basis von Stempeln, Kapillaren und Hochdrucksystemen werden thermische oder piezoelektrische Strahldrucker eingesetzt. Die Kriterien von geringen Volumina, ausreichender Genauigkeit, großer einsetzbarer Fluidpalette, hoher Dosierfrequenz, kleiner Baugröße und niedrigen Kosten, können durch die Verfahren mittels Kapillaren und Mikroventil am besten erfüllt werden. [Scho10]

Die Bereitstellung des Schmierstoffs am Außenring an einer in der Spindel nicht direkt zugänglichen Stelle erfordert eine entsprechend separate Dosierung und Zuführung. Die Leitung von Dosierungsort zur Schmierstelle erfolgt über Kapillare. Die notwendigen Mengen können in Anlehnung an die Fettschmierung im Zielbereich von mindestens 5 - 60 µl/h (0,083 - 1,0 µl/min) angesehen (vgl. Kap. 2.3) und die Viskosität des zu fördernden Schmierstoffs im Standardbereich von 32 - 68 mm²/s (Kap. 4.3) definiert werden. Der Volumenstrom sollte dabei möglichst kontinuierlich bzw. quasikontinuierlich zugeführt werden, um keine Überschmierung zu generieren.

Des Weiteren erfolgt die Konzeptionierung, Auslegung sowie Untersuchung zweier Direktschmiersysteme im Spindeleinsatz, der Nachweis im Feldeinsatz sowie abschließend die Diskussion der Ergebnisse (siehe Anhang A4, Tabelle 10.5).

7.1 Berechnungsgrundlagen der Schmierstoffzufuhr

Basics of calculation for lubrication feed

Für die Berechnung von Kapillarsystemen bezüglich Kapillarlängen, -durchmesser, Druckverlust, Volumenstrom und Strömungsgeschwindigkeiten werden die grundlegenden Berechnungsgleichungen nach EULER, NAVIER STOKES, die Kontinuitätsgleichung sowie die stationäre und instationäre BERNOULLI-Gleichung [Cous03, Schr04, Schw10] angenommen.

7.1.1 Berechnung eines Kapillarsystems mit stationärer Strömung

Calculation of a capillary system with stationary fluid flow

Zentrale Vorgabe für das Auslegen von Kapillarsystemen sind die notwendigen Volumenströme. Zunächst wird ein virtuelles System 1 bestehend aus einem Reservoir, einer zuführenden Kapillare von Punkt (0) bis (1) und einer abfließenden Kapillare zu Punkt (2) bei Umgebungsdruck mit jeweils unterschiedlichen Kapillarlängen und –durchmessern sowie zusätzlichen fluidischen Widerständen, wie in Bild 7.1 dargestellt, betrachtet. Vereinfachend wird zunächst ein stationärer Zustand angenommen.

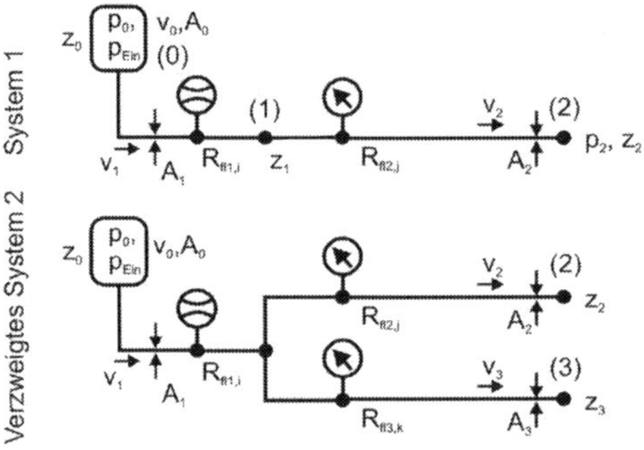

Legende:

A	Kapillarquerschnitt
R_{fl}	fluidischer Widerstand
p	Druck
v	mittlere Strömungsgeschwindigkeit
z	geodätische Höhe
(x)	Punkt

Indizierung:

i, j, k	Laufzähler Kapillare 1, 2
0	Eingangskapillare
1, 2, 3	Kapillare 1, 2
Ein	Eingangskapillare (druckbeaufschlagt)

Bild 7.1: Schematischer Aufbau eines einfachen und verzweigten Kapillarsystems
Schematic design of a single and a branched capillary system

Nach der erweiterten Druckgleichung von BERNOULLI gilt für jeden beliebigen Punkt (i) entlang einer Stromlinie in einem inkompressiblem Fluid, dass der Gesamtdruck bestehend aus einem statischen, einem dynamischen und einem Verlustanteil in Summe konstant bleibt. Nach [Schr04] gilt:

$$p_{ges} = \underbrace{p_i + \rho \cdot g \cdot z_i}_{p_{statisch}} + \underbrace{\frac{\rho}{2} \cdot v_i^2}_{p_{dynamisch}} + \underbrace{\Delta p_{V,i}}_{p_{Verlust}} = konst. \qquad \text{Gl. 7.1}$$

Zur vereinfachten Berechnung kann der Druckverlust als Vielfaches des dynamischen Drucks mit einer Widerstandszahl ξ faktorisiert angegeben werden. Dieser unterteilt sich in die Verluste durch Wandreibung und durch Einbauten, Krümmung etc. Erstere kann für Kapillaren genauer nach HAGEN-POISEUILLE durch den fluidischen Widerstand R_{fl} beispielsweise als ein zylindrisches, fluiddurchströmtes Element angenommen werden [Scho10]:

$$\Delta p_V = \xi_i \cdot \frac{\rho}{2} \cdot v_i^2 = \Delta p_{V,R} + \Delta p_{V,E} \qquad \Delta p_{V,R} = v_i \cdot A_i \cdot R_{fli} = v_i \cdot A_i \cdot \frac{128 \eta \cdot l_i}{\pi \cdot d_i^4} \qquad \text{Gl. 7.2}$$

Andere Geometrien bspw. Rechteckprofile oder Einbauten können über Umrechnung in eine analoge Form überführt werden. Unter Berücksichtigung der Kontinuitätsgleichung $v_i \cdot A_i = konst.$ können die einzelnen Fluidwiderstände daher als Reihenschaltung betrachtet und zur Berechnung aufaddiert werden.

Bei Bilanzierung des in Bild 7.1 dargestellten Systems 1 von (0) bis (2) sind die Verlustterme über der Strecke (0)–(2) zu berücksichtigen. Für das Reservoir in Punkt (0) ist der Querschnitt $A_0 >> A_2$ anzunehmen, so dass nach der Kontinuitätsgleichung die Geschwindigkeit v_0 und der dynamische Druckanteil zu vernachlässigen ist. Es gilt nach Gl. 7.1:

$$p_0 + \rho \cdot g \cdot z_0 = p_2 + \rho \cdot g \cdot z_2 + \frac{\rho}{2} \cdot v_2^{\ 2} + v_2 \cdot A_2 \cdot \left(\sum_{i=1}^{x} R_{fl1,i} + \sum_{j=1}^{y} R_{fl2,j} \right) \qquad \text{Gl. 7.3}$$

Wird im System 1 eine Pumpe im Punkt (0) berücksichtigt, so muß in Gl. 7.3 der statische Druck um den eingebrachten Pumpendruck Δp_P erhöht werden. Gleiches gilt für die Beaufschlagung des Reservoirs mit einem zusätzlichen externen Druck. Auflösen von Gl. 7.3 nach der Austrittsgeschwindigkeit ergibt:

$$v_2 = -\frac{A_2 \cdot \left(\sum_{i=1}^{x} R_{fl1,i} + \sum_{j=1}^{y} R_{fl2,j} \right)}{\rho} \pm \sqrt{\frac{2}{\rho}(p_2 - p_0) + 2g \cdot (z_2 - z_0) + \left(\frac{A_2 \cdot \left(\sum_{i=1}^{x} R_{fl1,i} + \sum_{j=1}^{y} R_{fl2,j} \right)}{\rho} \right)^2} . \qquad \text{Gl. 7.4}$$

Ist in einem System die Strömungsgeschwindigkeit und daher der dynamische Druckanteil sehr gering gegenüber den übrigen Anteilen, kann dieser vernachlässigt werden (Annahme 1). Gl. 7.4 vereinfacht sich somit zu:

$$v_2 = \frac{(p_0 - p_2) + g \cdot \rho \cdot (z_2 - z_0)}{A_2 \cdot \left(\sum_{i=1}^{x} R_{fl1,i} + \sum_{j=1}^{y} R_{fl2,j} \right)} . \qquad \text{Gl. 7.5}$$

Das verzweigte System 2 besteht nach Bild 7.1 aus einem Reservoir (0), einer zuführenden Kapillare 1 (K1) sowie die Verzweigung in eine Kapillare K2 und die Kapillare K3. Es kann durch Aufstellen der Stromliniengleichungen von Punkt (0) bis (2) und (0) bis (3) nach Gl. 7.1 berechnet werden.

Unter Annahme einer konstanten, mittleren Geschwindigkeit (Annahme 2) innerhalb eines Kapillarquerschnitts und Gleichsetzen der Gleichung für den jeweiligen Kapillarstrang ergeben sich Gl. 7.6 und Gl. 7.7 für die mittleren Geschwindigkeiten in der Kapillare 2 und 3.

$$v_2 = \frac{(p_3 - p_2) + \rho \cdot g \cdot (z_3 - z_2)}{A_2 \cdot \left(\sum_{j=1}^{y} R_{fl2,j} - \sum_{k=1}^{z} R_{fl3,k} \right)} , \qquad \text{Gl. 7.6}$$

$$v_3 = \frac{(p_2 - p_3) + \rho \cdot g \cdot (z_2 - z_3)}{A_2 \cdot \left(\sum_{k=1}^{z} R_{fl3,k} - \sum_{j=1}^{y} R_{fl2,j} \right)} . \qquad \text{Gl. 7.7}$$

Aus den Strömungsgeschwindigkeiten lassen sich nach den aufgeführten Gleichungen die Druckverlustterme sowie die resultierenden Volumenströme berechnen.

7.1.2 Berechnung eines Kapillarsystems mit instationärer Strömung

Calculation of a capillary system with transient fluid flow

Ist die Strömungsgeschwindigkeit entlang einer Stromlinie abhängig von Ort und Zeit, bspw. durch Einsetzen eines schaltbaren Ventils, zieht man zur Berechnung die Energiegleichung für instationäre Strömungen heran [Schr04]. Zwischen zwei betrachteten Punkten (0) und (x) wird entlang der Stromlinie die Geschwindigkeitsänderung über der Zeit integriert und mit der Dichte multipliziert. Dieser Term wird der Gl. 7.1 für den stationären Fall hinzuaddiert:

$$f(t)=p_i+\rho\cdot g\cdot z_i+\frac{\rho}{2}\cdot v_i^{\,2}+\Delta p_{V,i}+\rho\int_0^x\frac{\partial v}{\partial t}ds \qquad \text{Gl. 7.8}$$

Der Integralterm lässt sich separat unter Berücksichtigung der Kontinuitätsgleichung lösen, dass sich die Geschwindigkeit zu einem festen Zeitpunkt bei einem konstanten Querschnitt über der Länge nicht ändert. Vereinfachend ergibt sich der Übergang zum Differentenquotienten zu Gl. 7.9.

$$\int_0^x\frac{\partial v}{\partial t}ds=\sum_{i=0}^{x}\frac{dv}{dt}\int_0^x\frac{A}{A}ds=\sum_{i=0}^{x}\frac{dv(t)}{dt}\frac{A_x}{A_i}\cdot l_i \qquad \text{Gl. 7.9}$$

Unter Annahme einer laminaren und schleichenden Strömung unter Vernachlässigung des dynamischen Drucks kann Gl. 7.8 vereinfacht werden.

$$p_{Ein}-p_x+\rho\cdot g\cdot(z_0-z_x)=\sum_{i=1}^{x}\left(v_i\cdot A_i\cdot R_{fl0,i}+\rho\cdot\frac{dv_x(t)}{dt}\cdot\frac{A_x}{A_i}\cdot l_i\right) \qquad \text{Gl. 7.10}$$

Um den Geschwindigkeitsverlauf am Ausgang $v_x(t)$ zu erhalten, wird die Differentialgleichung in eine Standardform einer rationalen Funktion überführt.

$$c_1\cdot\int\frac{dx}{(ax+b)}=c_2\cdot\int dy=\frac{c_1}{a}\cdot\ln|ax+b|+c_3=c_2\cdot y+c_4 \qquad \text{Gl. 7.11}$$

Anschließend können die Konstanten unter Annahme entsprechender Randbedingungen für ein zum Zeitpunkt $t=0$ ruhendes System mit einer Austrittsgeschwindigkeit am Punkt (x) von $v_x(t=0)=0$ berechnet werden.

Angewandt auf Gl. 7.10 ergibt sich unter Berücksichtigung von Gl. 7.2:

$$\underbrace{d_x^{\,2}\cdot\rho\cdot\sum_{i=1}^{x}\frac{l_i}{d_i^{\,2}}}_{c_1}\cdot\int\frac{dv_x(t)}{\left(\underbrace{-32d_x^{\,2}\cdot\eta\cdot\sum_{i=1}^{x}\frac{l_i}{d_i^{\,4}}}_{a}\cdot v_x(t)+\underbrace{\left(p_{Ein}-p_x+\rho\cdot g\cdot(z_0-z_x)\right)}_{b}\right)}=\underbrace{1}_{c_2}\cdot\int dt \qquad \text{Gl. 7.12}$$

Nach unbestimmter Integration von Gl. 7.12 auf beiden Seiten gleichzeitig folgt:

$$-\frac{\rho}{32\eta}\cdot\sum_{i=1}^{x}d_i^{\,2}\cdot\ln\left|-32d_x^{\,2}\cdot\eta\cdot\sum_{i=1}^{x}\frac{l_i}{d_i^{\,4}}\cdot v_x(t)+\left(p_{Ein}-p_x+\rho\cdot g\cdot(z_0-z_x)\right)\right|+c_3=t+c_4 \qquad \text{Gl. 7.13}$$

Nach der gesuchten Endgeschwindigkeit $v_x(t)$ aufgelöst ergibt sich:

$$v_x(t) = \frac{(p_{Ein} - p_x + \rho \cdot g \cdot (z_0 - z_x)) - e^{\left(-(t-c_3+c_4)\Big/\left(\frac{\rho}{32\eta}\cdot\sum_{i=1}^{x} d_i^2\right)\right)}}{32\eta \cdot d_x^2 \cdot \sum_{i=1}^{x}\left(\frac{l_i}{d_i^4}\right)}. \quad \text{Gl. 7.14}$$

Zur Lösung der Gleichung werden folgende Terme substituiert:

$$32\eta \cdot d_x^2 \cdot \sum_{i=1}^{x}\left(\frac{l_i}{d_i^4}\right) = A, \qquad \frac{\rho}{32\eta}\cdot\sum_{i=1}^{x} d_i^2 = B \quad \text{Gl. 7.15}$$

Aus den Randbedingungen können die Integrationskonstanten c_3 und c_4 für das aufgebaute System bestimmt werden. Die erste Randbedingung folgt aus der Definition, dass der Beginn des Öffnungsvorgangs zum Zeitpunkt $t = t_0 = 0$ stattfindet, woraus sich im ersten Takt $c_4 = 0$ ergibt. Als zweite Randbedingung wird der Systemzustand zu Beginn des Öffnungsvorgangs bei noch geschlossenem Ventilauslass $v_x(t) = 0$ angenommen. Daraus folgt:

$$v_x(t=0) = 0 = \frac{(p_{Ein} - p_x + \rho \cdot g \cdot (z_0 - z_x)) - e^{(c_3/B)}}{A} \quad \text{Gl. 7.16}$$

$$\Rightarrow c_3 = B \cdot \ln(p_{Ein} - p_x + \rho \cdot g \cdot (z_0 - z_x))$$

Mit den bestimmten Integrationskonstanten ergibt sich für den Geschwindigkeitsverlauf am Austritt für einen beliebigen Enddurchmesser:

$$v_x(t) = \frac{(p_{Ein} - p_x + \rho \cdot g \cdot (z_0 - z_x)) - e^{\left(-\left(t - \frac{\rho}{32\eta}\cdot\sum_{i=1}^{x} d_i^2 \cdot \ln(p_{Ein} - p_x + \rho\cdot g\cdot(z_0 - z_x))\right)\Big/\left(\frac{\rho}{32\eta}\cdot\sum_{i=1}^{x} d_i^2\right)\right)}}{32\eta \cdot d_x^2 \cdot \sum_{i=1}^{x}\left(\frac{l_i}{d_i^4}\right)} \quad \text{Gl. 7.17}$$

Der Ventilquerschnitt ändert sich zeitabhängig $d_V(t)$ und lässt sich durch einen linearen Verlauf in der Zeit $t_p = 150$ µs annähern [GYGE09]. Der Schließvorgang entspricht dem inversen Öffnungsvorgang mit der Schließzeit t_s. Anhand der Randbedingungen wird die Parametergleichung für das Ventil angenommen zu:

$$d_V(t) = \frac{(d_D - d_{V,0})}{t_p}\cdot t + d_{V,0}, \qquad d_V(t) = \frac{(d_V(t_s) - d_D)}{t_s}\cdot t + d_D. \quad \text{Gl. 7.18}$$

Der getaktete Betrieb besteht aus der Aneinanderreihung von Öffnungs- und Schließvorgängen mit beliebiger Pausenzeit. Abschliessend ergibt sich für den Volumenstrom mit zeitabhängigem Ventilöffnungsvorgang:

$$q(t) = \frac{\pi \cdot \left((p_{Ein} - p_x + \rho \cdot g \cdot (z_0 - z_x)) - e^{\left(-\left(t - \frac{\rho}{32\eta}\cdot\sum_{i=1}^{x} d_i^2(t) \cdot \ln(p_{Ein} - p_x + \rho\cdot g\cdot(z_0 - z_x))\right)\Big/\left(\frac{\rho}{32\eta}\cdot\sum_{i=1}^{x} d_i^2(t)\right)\right)}\right)}{128\eta \cdot \sum_{i=1}^{x}\left(\frac{l_i}{d_i^4(t)}\right)} \quad \text{Gl. 7.19}$$

Inwiefern die errechneten von den realen Verläufen übereinstimmen, hängt vom Systemverhalten ab und kann ohne Abgleich einer Messung nicht abgeschätzt werden.

7.2 Aufbau und Untersuchung der Direktschmierungssysteme

Design and analysis of the direct lubrication systems

Die Direktschmierungssysteme basieren auf unterschiedlichen Funktionsprinzipien. Ausgehend von einem drucklosen Direktschmierungssystem wird ein druckbeaufschlagtes System erläutert. Zentrale Punkte für den Aufbau der Schmiersysteme sind die Funktionsprinzipien der Schmierstoffförderung sowie die Integration von Sensoren zur Funktionsüberwachung und zur Messung der dosierten Schmierstoffmengen.

7.2.1 Druckloses Direktschmierungssystem

Direct lubrication system (pressureless)

Das drucklose Direktschmierungssystem besteht aus einer Mikrozahnringpumpe der Niederdruckbauweise MZR 2521 [HNP10], Durchflusssensoren der Firmen Elbau [ELBE06] und des Typs SLG1430-025 [SENS06] mit kalorimetrischem Funktionsprinzip, verschiedenen Adapter- und Kapillarstücken, einem Reservoir und einem Mikrofilter (2 µm) [IDEX09].

Die Mikrozahnringpumpe erzeugt mit Wasser einen Volumenstrom von 150 – 9000 µl/min (kleinste Dosiermenge von 25 µl) mit einem prinzipbedingten geringen Förderdruck (Bild 7.7, links). Die Mikrozahnringpumpe ist eine Verdrängerpumpe und besitzt einen außenverzahnten Innenrotor sowie einen innenverzahnten Außenrotor, die leicht exzentrisch zueinander gelagert sind. Beide Rotoren befinden sich mit ihrer zykloidenförmigen Verzahnung in kämmendem Eingriff und bilden während der Rotation zu jedem Zeitpunkt ein System von mehreren abgedichteten Förderkammern [HNP10]. Der Innenrotor besitzt im Vergleich zum Außenrotor prinzipbedingt eine geringere Anzahl von Zähnen.

Für das Förderprinzip von einer Pumpe für vier Lagerstellen liegt der notwendige Volumenstrom pro Lager (0,332 - 4 µl/min) um Faktor 450 kleiner als der von der Pumpe generierte. Um die Volumenströme entsprechend zu reduzieren wird das geförderte Volumen über einen Verteiler in vier Nebenströme sowie einen Hauptstrom als Bypass aufgeteilt. Über diesen fließt der Großteil des geförderten Volumenstroms zurück in das Reservoir. Die Kapillaren bestehen aus PEEK und PE (Polyethylen) mit unterschiedlichen Kapillardurchmessern von 130 bis 750 µm. Der schematische Aufbau des Systems ist in Bild 7.2 dargestellt.

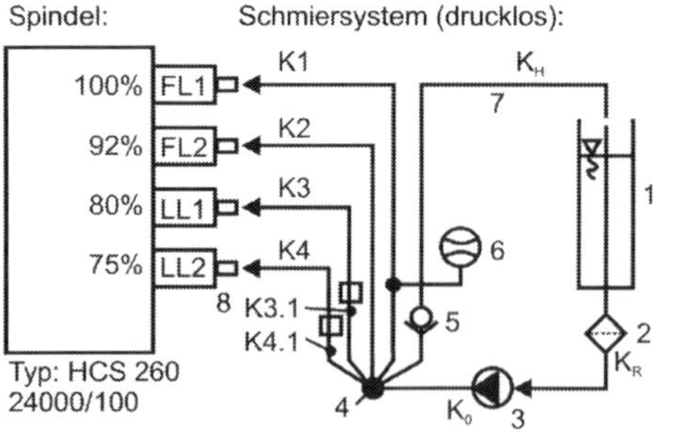

Komponenten:	Kapillargeometrien:
1 Reservoir	K_R: Ø 750 µm, l = 0,20 m
2 Filter	K_0: Ø 400 µm, l = 0,12 m
3 Mikropumpe	K1-4: Ø 250 µm, l = 1,5 m
4 Verteiler	K3.1: Ø 130 µm, l = 0,10 m
5 Rückschlagventil	K4.1: Ø 130 µm, l = 0,12 m
6 Durchflusssensor	K_H: Ø 285 µm, l = 0,75 m
7 Bypass	
8 Lagerringadapter	

Bild 7.2: Schematischer Aufbau des Direktschmierungssystems mit Bypass (drucklos)
Schematic design of the direct lubrication systems with bypass (pressureless)

Die in Kap. 7.1.1 vorgestellten Berechnungsgrundlagen können für das Kapillarsystem angenommen werden. Mit kleinstem Kapillarquerschnitt und größter Strömungsgeschwindigkeit abgeschätzt liegt eine laminare, schleichende Strömung vor ($Re_{max} \leq 0{,}001 << 2300$).

Für das in Bild 7.2 dargestellte Direktschmiersystem können folgende zentralen Einflüsse von Kapillarlänge (A), Kapillardurchmesser (K1 - 4) (B) sowie der Pumpenspannung (C) auf das spezifische Fördervolumen berechnet werden. Die Darstellung (Bild 7.3) zeigt diese exemplarisch für die Zufuhr- [1] und Hauptstromkapillaren [2] sowie für die Kapillaren mit höchstem (K1 = [3]) und niedrigstem Volumenstrom (K3 = [4]).

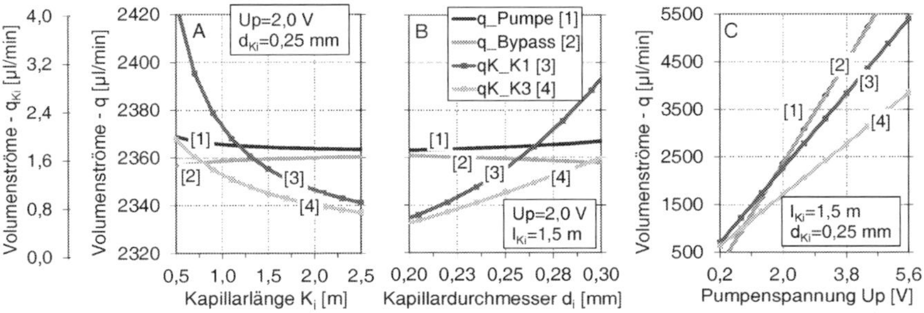

Bild 7.3: Einflussgrößen von Kapillarlänge A), -durchmesser B) und Pumpenspannung C) auf den Schmierstoffvolumenstrom

Influence of capillary length A), diameter B) and voltage C) to the flow rate

Die Kapillarlängen besitzen ebenso wie die -durchmesser einen entscheidenden Einfluss auf den erzielten Volumenstrom. Für das Erreichen des geforderten Volumenstrombereichs werden die Kapillarlängen und -durchmesser auf $l_{Ki} = 1{,}5$ m und $d_{Ki} = 0{,}25$ mm festgelegt. Durch die Änderung der Pumpenspannung bei dieser Geometrie können ausreichende Änderungen im anvisierten Volumenstrombereich erzielt werden. In den Berechnungen beträgt der Anteil des Staudrucks ca. 0,278 %. Die getroffene Annahme [1] zur Vernachlässigung dieses Terms ist für die Berechnung somit zulässig. Es fließen bis zu 99,8 % des geförderten Volumenstroms über die Hauptstromkapillare ungenutzt zurück ins Reservoir.

Nach der Auslegung und Aufbau des Systems werden die zugeführten Schmierstoffvolumina mittels gravimetrischer Messung zur Kalibrierung der eingesetzten Durchflusssensoren erfasst. Der Durchflusssensor [ELBA05] besitzt aufgrund seines ausreichend großen Querschnitts bei sehr kurzer Länge einen zu vernachlässigenden Einfluss auf die Druckerhöhung in der jeweiligen Kapillare. Allerdings weist er aufgrund seiner reduzierten Querschnittsgeometrie eine Begrenzung des Messwertebereichs von $q_{zu} > 45$ µl/h = 0,75 µl/min auf, weswegen die kontinuierlich zugeführte Schmierstoffmenge für diese Versuche beschränkt ist. Die Änderung des Sollwerts der Pumpendrehzahl bedingt eine sofortige Änderung des Volumenstroms, so dass eine zeitnahe Anpassung des Volumenstroms möglich ist (Bild 7.4, links).

Die höchste Durchflussrate erzielt wie ausgelegt die Kapillare 1 (FL1). Die Volumenströme der anderen Kapillaren liegen bis zu 25 % K3 (LL1) unter dieser, so dass im Folgenden die Volumenströme für diese Lagerstellen angegeben werden. Die gemessenen Volumenströme weichen nur geringfügig von den berechneten ab. Das Volumenstromverhältnis der Kapillaren zueinander bleibt bei verschiedenen Volumenströmen konstant [Brec09c].

Für die Zufuhr geringerer Schmierstoffmengen muss die Pumpenansteuerung getaktet erfolgen. Durch unterschiedliche Puls-Pausenverhältnisse können Volumenströme von 0,13 µl/min (4/42 s), 0,25 µl/min (8/39 s) und 0,50 µl/min (10/21 s) generiert werden (Bild 7.4, rechts).

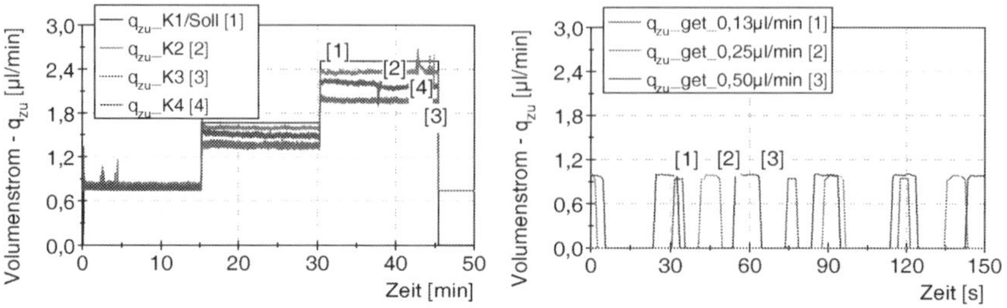

Bild 7.4: Schmierstoffvolumenstrom bei kontinuierlicher (links) und getakteter (rechts) Ansteuerung

Fluid flow at continuous (left) and clocked operation (right)

Grenzen des Systems

Die Grundlagenversuche anhand eines Kapillarstranges zeigen aufgrund der eingeschränkten Gegendruckfähigkeit des Systems eine Abhängigkeit des sich einstellenden Druckgefüges. Der Einsatz von Kapillaren verschiedener Radien und -führungen sowie eines Durchflusssensors gleichen Kapillardurchmessers zeigen keinen Einfluss auf den zugeführten Volumenstrom. Der Einsatz des Durchflusssensors mit kleinerer Innenkapillare [SENS10] (Druckverlusterhöhung) eine deutliche Reduktion des Volumenstroms in der entsprechenden Kapillare [Brec09c]. Für dieses System ist anzustreben, dass das Reservoir auf gleicher geodätischer Höhe wie die Kapillaröffnungen liegt [Brec08].

In Bild 7.5 (A, B) ist dargestellt, wie sich der Druck bzw. der Volumenstrom in Abhängigkeit eines Druckverlustes ändert. In diesem Beispiel ist der Druckverlust durch die Änderung der geodätischen Höhe der Kapillaren 1, 2 (Festlagerung) in Bezug zum Ausgangspunkt berechnet. Die Bewegung stellt ein Verkippen der Spindel im Raum dar.

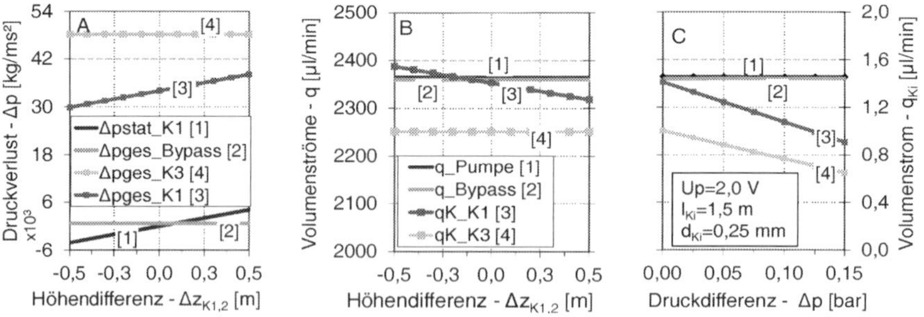

Bild 7.5: Einfluss der geodätischen Höhendifferenz auf die anteiligen Druckverluste und Volumenströme

Influence of the geodetic difference on the pressure loss and flow rates

Durch die Änderung nimmt der statische Druckverlust der Kapillaren 1, 2 zu, während die der Kapillaren 3, 4 (Loslagerung) und des Bypasses konstant bleiben. Der Volumenstrom der Kapillare 3, 4 ändert sich nur marginal, während der Volumenstrom der Kapillaren 1, 2 um -12,4/+10,1 % variiert. Zudem lassen sich aufgrund des Prinzips (1 Pumpe/4 Lager) die Schmierstoffmengen durch die konstruktive Voreinstellung der Volumenstromverhältnisse im Betrieb nicht individuell einstellen.

Als zweites System wird daher ein Direktschmierungssystem mit einem extern aufgeprägten Druck aufgebaut, der deutlich oberhalb jeglicher intern und extern auftretenden Drücke liegt. Somit kann der Volumenstrom unabhängig von den jeweiligen Betriebszuständen der Spindel eingestellt werden.

7.2.2 Druckbeaufschlagtes Direktschmierungssystem

Direct lubrication system (pressurized)

Das Schmierungssystem besteht aus einem druckbeaufschlagten Kolbenspeicher mit Füllstandsüberwachung (Näherungsschalter), einem Schnellentlüftungsventil, einem Mikrofilter (2 µm), einem Durchflusssensor des Typs SLG1430-025 [SENS09], Kapillaren unterschiedlichen Durchmessers, Adaptern als Verbindungselemente, einem Verteiler, Drucksensoren des Typs EPIH-V11-14B [ALTH09], sowie zwei Mikroventilen und Adaptern zur Anbindung an die Dosierstelle (siehe Bild 7.6).

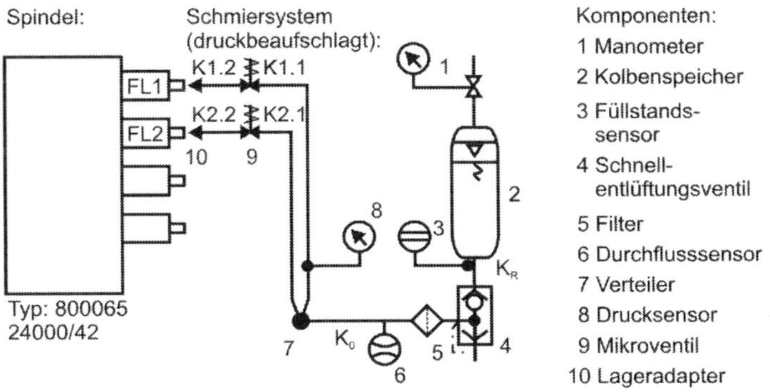

Bild 7.6: Aufbau des druckbeaufschlagten Direktschmierungssystems

Design of the pressurized direct lubrication system

Das Inline-Mikroventil vom Typ SMLD-300 G wird elektromagnetisch betrieben und vom Dosiermedium direkt durchströmt. Im stromlosen Zustand schließt das Ventil. Die Rubinkugel am mobilen Anker wird dabei durch die zugehörige Feder gegen den Ventilsitz gedrückt. Das Ventil öffnet beim Anlegen einer Spannung an die Ventilspule, weil es infolge des erzeugten Magnetfeldes zur gegenseitigen Anziehung der beiden Anker kommt (Bild 7.7, rechts).

Die Ansteuerung erfolgt durch Speisung mit einem gestuften Spannungspuls (Peak and Hold) [GYGE09]. Um die minimal erforderliche dosierbare Menge Schmierstoff von standardmäßig 20 auf ca. 10 nl zu senken, ist der Ankerhub des Schließmechanismus verkürzt ausgeführt [GYGE09]. Durch den Einsatz von Schmiermedien verschiedener Viskositäten können die Schmierstoffmengen pro Schuss deutlich schwanken. Bei Viskositäten von 32 und 68 mm²/s liegen die Unterschiede bei 10 und 15 nl/Schuss [GYGE09]. Die geförderten Mengen sind somit stark viskositäts- bzw. temperaturabhängig.

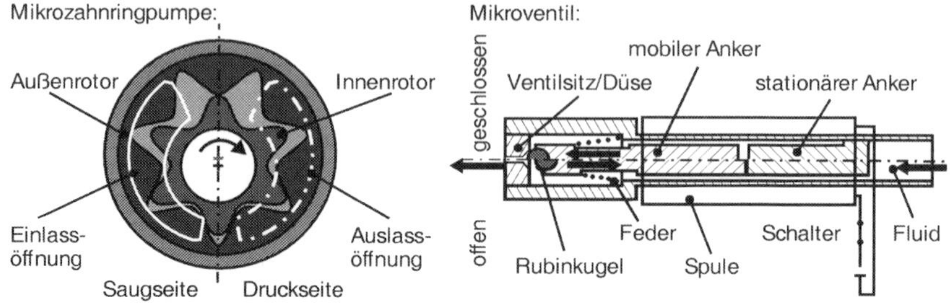

Bild 7.7: Funktionsprinzipien von Mikrozahnringpumpe (links) und Mikroventil (rechts)
Function principle of a micro annular gear pump (left) and micro valve (right)

Das Auslegen des Schmiersystems basiert auf den in Kap. 7.1 vorgestellten Grundgleichungen. Anhand der inneren Geometrien kann in Abhängigkeit der Strömungsgeschwindigkeit der sich ergebende Druckverlust an den einzelnen Elementen bzw. der Volumenstrom bestimmt werden. Wie in dem drucklosen System bildet die vorgegebene Dosiermenge den Zielwert. Die Geometrien der einzelnen Komponenten können Tabelle 10.6 (Systemkonfiguration 1: Labortests) entnommen werden.

Der fluidische Widerstand wird durch die engen Querschnitte (d) und langen Leitungslängen (l) geprägt und gibt somit den Volumenstrom vor. Einen signifikanten Einfluss auf den zeitlichen Verlauf besitzen hingegen die Adapter und Einbauten mit großem d/l Verhältnis.

Zunächst wird das Schmiersystem im Laborbetrieb aufgebaut und anstatt der Dosierstellen in der Spindel wird der Schmierstoff zum Einmessen in Reagenzgläser gefördert. Ein Kapillarstrang analog zu System 1 in Bild 7.1 (ohne Verteiler) wird betrachtet. Anhand der ausgelegten Geometrien (Bild 7.6) können nach Gl. 7.19 die Volumenstromverläufe bei Ventilöffnung bestimmt werden. In Bild 7.8 sind die berechneten Verläufe für charakteristische Eingangsdrücke ab dem Zeitpunkt t = 0 s im Vergleich zu den gemessen dargestellt.

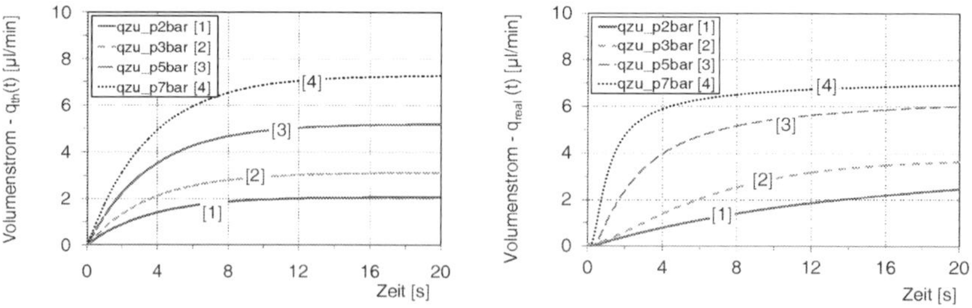

Bild 7.8: Vergleich des berechneten (links) und gemessenen (rechts) Volumenstromverlaufs nach Ventilöffnung
Comparison of calculated (left) and measured flow rate (right) at valve opening

Die Werte im Beharrungszustand liegen wie die zeitlichen Verläufe bei Öffnung in ausreichend vergleichbarer Höhe. Lediglich in den Bereichen von niedrigstem und höchstem

Druck weichen die Verläufe geringfügig voneinander ab. Der Grund liegt in den zur Berechnung getroffenen vereinfachenden Annahmen:

1. Vernachlässigung des dynamischen Druckanteils,
2. Konstante, mittlere Geschwindigkeit über den Kapillarquerschnitt,
3. Idealsteife Kapillaren,
4. Vernachlässigung des Totvolumens,
5. Linearisierter Ventilöffnungsverlauf,
6. Inkompressibler Schmierstoff,
7. Temperaturunabhängigkeit des Schmierstoffs und
8. Laminare Strömung.

Durch die hohe Überdeckung der berechneten und gemessenen Volumenströme für den Öffnungsvorgang sind die getroffenen Annahmen zulässig und die Berechnung besitzt eine ausreichende Genauigkeit.

Um die maximalen Volumenströme zu reduzieren, wird das Ventil getaktet betrieben und einem Öffnungs- und Schließvorgang unterzogen. Durch Einbeziehen von Verzögerungsgliedern kann der Volumenstrom berechnet werden. Inwiefern die simulierten Verläufe den realen entsprechen hängt von der Ausprägung bzw. dem Einfluss nicht berücksichtigter, weil nicht quantifizierbarer Phänomene ab. Bei hohen Taktfrequenzen erfolgen schnelle Wechsel zwischen Ventilöffnungs- und Schließvorgängen und damit einhergehende Wechsel zwischen Beschleunigungs- und Abbremsvorgängen des Schmierstoffs in den Leitungen. Dabei spielt vermehrt die Massenträgheit (ρ), aber auch in geringerem Maße die Zähigkeit des Schmierstoffs (η) eine immer größere Rolle.

Zentrale Frage ist dabei, ob das System nach jedem einzelnen Takt wieder den Ausgangs- bzw. Ruhezustand erreicht, oder sich die Kurvenverläufe überlagern. Die Volumenströme nach Gl. 7.19 müssen per Fallunterscheidung für die einzelnen zeitlichen Verläufe für den Öffnungsvorgang, Haltedauer, Schliessdauer und Pausenzeit in einem Arbeitstakt nach Gl. 7.18 aufgeteilt werden:

$$q(t) = \frac{\pi \cdot \left((p_{Ein} - p_x + \rho \cdot g \cdot (z_0 - z_x)) - e^{\left(-\left(t - \frac{\rho}{32\eta} \cdot \sum_{i=1}^{x} d_i^2 \cdot \ln(p_{Ein} - p_x + \rho \cdot g \cdot (z_0 - z_x)) \right) / \left(\frac{\rho}{32\eta} \cdot \sum_{i=1}^{x} d_i^2 \right) \right)} \right)}{128\eta \cdot \sum_{i=1}^{x} \left(\frac{l_i}{d_i^4} \right)}$$

$$\begin{cases} 0 \le t \le t_p ; d_V(t) = \frac{(d_D - d_{V,0})}{t_p} \cdot t + d_{V,0} \\ t_p \le t \le t_o ; d_V(t) = d_D = 1{,}5 \cdot 10^{-4} m \\ t_o \le t \le T ; d_V(t) = \frac{(d_V(t_s) - d_D)}{t_s} \cdot (t - t_o) + d_D \end{cases}$$

Gl. 7.20

Die charakteristischen Verläufe eines Arbeitstaktes (siehe Bild 7.9, links) liegen während der Beschleunigungsphase im Öffnungszeitintervall nahezu übereinander. Im Schließvorgang sind größere Unterschiede zur Abklingkurve zu erkennen. Der reale Volumenstromverlauf zeigt während der Schließ- und Pausenzeit einen hyperbolischen Verlauf (f_1), der Ventildüsenöffnung dagegen den S-Kurvenverlauf einer Sigmoidfunktion (f_2):

$$f_1(x)=k_1\cdot e^{-k_2\cdot x}\,,\qquad f_2(x)=\frac{k_3}{1+e^{-k_4\cdot x}}\,. \qquad \text{Gl. 7.21}$$

Aufgrund der Ähnlichkeit der Volumenstromverläufe während des Beschleunigungsvorgangs können die entsprechenden theoretischen Verläufe mit Hilfe von in praktischen Versuchen ermittelten Konstanten an die realen Verläufe angepasst werden. Der Volumenstromverlauf während der Schließ- und Pausenzeit lässt sich aufgrund des nicht quantifizierbaren Nachströmverhaltens nicht mit Ansatzfunktionen aus der theoretischen Strömungsmechanik beschreiben, so dass eine Approximation mithilfe einer Ansatzfunktion durch Bestimmung der Konstanten k_1 und k_2 aus dem realen Volumenstromverlauf realisiert wird.

Dazu wird eine Skalierungskonstante c_{offn} mit dem Zeitargument in Gl. 7.20 eingeführt. Zur Bestimmung der Randbedingung wird zum einen die theoretische, verzögernde Öffnungszeit $q_{max,th}(t_{0,real})$ aus dem realen Volumenstromverlauf sowie zum anderen die sich beim theoretischen Volumenstrom einstellende Amplitude benötigt.

$$q_{\max th}(t_o)=\frac{\pi\cdot\left(\left(p_{Ein}-p_x+\rho\cdot g\cdot(z_0-z_x)\right)-e^{\left(-\left(c_{offn}\cdot t(q_{\max real})-\frac{\rho}{32\eta}\sum_{i=1}^{x}d_i^2\cdot\ln\left(p_{Ein}-p_x+\rho\cdot g\cdot(z_0-z_x)\right)\right)\Big/\left(\frac{\rho}{32\eta}\sum_{i=1}^{x}d_i^{\,2}\right)\right)}\right)}{128\eta\cdot\sum_{i=1}^{x}\left(\frac{l_i}{d_i^4}\right)} \qquad \text{Gl. 7.22}$$

Umstellen der Gleichung ergibt:

$$c_{offn}=\frac{1}{t(q_{\max,real})}\cdot\frac{\rho}{32\eta}\sum_{i=1}^{x}d_i^2\cdot\ln\left(\frac{\left(p_{Ein}-p_x+\rho\cdot g\cdot(z_0-z_x)\right)}{\left(\left(p_{Ein}-p_x+\rho\cdot g\cdot(z_0-z_x)\right)-128q_{\max,real}(t_o)\cdot\sum_{i=1}^{x}\frac{l_i}{d_i^4}\right)}\right) \qquad \text{Gl. 7.23}$$

Die Approximation der Schließ- und Pausenzeit erfolgt über Gl. 7.21 zu

$$q(t)=c_{1,s}\cdot e^{-c_{2,s}\cdot(t-t_{0,real})} \qquad \text{Gl. 7.24}$$

Um den konkreten realen Volumenstromverlauf zu erfassen, müssen zunächst die Konstanten aus den Randbedingungen bestimmt werden. Beim Übergang zwischen dem Öffnungs- und Schließprozess liegt der maximale Volumenstrom vor. Es ergibt sich:

$$q(t=t_{o,real})=q_{\max,th}(t_{o,real})=c_{1,s}\cdot e^{-c_{2,s}\cdot 0}=c_{1,s} \qquad \text{Gl. 7.25}$$

Die zweite Randbedingung ist das Verschwinden des realen Volumenstroms am Ende der Pausenzeit nach Durchlaufen des gesamten Zyklus. Es gilt daher:

$$q(t=T)=q_{\max,th}(t_{o,real})\cdot e^{-c_{2,s}\cdot(T-t_{o,real})}\Rightarrow c_{2,s}=\frac{\ln\left(\frac{q_{\max,th}(t_{o,real})}{q_{real}(T)}\right)}{T-t_o} \qquad \text{Gl. 7.26}$$

Für die jeweils zu approximierenden Volumenstromverläufe während der Schließ- und Pausenzeit über einen Taktzyklus aus Gl. 7.21 ergibt sich die Bestimmungsgleichung (Gl. 7.27).

$$q(t)=q(t_o)\cdot e^{-\ln\left(\frac{q_{\max,th}(t_{o,real})}{q_{real}(T)}\right)\cdot\frac{t-t_o}{T-t_o}} \qquad \text{Gl. 7.27}$$

Gemäß exemplarisch bestimmter Kennwerte kann der Systemeinfluss einbezogen und wie in Bild 7.9, links als Arbeitstakt dargestellt werden. Der Fehler der generisch ermittelten Funktionen kann über eine Approximation deutlich reduziert werden.

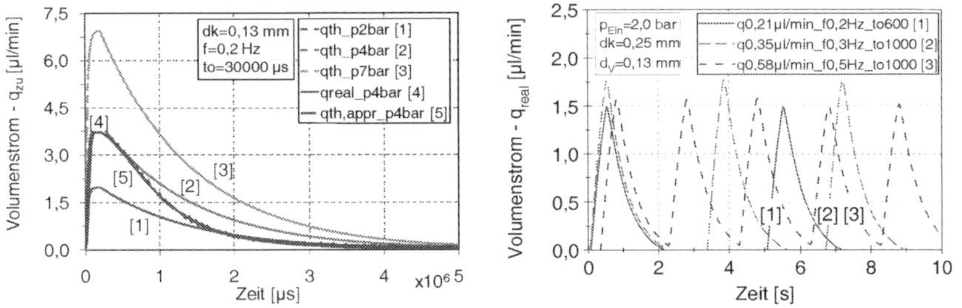

Bild 7.9: Vergleich des Volumenstroms für den einzelnen Arbeitstakt (links) sowie im getakteten Betrieb bei unterschiedlichen Taktfrequenzen (rechts)

Comparison of the flow of a single pulse (left) and clocked operation at different frequencies (right)

Die Aneinanderreihung mehrerer Arbeitstakte ergibt den Verlauf bei getaktetem Betrieb (siehe Bild 7.9, rechts). Wird eine höhere Taktfrequenz eingestellt, so dass der Ausgangszustand von Druck und Volumenstrom nach dem Schließen nicht mehr erreicht wird, kommt es zu Überschneidungen der Verläufe. Je nach Art der Überlagerung kann ein höherer oder niedriger Volumenstrom generiert werden.

Durch Variation des eingestellten Vordrucks, der Taktfrequenz sowie der Ventilöffnungszeit können verschiedene Volumenströme generiert werden. In Bild 7.10 sind exemplarische Volumenströme bei unterschiedlichen Parametern mit Abweichungsgrößen dargestellt.

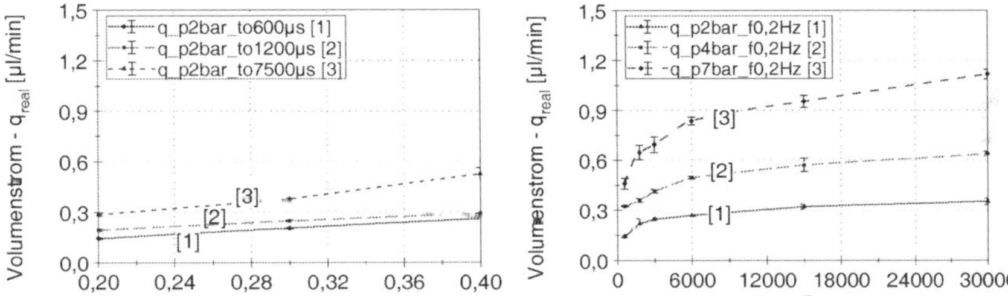

Bild 7.10: Volumenstrom bei Variation von Öffnungszeit, Taktfrequenz und Eingangsdruck

Flow rate by variation of pulse width, frequency and pressure

Bei ansonsten konstanten Verhältnissen ergibt die Frequenz- und Druckänderung ein lineares Verhalten, sowie die Änderung der Öffnungszeit einen hyperbolischen Verlauf. Die Verläufe zeigen eine hohe Wiederholgenauigkeit (vgl. Bild 7.10).

Somit führen bei kleinen Öffnungszeiten Änderungen zu einer zunehmenden, stärkeren Volumenstromabnahme. Anhand der Messdaten kann ein approximiertes Kennlinienfeld für das Direktschmiersystem bei konstanter Taktfrequenz bestimmt werden. Der Öffnungswinkel φ des Kennlinienfeldes wird durch die Öffnungszeit sowie die Taktfrequenz vorgegeben (Bild 7.11). Durch eine erhöhte Taktfrequenz wird der Volumenstrom nahezu proportional erhöht und es ergibt sich ein Kennlinienfeld mit einem steileren Öffnungswinkel φ.

Der Einsatz eines Volumenstrom- und eines Drucksensors bietet die Möglichkeit der Überwachung des Schmierungstaktes sowie des Systemverhaltens. Die Druckänderungen verlaufen ausreichend schnell in den kommunizierenden Kapillaren, so dass ein Drucksensor zur Überwachung beider Ventile ausreicht.

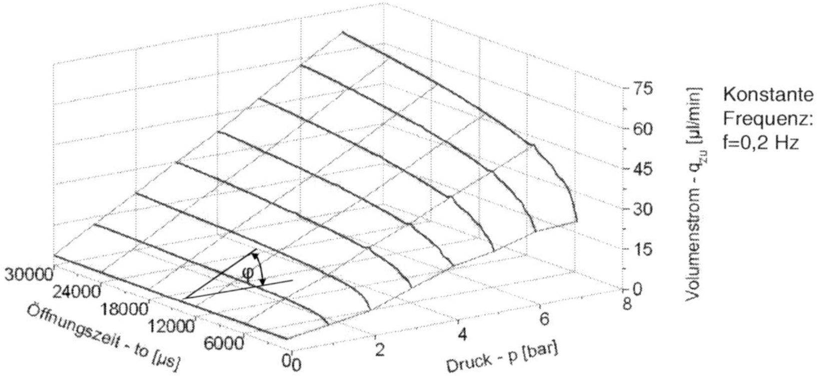

Bild 7.11: Kennlinienfeld des Volumenstroms bei getakteter Dosierung von f = 0,2 Hz

Curve family of flow rates at clocked frequency of f = 0,2 Hz

Die Überwachung des Schmiersystems erfolgt anhand des Vergleichs der Messwerte von Sensoren und Aktoren. Fehler wie entstehende Leckage oder Schlauchdefekte zeigen sich durch Abweichungen vom erwarteten bzw. vorherigen Messwert, sofern diese vor dem Ventil auftreten. Hinter dem Ventil ist durch die geringen Messwertunterschiede keine Diagnose möglich.

7.3 Aufbau und Untersuchung direktgeschmierter Werkzeugmaschinenspindeln

Design and analyses of direct lubricated machine tool spindle systems

Für die Applikation der Direktschmiersysteme in eine Motorspindel werden beide Systeme in Spindeln eingesetzt, um unterschiedliche Einflussgrößen verifizieren zu können. Anschließend wird druckbehaftete Direktschmiersystem mit der konventionellen Öl-Luft-Schmierung verglichen.

7.3.1 Einsatz eines drucklosen Direktschmierungssystems

Operation of a pressureless direct lubrication system

In Zusammenarbeit mit der Firma Paul Müller GmbH & Co KG (GMN) wurde eine Versuchsspindel mit einer drucklosen Direktschmierung aufgebaut [GMN11b]. Die Versuchsspindel des Typs HCS 260 ist eine Motorspindel mit einer Tandem-O-Lageranordnung (<< ≈ >>). Zwei Spindellager des Typs HYSMA 6014 17° bilden di e vordere Festlagerung, während die hintere Loslagerung durch eine Kugelbuchse mit Lagern desselben Typs realisiert ist. Die Lager werden radial zugeschmiert.

Die Volumenstromzuführung erfolgt über entsprechend geformte Kapillaren, die in einer Nut im Außenring münden und den Schmierstoff drucklos in die Lager einbringen. Zur Aufnahme der Kapillaren ist in die hinteren Lager auf Grund der axialen Verschiebbarkeit eine Axialnut erodiert. Im Prüfstandsaufbau ist die Spindel auf eine Platte aufgespannt und das Schmiersystem neben diesem aufgebaut (Bild 7.12).

Zusätzlich zur Aufzeichnung der internen Temperaturmessdaten sowie der Ist-Drehzahl sind am Gehäuse bzw. an der Spindelnase Wirbelstromsensoren appliziert, um die axialen Verlagerungen im Betrieb messen zu können. Der Soll- und Ist-Volumenstrom wird exemplarisch für K1 vom Durchflusssensor ermittelt und aufgezeichnet.

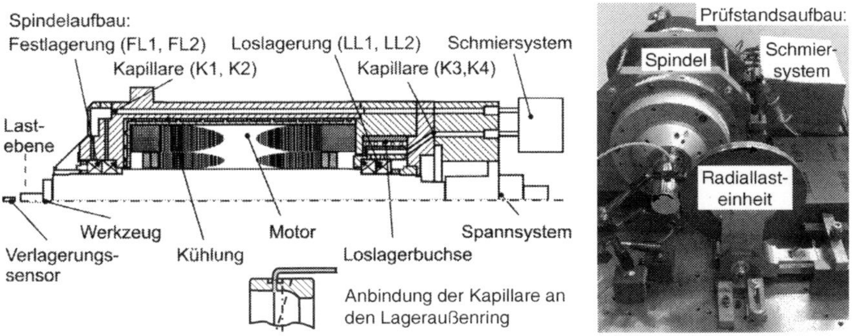

Bild 7.12: Darstellung der Prüfspindel GMN HCS260 (schematisch) und im Prüfstandsaufbau

Design of the test spindle GMN HCS260 and test arrangement

Versuche im Prüfstandsbetrieb bei Leerlauf

Die Spindel wird vor den Versuchen zunächst mit einem Standard-Warmlaufprogramm betrieben [GMN10b], um einen vergleichbaren thermischen und geschmierten Zustand der Spindellager zu erreichen. Die spindelinternen Druckverhältnisse stellen sich im Betrieb in Abhängigkeit von der Drehzahl ein. Der Volumenstrom ändert sich bei konstanter Ansteuerung drehzahlabhängig von $q_{zu,0} = 1{,}16$ µl/min (4,0 µl/min) auf $q_{zu,24000} = 1{,}1$ µl/min (3,79 µl/min) und variiert somit über den gesamten Drehzahlbereich um ca. 6 % (nicht dargestellt) [Brec08]. Ursache ist die sich bildende Luftverwirbelung im Lager, die nach Messung [Brec12a] bei 20000 min^{-1} im Bereich von ca. $\Delta p = 0{,}07$ bar Überdruck zwischen Kapillarausgang K1, K3 und K_H liegen kann. Die Berechnung unter Annahme dieses Überdruckes ergibt eine Durchflussreduktion in Höhe von ca. 6 %, was die getroffenen Annahmen [1, 2] und Messungen bestätigt (Bild 7.5 C).

In weiteren Versuchen wird der zugeführte Volumenstrom zunehmend reduziert. Aufgrund des begrenzten Messbereichs des Durchflusssensors ist bei kontinuierlicher Förderung die Schmierstoffmenge nur auf $q_{zu,FL1} = 1$ µl/min ($q_{zu,LL1} = 0{,}75$ µl/min) zulässig, so dass die weitere Reduktion nur mit einer intermittierenden Taktung der Pumpe realisiert werden kann. Durch die Förderung geringer Mengen bei entsprechend langen Pausenzeiten können die zugeführten Volumenströme bis auf $q_{zu,FL1} = 0{,}18$ µl/min ($q_{zu,LL1} = 0{,}14$ µl/min) reduziert werden. Vorrangig ist dabei, den Schmierungszyklus so festzulegen, dass keine Unterversorgung der Lager entsteht.

Der Einsatz des Direktschmierungssystems ermöglicht die zeitnahe Einstellung unterschiedlicher Volumenströme sowie die genaue Dosierung von Kleinstmengen.

Für den Spindelbetrieb interessiert die Bearbeitungsgenauigkeit im Maschineneinsatz. Dazu kann bei verschiedenen Volumenströmen das Temperaturverhalten der Lager sowie die Verlagerung des Tool-Center-Points (TCP) (differentiell zum Gehäuse) der Spindel gemessen werden (vgl. Kap. 5.2). In Bild 7.13 ist der Zusammenhang exemplarisch für einen Dauerversuch bei konstanter Drehzahl im zuvor ermittelten kritischen Bereich von $D = 6000\ min^{-1}$ dargestellt. Aufgrund der Analogie der jeweiligen Lager in den einzelnen Paketen wird nur jeweils das vordere Lager (Festlager FL1 und Loslager LL1) visualisiert.

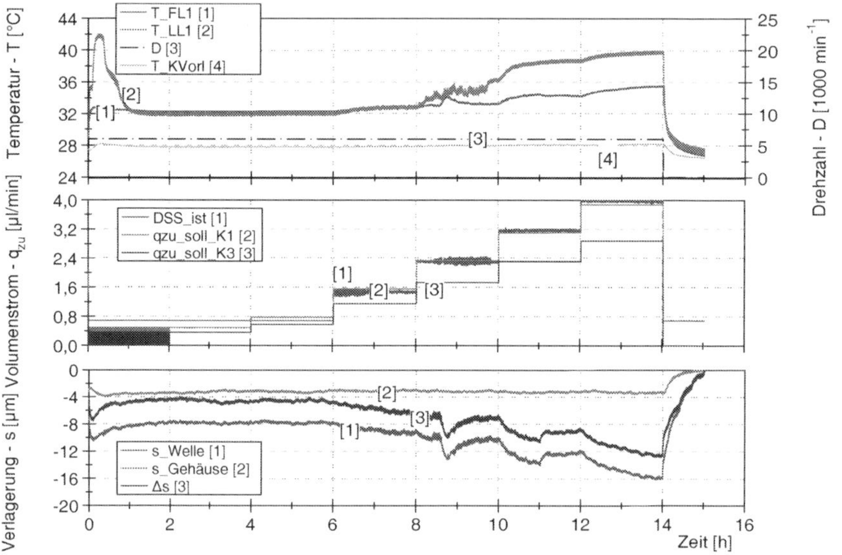

Bild 7.13: Temperatur- und TCP-Verlagerungsverlauf bei konstanter Drehzahl und unterschiedlichen Volumenströmen

Temperature and axial displacement at constant speed and different flow rates

Über der Laufzeit wird der Volumenstrom in diskreten Stufen alle 2 h erhöht. Zunächst zeigt sich bei Versuchsstart eine Temperaturüberhöhung durch Planscharbeitsverluste des im Lager vorhandenen Schmierstoffs. Die Verdrängung des überflüssigen Schmierstoffs über die Dauer von ca. 0,4 h führt zum Erreichen eines Beharrungszustands. Bei Erhöhung des Volumenstroms ist keine deutliche Beeinflussung der Lagertemperaturen ersichtlich. Ab einem Volumenstrom > 1,0 µl/min zeigt sich ein Ansteigen der Lagertemperatur zunächst in den Loslagern deutlicher als in den Festlagern. Mit steigendem Volumenstrom nimmt auch die Verlagerung des TCP deutlich zu. Bei einem Volumenstrom von ca. 3,5 µl/min zeigen sich im Vergleich zum Ausgangsniveau eine um bis zu 7,5 K überhöhte Temperatur und eine Wellenverlagerung von ca. 16 µm, während die Verlagerung im Beharrungszustand ca. 8 µm beträgt. Das Temperaturverhalten korreliert mit der Verlagerung des TCP, weswegen auf die Darstellung der Verlagerung im Folgenden verzichtet wird. In Bild 7.14 ist das Temperaturverhalten der Spindel in Abhängigkeit von Drehzahl und Schmierstoffvolumenstrom anhand exemplarischer Stufenläufe dargestellt.

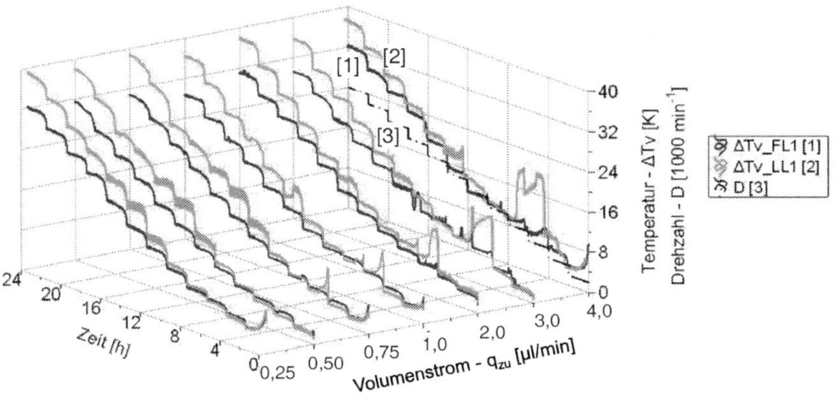

Bild 7.14: Temperaturverhalten im Stufenlauf bei unterschiedlichen Volumenströmen

Temperature behavior at step test and different flow rates

Die Lagertemperatur verläuft stufenförmig analog zur Drehzahl. Bei zunehmender Volumenstromzufuhr bis 1,0 µl/min nimmt die Temperatur zunächst leicht ab und steigt bei höheren Schmierstoffmengen tendenziell wieder an. Im Bereich von Volumenströmen >0,75 µl/min treten an verschiedenen Drehzahlen Temperaturüberhöhungen auf. Diese reichen von ca. $\Delta T_{max} = 2 - 20$ K bei 6000 min^{-1} zu wesentlich kleineren Erhöhungen von $\Delta T_{max} < 2$ K bei 14000 min^{-1}.

Grund dafür ist wie in Kap. 5.2 nachgewiesen die erhöhte Verdrängung des Schmierstoffs. Die Planscharbeitsverluste treten bei niedrigen Drehzahlen bis ca. 14000 min^{-1} stärker auf und sind volumenstromabhängig. Der Zustand ist innerhalb einer Drehzahlstufe nicht konstant, sondern fällt über einer Stufe tendenziell ab. In diesem Spindelaufbau reagieren die Loslager wesentlich empfindlicher auf die Überschmierung als die vorderen Festlager.

Das Temperaturverhalten bestätigt die Untersuchungen in Kapitel 5.2. Das Erhöhen der axialen Last führt zu höheren Drehzahlen, an denen die Temperaturüberhöhung durch Überschmierung auftritt.

Versuche im Prüfstandsbetrieb unter statischer Radiallast

Eine weitere Einflussgröße ist die überlagerte statische Radiallast. Für die Versuchsdurchführung wird die Spindel in Dauerversuchen mit einer konstanten statischen Radiallast beaufschlagt und mit unterschiedlichen Volumenströmen versorgt. Die Radiallast wird auf $F_{rad} = 3500$ N festgelegt und liegt wie in Kapitel 5.2 untersucht im Bereich hoher Zerspanungslasten, die bei Schneideneingriff auftreten können. Die Lagerreaktionskräfte in radialer Richtung betragen am vorderen Festlager ca. 2690 N und am hinteren Loslager ca. -780 N. Somit ist das vordere Lagerpaket deutlich höher belastet.

Der Schmierstoffvolumenstrom wird auf 0,15 – 4,0 µl/min und die Drehzahl auf den relevanten Bereich von 0 - 14000 min^{-1} begrenzt (Bild 7.15).

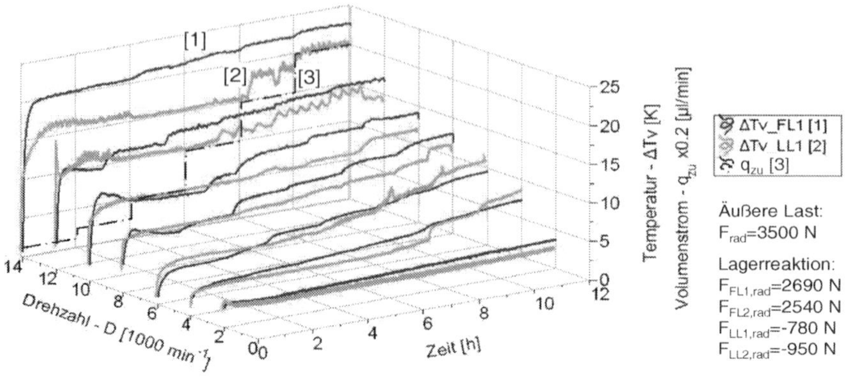

Bild 7.15: Temperaturverlauf bei konstanter Radiallast, unterschiedlichen Drehzahlen und Volumenströmen

Temperature behavior at constant radial load, different rotational speeds and flow rates

Die Ergebnisse der Versuche unter Radiallast zeigen ein ähnliches Verhalten wie bei den Versuchen im Leerlauf. Durch die überlagerte Radiallast liegen die vorderen Festlagertemperaturen über denen der Leerlaufversuche. Die Überschmierung führt zu einer nicht kontinuierlich überhöhten Temperatur. Ab Volumenströmen von $q_{zu} > 1$ µl/min treten erhöhte Planscharbeitsverluste auf, die mit dem Schmierstoffvolumenstrom ansteigen und infolge der Radiallast bei niedrigeren Drehzahlen ab 4000 min^{-1} beginnen. Bei 6000, 12000 und 14000 min^{-1} ist der Temperaturverlauf zudem unkonstant.

Bei Verwendung von Keramikwälzkörpern, welche infolge geringer Adhäsionsneigung auf Mangelschmierungszustände tolerant reagieren, kann keine Grenze für die minimal notwendige Schmierstoffmenge bestimmt werden.

7.3.2 Einsatz eines druckbeaufschlagten Direktschmierungssystems

Operation of a pressurized direct lubrication system

Das druckbeaufschlagte Direktschmierungssystem bestehend aus dem in Bild 7.6 dargestellten Komponentenaufbau wird an eine Werkzeugmaschinenspindel des Typs Weiss 800065 adaptiert (vgl. Kap. 4.2.2 und Bild 4.8). Für die Integration werden einige Änderungen vorgenommen. Die Spindel wird von einer axialen Schmierstoffversorgung auf eine radiale umgerüstet, die weiterhin von hinten durch den Spindelkörper geleitet wird. Dazu wird die Schmierungszufuhr in dem Grundkörper und der Verschiebebuchse geändert und zusätzlich Gewinde und Bohrungen radial in Höhe der Lager eingebracht. Für die exakte Positionierung der Lager werden in die Lageraußenringe Bohrungen (ø3 mm) erodiert und diese mit Positionierstiften in den Umgebungsbauteilen fixiert (Bild 10.4). Es werden Lager des Typs SPL1 verwendet. Die Kapillaren werden über Klemmhülsen (P-250) mit Adaptern (F-356) [IDEX09] in Gewinden koaxial in einer Lagerschmierstoffbohrung fixiert (Bild 7.16) und gekontert. Die radialen Zuführbohrungen (Öl-Luft- und Direktschmierung) sind in dem Spindelgehäuse um 72° zueinander verdreht (Prüfspin del 800065A siehe Anhang A6). Anschließend wird die Spindel in ein Bearbeitungszentrum BAZ FZ22S eingesetzt.

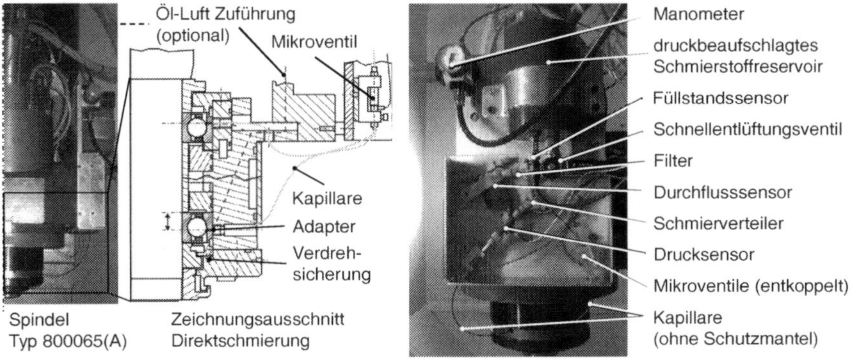

Bild 7.16: Integration der Prüfspindel in einer Werkzeugmaschine

Integration of the test spindle into a machine tool

Im Gegensatz zu den Grundlagenuntersuchungen werden bei dieser Systemkonfiguration die Verbindungskapillaren gekürzt und ein zweiter Drucksensor analog zum Ersten in der anderen Kapillaren eingesetzt. Alternativ wird ein Adapter eingesetzt, der einen gleichen Widerstand und eine gleiche Verzögerung im Zeitverlauf bewirkt. Die Kapillarsystemgeometrien können Tabelle 10.6 Systemkonfiguration 2) Maschineneinsatz entnommen werden. Der Aufbau ist kompakter, die Anstiegszeiten des Volumenstroms sind deutlich schneller und der Volumenstrom deutlich größer. Zudem wird das Direktschmiersystem auf einer Platte aufgebracht und seitlich am Spindelstock über Schwingungsdämpfer montiert. Die Ventile sind über eine Federaufnahme an der Platte zusätzlich schwingungsentkoppelt aufgenommen (Bild 7.16).

Für die Untersuchung bei unterschiedlichen Volumenströmen werden die Verläufe von Druck und Volumenstrom aufgezeichnet und der Volumenstrombereich von 0,13 - 2,0 µl/min eingestellt. Die Taktfrequenz wird mit $t_T = 0{,}2$ Hz festgelegt und die Öffnungszeit bzw. der Eingangsdruck entsprechend angepasst. Bei paralleler Ansteuerung der Ventile und gleichem fluidischen Widerstand beider Leitungen wird der geförderte Volumenstrom auf beide Lager in gleichem Verhältnis aufgeteilt (Bild 7.17).

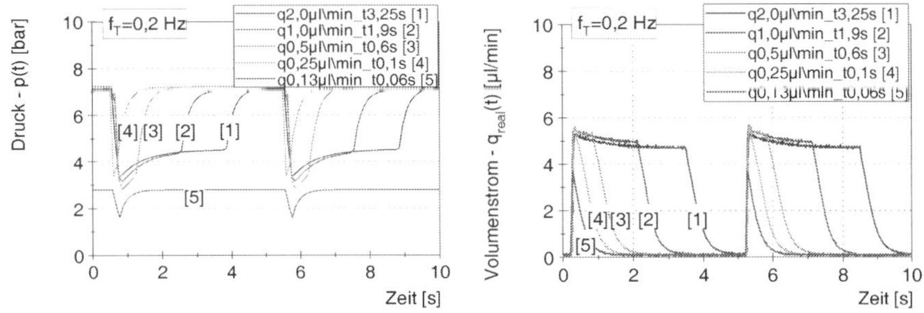

Bild 7.17: Verlauf von Druck und Volumenstrom bei unterschiedlicher Volumenstromzufuhr

Pressure and flow profile at different flow rates

Das Temperaturverhalten über den Stufenläufen bei verschiedenen Schmierstoffvolumenströmen zeigt Bild 7.18. Die Lagertemperaturen verlaufen ähnlich wie bei den vorherigen Versuchen. Erhöhte Temperaturen liegen auch hier in dem Bereich von 4000 - 14000 min^{-1} mit $\Delta T_{max} = 2 - 15$ K oberhalb des Referenzverlaufs. Im höheren Drehzahlbereich ist die Abweichung als gering einzuschätzen.

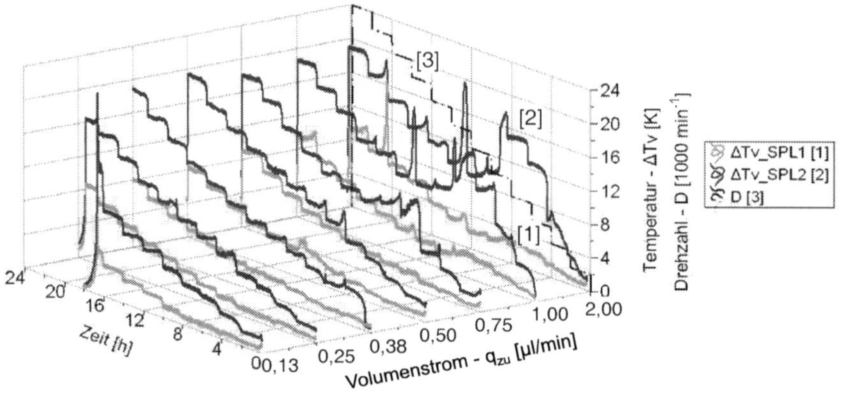

Bild 7.18: Temperaturverhalten beim Stufenlauf mit verschiedenen Volumenströmen

Temperature profile at step test and different flow rates

Durch die Konstruktion der Spindel und der vertikalen Einbauposition führt eine Übermenge Schmierstoff zu einer stärkeren Beeinflussung des oberen Lagers (SPL2), da der Schmierstoff auf Grund der Schwerkraft in das Lager hineinläuft. Beim unteren Lager kann der Schmierstoff der Schwerkraft folgend aus dem Außenring in die Leckageleitung abfließen.

7.3.3 Vergleich von Direktschmierung und Öl-Luft-Schmierung

Comparison of a pressurized direct and oil-air-lubrication system

Den Vergleich des Temperaturverhaltens von Direkt- und Öl-Luft-Schmierung im Stufenlauf zeigt Bild 7.19.

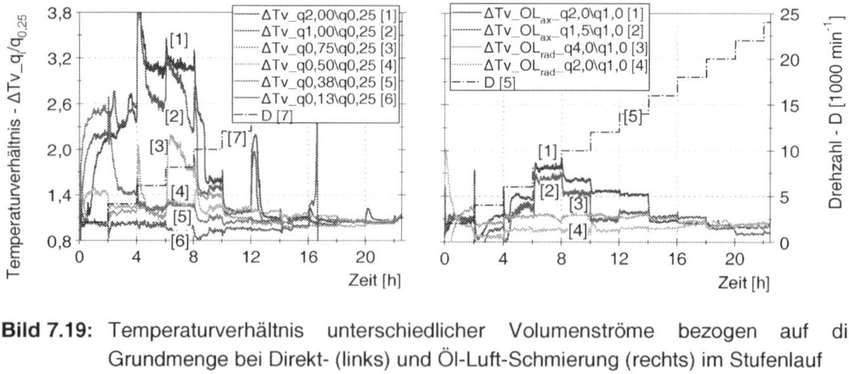

Bild 7.19: Temperaturverhältnis unterschiedlicher Volumenströme bezogen auf die Grundmenge bei Direkt- (links) und Öl-Luft-Schmierung (rechts) im Stufenlauf

Temperature ratio at different flow rates compared to the minimum flow at direct (left) and oil air lubrication (right) at step test run

Den signifikanten Effekt der Überschmierung zeigen die Verhältnisse der auf den Verlauf bei 0,25 µl/h bezogenen Temperaturen für SPL2 in Bild 7.19 (links). Bei geringen Volumenströmen [5, 6] ist keine Überhöhung zu erkennen, während ab 0,75 µl/min [1 - 4] bis zu viermal so hohe Temperaturen erreicht werden. Die Verhältnisse steigen mit zunehmendem Volumenstrom an. In Bild 7.19, rechts sind exemplarisch die Temperaturverhältnisse für die Volumenströme bei Öl-Luft-Schmierung für 1,0 - 4,0 µl/min bezogen auf die $\Delta T_{q=1,0\ \mu l/min}$ im Stufenlauf dargestellt. Dabei zeigen sich bei axialer Zuschmierung deutlich höhere Temperaturüberhöhungen als bei radialer.

Im Vergleich zur Direktschmierung zeigen sich bei der Öl-Luft-Schmierung nur marginale Überhöhungen von $\Delta T_{max} < 2$ K. Die Temperaturen verbleiben über der Drehzahl nahezu auf dem gleichen Niveau. Die absoluten Temperaturwerte sind mit denen der Direktschmierung bei geringen Volumenströmen vergleichbar, weswegen eine Kühlwirkung durch den Luftstrom nicht nachgewiesen werden kann.

Durch die Druckluftunterstützung bei der Öl-Luft-Schmierung wird nur ein Teil des zugeführten Schmierstoffvolumens in den Wälzkontakt eingebracht und ein Teil des überschüssigen Schmierstoffs aus dem Lager befördert. Die Einflüsse infolge überhöhter Schmierstoffvolumenströme gerade im niedrigen Drehzahlbereich treten erst bei höheren Volumenströmen auf. Unterschiede von radialer und axialer Schmierstoffzufuhr ergeben sich durch einer geringeren Anfälligkeit bei einer radialen Schmierstoffversorgung.

Der Geräuschpegel steigt beim Betrieb ohne Sperrluft über die Drehzahlen von 0 - 24000 min^{-1} von 46 auf 52 dB(A) an. Lediglich an der Leckagebohrung und direktem Zugang zur Luftdrucksäule ist eine geringfügige Erhöhung um 3 dB(A) im Stillstand (bei axialer Öl-Luft-Schmierung) zu messen. Die Direktschmierung besitzt wie die radiale Öl-Luft-Schmierung einen zu vernachlässigenden Einfluss auf den Geräuschpegel.

Der Maschinenbetrieb selbst besitzt keine Auswirkungen auf die zugeführten Volumenströme. Sowohl das Verfahren bei unterschiedlichen Beschleunigungen, als auch schnelle Positionswechsel der Spindel zeigen keinen Einfluss auf die vorgegebenen Druck- und Volumenstromverläufe.

7.4 Einfluss der Direktschmierung auf die Bearbeitungseigenschaften

Influence of the direct lubrication onto the operational behavior

Die Bearbeitungseigenschaften der Spindel hängen von den statischen und dynamischen Eigenschaften der einzelnen Strukturelemente ab. Relevant sind Steifigkeit und Dämpfung, die sich aus den Strukturelementen selbst und deren Anbindung ergeben und über Mehrkörpersimulationen abgebildet werden [Teut05]. Für Lagerstellen werden die Ansätze der Strukturdynamik für die Komponenten und der EHD-Theorie für den Schmierfilm herangezogen. Die Schmierfilmhöhe hat durch die Schmierstoffdämpfung einen Einfluss auf das Systemverhalten. Nach [Wijn99] können für den Zustand trocken gegenüber geschmiert deutliche Unterschiede in der Nachgiebigkeit nachgewiesen werden, die sich aus der Druckwinkeländerung ergeben. Bei unterschiedlichen Schmierstoffmengen und tragendem Schmierfilm sind dagegen nur marginale Unterschiede auf das dynamische Verhalten zu erwarten.

Die Untersuchung der direktgeschmierten Werkzeugmaschinenspindel wird exemplarisch nur für das drucklose System im Feldversuch durchgeführt. Zur Felderprobung wird die direktgeschmierte Hauptspindel des Typs HCS260 in eine Werkzeugmaschine des Typs Octahedral Hexapod HOH 600 mit Parallelkinematik eingebaut (Bild 7.20). Die Prüfspindel ist durch eine Adapterhülse (aus Aluminium) in der Werkzeugmaschine aufgenommen.

Auf der Rückseite der Spindel sind deren Versorgungssysteme mit den Zuleitungen der Werkzeugmaschine über eine Energieführungskette verbunden. Zusätzlich zum Prüfstandsaufbau werden neben den Temperatur- und Verlagerungswerten für die Überwachung der Lagerzustände auch zwei hochfrequent abtastende Beschleunigungssensoren ($f_{max} = 25$ kHz) am vorderen Festlager 1 in axialer und radialer Richtung an der Spindel appliziert. Die Erfassung der Messdaten erfolgt über ein National Instruments System mittels LabView [NATI11].

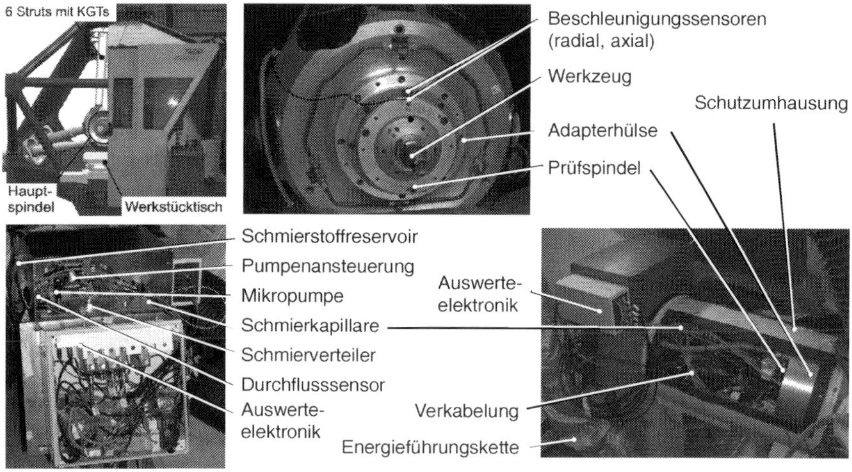

Bild 7.20: Integration der Prüfspindel GMN HCS260 in den Hexapod HOH600
Integration of the test spindle GMN HCS260 into the Hexapod HOH600

Um eine möglichst elektromagnetische verträgliche(EMV)-Datenübertragung zum Messrechner sicherzustellen, werden die Daten umgewandelt und in digitaler Form über Lichtwellenleiter übertragen. In den Versuchen wird zunächst der Einfluss des Schmierungszustands auf den Nachgiebigkeitsfrequenzgang untersucht. Mit einem Werkzeug-Dummy wird der Nachgiebigkeitsfrequenzgang bei den Drehzahlen $D_0 = 0$, 12000 und 24000 min^{-1} sowie den unterschiedlichen Volumenströmen von 0,8 und 5 µl/min aufgenommen. Für die Durchführung der Versuche unter Drehzahl wird ein Werkzeug mit einer Auskraglänge von $l_A = 165$ mm bei einem Durchmesser von 20 mm verwendet, um die werkzeugseitigen Einflussfaktoren gering zu halten (Bild 7.21). In den Nachgiebigkeitsfrequenzgängen ist nur ein geringer Unterschied zwischen den verschiedenen Volumenströmen im Dämpfungsverhalten der Spindel zu erkennen. Die Verschiebung durch den Drehzahleffekt (Änderung des Druckwinkels in der Lagerung → Steifigkeitserhöhung in radialer Richtung und Verschiebung der Resonanzstellen zu niedrigeren Frequenzen) hat einen weitaus höheren Einfluss als der Effekt durch die unterschiedlichen Volumenströme.

Für die Untersuchung der Prüfspindel innerhalb eines Zerspanungsprozesses wird ein Aluminium(EN-AW 7075-T6)-Testblock auf eine horizontale Tischaufnahme aufgespannt und bei horizontaler Lage der Prüfspindel Nuten in diesen gefräst. Während der Versuchsdurchführung wurden beim Einsatz verschiedener Werkzeuge die Spantiefen (a_p) und Volumenströme variiert und der Schwingungszustand der Spindel untersucht.

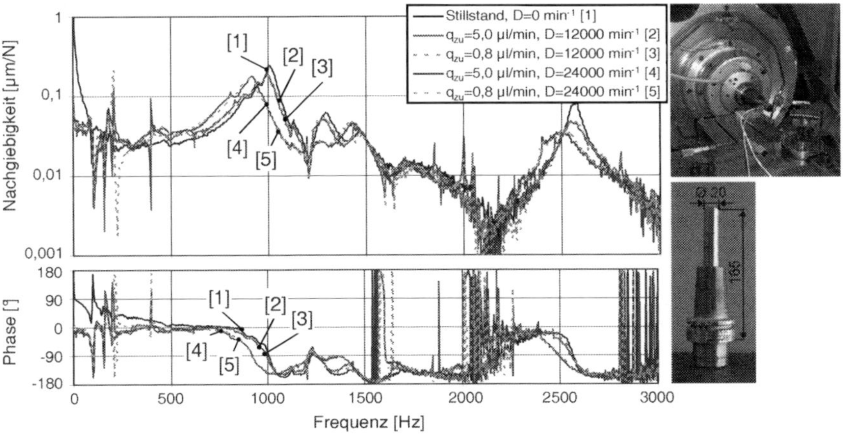

Bild 7.21: Vergleich der Nachgiebigkeitsfrequenzgänge bei unterschiedlicher Schmierstoffmengenzufuhr

Comparison of the frequency response functions at different rotational speeds and flow rates

Dazu werden die Sensordaten erfasst und im Zeitbereich aufgezeichnet. Um die Einflüsse geeignet analysieren zu können, sind die Signale mittels Fast Fourier Transformation (FFT) in den Frequenzbereich übertragen worden. In der untenstehenden Tabelle sind die wichtigsten Kenngrößen der Versuchsspindel bzw. die Versuchsparameter zusammengefasst und die Messdatenanalyse dargestellt (Bild 7.22).

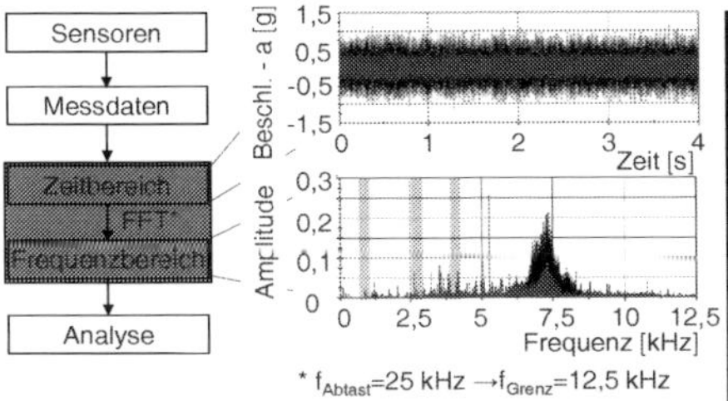

Berechnungsformeln:

$$f_{bpor} = \frac{Z_W}{2} \frac{D_{Spindel}}{60} \left(1 - \frac{D_W}{T} \cos(\alpha_0)\right)$$

$$f_{bpir} = \frac{Z_W}{2} \frac{D_{Spindel}}{60} \left(1 + \frac{D_W}{T} \cos(\alpha_0)\right)$$

$$f_S = \frac{D_{Spindel}}{60} z$$

Formelzeichen	Wert	Einheit	Größe/Beschreibung
T	90	mm	Teilkreisdurchmesser
D_w	11,6	mm	Wälzkörperdurchmesser
Z_w	21		Wälzkörperanzahl
α_0	17	°	Nenndruckwinkel
z	2		Schneidenanzahl
$D_{Spindel}$	18000	1/min	Spindeldrehzahl
a_p	3, 5, 7	mm	Schnitttiefe
q_{zu}	1, 3, 4	µl/min	Volumenstromzufuhr
f_D	300	Hz	Drehfrequenz
$f_{1,2,3}$	-	Hz	Harmonische von f_D
f_{bpor}	2760	Hz	Überrollfrequenz am AR
f_{bpir}	3540	Hz	Überrollfrequenz am IR
f_S	600	Hz	Schneideneingriffsfrequenz

Bild 7.22: Ausgewählte Parameter und relevante Frequenzen im Fräsprozess

Chosen parameters and relevant frequencies of the machining process

Um den Einfluss der Schnitttiefe zu analysieren, wurden bei konstanten Parametern und einer Drehfrequenz von $f_{Dreh} = 300$ Hz ($D_{Spindel} = 18000$ min^{-1}) mit unterschiedlichen Schnitttiefen ($a_p = 3, 5, 7$ mm) Nuten gefräst. Im Vergleich der Frequenzspektren bei unterschiedlichen Schnitttiefen wird ersichtlich, dass mit zunehmender Schnitttiefe die Amplituden bei den Vielfachen (f_1, f_2, f_3) der Drehfrequenz deutlich ansteigen. Im höheren Frequenzbereich tritt an den Überrollfrequenzen f_{bpor} und f_{bpir} eine starke Amplitudenerhöhung auf, die absolut unterhalb der Erhöhungen an den Vielfachen der Drehfrequenz liegt (Bild 7.23).

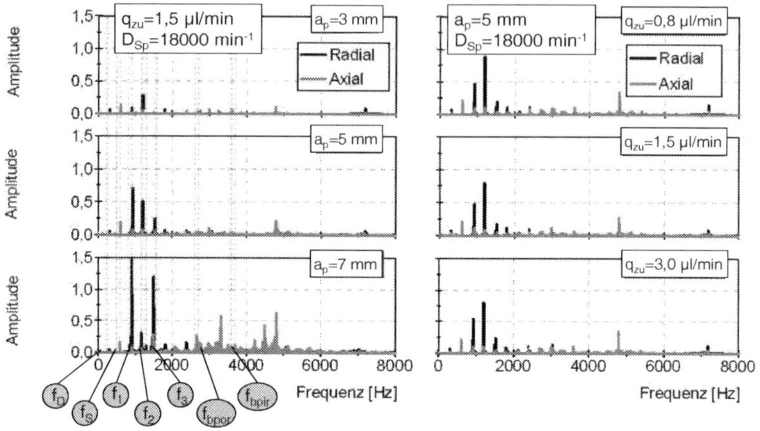

Bild 7.23: Frequenzspektren im Zerspanungsprozess bei verschiedenen Schnitttiefen und Schmierstoffvolumenströmen

Amplitudes at machining at different cutting depths and flow rates

Da die Ergebnisse bei gleicher Drehzahl miteinander verglichen wurden, soll an dieser Stelle die Änderung des Druckwinkels unter Drehzahl kurz betrachtet werden. Durch die Fliehkräfte ändert sich der Druckwinkel bei $D = 18000$ min^{-1} von $\alpha_0 = 17°$ auf $\alpha_{AR} = 18{,}6°$ und $\alpha_{IR} = 13{,}6°$. Somit verschieben sich die Frequenzen nur gering zu $f_{bpor} = 2755$ Hz und $f_{bpir} = 3534$ Hz.

Bei der Analyse des Volumenstromeinflusses können bei den relevanten Frequenzen keine merklichen Veränderungen im Frequenzspektrum festgestellt werden. Daher kann davon ausgegangen werden, dass Volumenströme oberhalb der minimal notwendigen Menge keinen Einfluss auf das dynamische Verhalten der Werkzeugmaschinenspindel besitzen.

Die Analyse des Frequenzspektrums zeigt keine eindeutige Abhängigkeit der Schwingungsamplituden von dem zugeführten Volumenstrom. Im Bereich der Überrollfrequenzen kann kein Trend festgestellt werden. Die Ratterneigung änderte sich durch die verschiedenen Volumenströme bei den Versuchen nicht. Der Einfluss der Werkzeuggeometrie ist stärker ausgeprägt. Bei den angegebenen Versuchsparametern trat bei einer konstanten Volumenstromzufuhr von $q_{zu} = 0{,}8$ µl/min ab der Schnitttiefe von $a_p = 5{,}0$ mm Rattern auf. In Versuchen bei konstanter Schnitttiefe und variabler Volumenstromzufuhr konnte kein Einfluss auf die Ratterneigung festgestellt werden. Es wird daher davon ausgegangen, dass das Auftreten von Rattern durch eine erhöhte Schmierstoffzufuhr durch das bestehende System nicht beeinflusst werden kann (Bild 7.24).

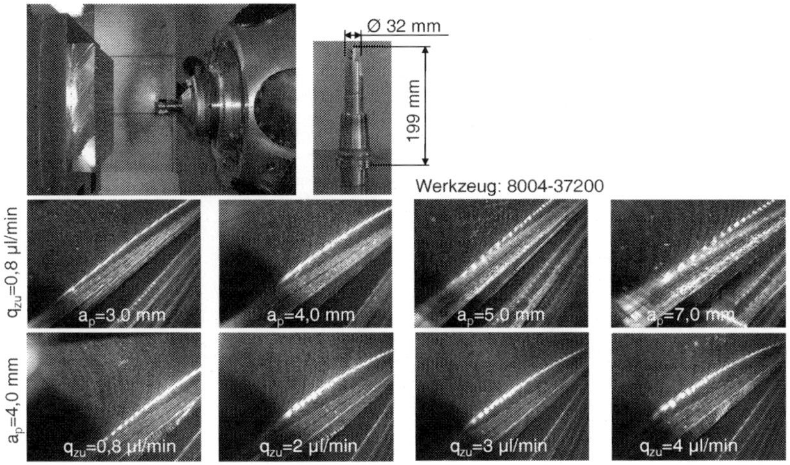

Bild 7.24: Detailansicht der Rattermarken bei unterschiedlichen Schnitttiefen und Volumenströmen

Details of chatter marks at different cutting depths and flow rates

7.5 Fazit der Untersuchungen

Conclusion of the analysis

In den Grundlagenversuchen der Direktschmierung konnte nachgewiesen werden, dass sich bei einer Änderung des Sollwerts auch direkt ohne Totzeit ein geänderter Volumenstrom einstellt. Mittels der ausgelegten Geometrien sind Volumenströme von 0,13 - 5,0 µl/min reproduzierbar und hochgenau einstellbar. Die Zufuhr erfolgt dabei kontinuierlicht bzw. getaktet.

Bei dem drucklos arbeitenden Direktschmierungssystem erfolgt die Schmierstoffförderung mittels Mikropumpe, die den Volumenstrom durch ein Bypass-System aufteilt. Die Förderung muss zumindest quasi kontinuierlich erfolgen und Pausenzeiten entsprechend gering gehalten werden (hier Pausenzeit bis zu 38 s). Druckänderungen im Betrieb bspw. bei räumlichen Spindelbewegungen (geodätischer Höhenunterschied) oder bereits der Luftwirbel um das Lager, führen zu Änderungen innerhalb des zugeführten Volumenstroms.

Das druckbeaufschlagte Direktschmierungssystem mittels Mikroventil bleibt aufgrund des hohen Vordrucks von Betriebsdruckänderungen unbeeinflusst. Durch das Prinzip von einem Ventil pro Lagerstelle können die Schmierstoffvolumenströme einzeln eingestellt und anhand entsprechend kleiner Kapillarquerschnitte der Fluidwiderstand bestimmt und die Taktungsfrequenz hoch gehalten werden >0,2 Hz. Eine Überwachung ist durch Verwendung eines Volumenstrom- und eines Drucksensors möglich.

In den Leerlauf- und Radiallastversuchen konnte nachgewiesen werden, dass die Zuschmierung reproduzierbar und mit hoher Genauigkeit erfolgt, sowohl bei reiner Axiallast als auch bei niedriger und hoher Radiallast. Im Bereich niedriger Drehzahlen kann die Zuschmierung mit geringen Volumenströmen ausreichend sichergestellt werden. Die empfohlenen Mengen lagen dabei für Stahl- und Hybridlager im Bereich von $0{,}2 < q_{zu} < 0{,}5$ µl/min. Überschmierungen haben temporäre Temperatur-, Antriebsmoment- oder Verlagerungssprünge zur Folge und reduzieren somit die Bearbeitungsgenauigkeit. Ab einer Drehzahl von ca. 14000 min^{-1} wird der vorhandene Schmierstoff aus der Laufspur in kleinen Tröpfchen über die Luft aus dem Lager ausgetragen. Oberhalb dieser Drehzahl konnten keine Effekte durch Überschmierung bis 4,0 µl/min nachgewiesen werden. Aufgrund der höheren Gefahr von Mangelschmierungszuständen sollte die Volumenstromzufuhr oberhalb dieser Drehzahl erhöht werden.

Die exemplarischen Zerspanungsversuche zeigen, dass eine ausreichende Schmierstoffversorgung gewährleistet werden kann. Durch die geringere Volumenstromzufuhr respektive Änderung der Schmierfilmhöhe, wie in Kapitel 5.2 nachgewiesen, waren keine Änderungen im Verhalten von Nachgiebigkeitsfrequenzgang, Amplitudengang oder Ratterneigung (dynamische Eigenschaften) feststellbar.

Der Wegfall der Druckluft zum Transport und die Reduktion der Schmierstoffmengen sparen erhebliche Betriebskosten ein. Zudem ermöglicht die Direktschmierung bei Spindel- oder Maschinenstillstand das Abschalten des Schmiersystems ohne eine Vorlaufzeit vor dem Spindeleinsatz zu benötigen. Innerhalb dieser Nebenzeiten, die bis zu 30 % der Betriebszeit betragen [AWK11], können die Schmierstoffzufuhr abgestellt und weitere Energie- und Betriebskosten eingespart werden. Der Einsatz einer Bürstendichtung [Gebe08] bietet weiteres Potenzial den Druckluftverbrauch zu reduzieren.

In Tabelle 7.1 sind die wichtigsten Eigenschaften von Öl-Luft-Schmierung und Öl-Direktschmierung miteinander verglichen.

Tabelle 7.1: Eigenschaftsvergleich der Öl-Luft- und Direkt-Schmierungssysteme

Comparison of the oil air and direct lubrication systems

Eigenschaftsvergleich		**Öl-Luft-Schmierung (Referenz)**	**Direktschmierung (drucklos)**	**Direktschmierung (druckbeaufschlagt)**
Volumenstromzufuhr (Spindel)		im Betrieb mit Totzeit veränderbar	geringste Mengen definiert einstellbar (ca. Faktor 20 genauer)	
Volumenstromzufuhr (pro Lager)		im Betrieb nicht veränderlich	konstantes Verhältnis	Menge pro Lager einstellbar
Dosiergenauigkeit		gering	hoch	sehr hoch
Volumenstromänderung		keine zeitnahe Anpassung möglich	zeitnahe Anpassung möglich	zeitnahe Anpassung möglich
Volumenstromzufuhr		kontinuierlich	kontinuierlich, getaktet	getaktet (höhere Frequenz)
empfohlener Schmierstoffvolumenstrom	< 14000 min^{-1}	$1{,}0 < q_{zu} < 2{,}0$ µl/min	$0{,}2 < q_{zu} < 0{,}5$ µl/min	$0{,}2 < q_{zu} < 0{,}5$ µl/min
	> 14000 min^{-1}	$2{,}0 < q_{zu} < 4{,}0$ µl/min	$0{,}4 < q_{zu} < 4{,}0$ µl/min	$0{,}4 < q_{zu} < 4{,}0$ µl/min
Anfälligkeit zur Überschmierung		mittel	hoch	hoch
Kosten (Anschaffung/Betrieb)		mittel/hoch	niedrig/mittel	hoch/mittel
Ressourceneffizienz		gering	mittel	hoch

Es konnten weitere Verbesserungsmöglichkeiten für den konstruktiven Aufbau der Direktschmierung identifiziert werden. Diese sind ein kompakterer Systemaufbau, das Einstellen des Vordrucks über ein Druckregelventil, der Einsatz eines leichteren Membranspeichers, der Aufbau einer peak-and-hold-Ansteuerung über eine geeignete Schnittstelle, um die Ventilöffnungszeiten adaptiv zu gestalten, ggf. das Entfernen des Volumenstromsensors und eine Überwachung durch Kennwertvergleich von Druck oder Volumenstrom. Das Verwenden einer separaten Druckluftzufuhr bietet die Möglichkeit zusätzlich Schmierstoff aus dem Lager zu fördern, um bestehende Überschmierungszustände zu reduzieren.

8 Zusammenfassung und Ausblick

Die Leistungsfähigkeit einer Werkzeugmaschine hängt entscheidend von der Zuverlässigkeit und Wirtschaftlichkeit ihrer einzelnen Komponenten ab. Zentrale Komponenten sind die Lager der Hauptspindel, deren Betrieb durch auftretende Mangel- und Überschmierungszustände gekennzeichnet ist. Die vorliegende Arbeit zeigt daher Möglichkeiten für das tribologische System Spindellager auf, Mangelschmierungseigenschaften zu verbessern und das Auftreten von Überschmierungszuständen zu vermeiden.

Das Kapitel Stand der Technik stellt das Tribosystem Spindellager, seine Betriebsbedingungen und Ausfallursachen, die Grundlagen der Schmierungstechnik sowie der Beschichtungstechnologie für Wälzlagerkomponenten vor. Im Vorfeld der experimentellen Erprobung wurde in Kapitel 4 auf den Aufbau eines Lagerprüfstands zur kapazitiven Messung der Schmierfilmhöhen sowie der weiteren Prüfstände, Versuchsspindel, Versuchskomponenten und -bedingungen eingegangen.

Auf der Basis von in der Zerspanung gemessenen Lasten erfolgten die Analyse der Betriebsbedingungen im Spindellager und die Auswahl der Belastungen für die experimentellen Erprobungen. Prüfstandsuntersuchungen ergaben, dass sich ein Überangebot an Schmierstoff sowohl auf die Schmierfilmhöhe, als auch auf die drehzahl- und lastabhängigen Planscharbeitsverluste auswirkt. Diese führten zu einer starken Wärmeentwicklung, zu thermischer Dehnung und somit zu einem Verlust der Bearbeitungsgenauigkeit der Spindel. Der Betrieb im Mangelschmierungszustand hat im Gegensatz dazu früher oder später einen Ausfall des Spindellagers zur Folge.

Kapitel 6 betrachtet daher die Möglichkeit zur Verbesserung der Mangelschmierungseigenschaften. Grundlage bot die simulative Abbildung des Spannungsverlaufs in einem Wälzkontakt bei der Grenzbelastung von 2000 MPa. Unter Einbeziehung der zentralen Einflussgrößen der Materialeigenschaften, der überlagerten Bohrbewegung sowie der Mikrokontaktgeometrie wurden die Spannungsänderungen im oberflächennahen Bereich analysiert. Als dominanter Einfluss stellte sich die Oberflächenrauigkeit heraus. Die Überlagerung der einzelnen Belastungsanteile kann zum Überschreiten versagenskritischer Grenzwerte in Oberflächennähe führen. Den Ansatz zur Eigenschaftsverbesserung bot die Beschichtung der Lagerkomponenten. Anhand aktueller Forschungsergebnisse wurden drei Beschichtungssysteme ausgewählt, die sich in der Schichtart (a-C:H:W und CrAlN), dem Aufbau (homogen und gradiert) sowie dem Abscheideverfahren (DC- und Pulstechnologie) unterscheiden. Das Verschleißverhalten im niedrig- bis hochbelasteten Wälzkontakt wurde mittels Triboscheiben als Analogiekörper zum Innenring untersucht. Kritische Hertzsche Pressungen lagen bei den beschichteten Triboscheiben in Abhängigkeit des Schmiermittels im Bereich von 1500 bis 2250 MPa vor.

Anschließend erfolgte die Prozessanpassung auf das Spindellager mit der systematischen Änderung der Energiezufuhr einer amorphen Kohlenwasserstoffschicht im DC-Verfahren und die Untersuchung der beschichteten Spindellager. Durch die Prozessanpassungen konnte das Abscheiden einer tragfähigen, reproduzierbaren a-C:H:W_{DC}-Beschichtung auf Spindellager nicht erreicht werden. Als zentrales Kriterium der Verschleißfestigkeit stellte sich durch Korrelation der geometrischen und materialspezifischen Änderungen mit dem Lauf- und Verschleißverhalten die in der Laufspur gemessene Haftfestigkeit heraus.

Die Anwendung eines gepulsten Abscheidungsprozesses führte zu einer vernachlässigbaren geometrische Abweichung sowie einer ausreichenden Haftfestigkeit. Es zeigte sich im Vergleich zur unbeschichteten Referenz ein geringfügig besseres Laufverhalten. Die beschichteten Spindellager wiesen bis zu Hertzschen Pressungen von 2500 MPa keinen Verschleiß auf. Bei Verwendung eines mit abrasiven Partikeln kontaminierten Schmierstoffs setzte ein Verschleiß bei Pressungen > 2000 MPa ein. Dieser erfolgte zunächst, wie simuliert, an den höher belasteten Oberflächenrauheitsspitzen. Der Verschleiß verlief innerhalb der Beschichtung und führte durch zunehmende Belastung und Überrollung zu einem kompletten Schichtverschleiß über dem gesamten Lagerringumfang. Ein Vorteil durch die a-C:H:W_{Puls}-Beschichtung lag bei hoher Partikelfreiheit des Schmierstoffs vor. Der Trockenlauf im absoluten Mangelschmierungszustand wies eine Steigerung der Laufzeit durch die Beschichtung nach.

Bei der CrAlN-Beschichtung zeigte sich das Laufverhalten deutlich verbessert. Dabei konnten bei mittlerer Pressung von 1400 MPa geringere Temperaturen um bis zu 10 K erreicht bzw. bei gleicher Temperatur bis zu 5000 min^{-1} höhere Drehzahlen gefahren werden. Bis zu einer Pressung von 2000 MPa war kein Verschleiß nachweisbar. Bei den Prüfstandsuntersuchungen zeigte sich ein starker Additiveinfluss, so dass der unadditivierte, partikelfreie Ester zu einer vollständigen Delamination führte, der additivierte, partikelbehaftete Schmierstoff hingegen nur lokalen Schichtverschleiß verursachte. Im Trockenlauf erreichte das beschichtete Lager eine signifikant längere Laufzeit. Die Anzahl der ertragbaren Überrollungen ist Faktor 3,35-mal so hoch, allerdings zeigte der Schichtwerkstoff aufgrund der hohen Temperaturen nach dem Ausfall ein Aufschmelzen über der gesamten Innenringlaufbahn. Die Endanwendung im Feld bei Zerspanung und wirkenden lokalen Spitzenpressungen von 2225 MPa erbrachte keine Verschleißerscheinungen an den beschichteten Lagern. Die Beschichtung wies deutliche Vorteile im Laufverhalten auf, allerdings war das Verschleißverhalten im hochbelasteten Wälzkontakt als geringfügig schlechter zu bewerten.

Kapitel 7 fokussierte auf die Vermeidung von Überschmierungszuständen anhand des Schmierungssystems. Die Auswahl der Prinzipien zur Volumenstromerzeugung fiel auf eine drucklose Zuführung mittels Mikropumpe, zum anderen eine extern druckbeaufschlagte Volumenstromzufuhr mittels Mikroventil. Die Berechnungsgrundlagen für Kapillarströme wurden erarbeitet und zwei verschiedene Direktschmierungssysteme ausgelegt und aufgebaut. Wegen der geringen, geforderten Volumenströme fanden Kapillaren mit einem Durchmesser von 0,13 - 0,25 mm Verwendung. Beide Systeme wurden in eine Prüfspindel integriert und das Betriebsverhalten untersucht. Der Vorteil eines Direktschmierungssystems lag in der Möglichkeit den Schmierstoffvolumenstrom zeitnah anzupassen. Die Grenzen des ersten Systems stellten zum einen Volumenstromschwankungen dar, die durch Änderungen im Druckverhältnis entstanden. Zum anderen erforderte der geringe Volumenstrom eine getaktete Dosierung mit langen Pausenzeiten.

Im Betrieb bestätigte sich, dass der zugeführte Volumenstrom einen entscheidenden Einfluss auf das Temperaturverhalten und die Bearbeitungsgenauigkeit der Spindel besaß. Die notwendigen Volumenströme erwiesen sich als drehzahl- und nur gering lastabhängig, so dass zwei Bereiche zu unterscheiden sind. Im niedrigen Drehzahlbereich < 14000 min^{-1} ist eine geringe Schmierstoffmenge zwischen $0{,}2 < q < 0{,}5$ µl/min für ein Lager der Baugröße 7014 zu empfehlen, um eine Überschmierung und übermäßige Planscharbeitsverluste auszuschließen. Im Bereich höherer Drehzahlen > 14000 min^{-1} wurde die Übermenge Schmierstoff durch die Verdrängung und die Luftströmung aus dem Lager herausgetragen, so dass keine Überschmierungszustände nachgewiesen werden konnten. Der zugeführte Volumenstrom sollte somit über 0,5 µl/min erhöht werden, um Mangelschmierungszustände auszuschließen.

Durch Reduktion der zugeführten Schmierstoffmenge von ca. 4,0 auf 0,5 µl/min konnte das Auftreten von Überschmierungszuständen verhindert und die axiale Verlagerung der Werkzeugspitze (TCP) von 12 auf 4 µm minimiert werden. Im Vergleich traten bei der Öl-Luft-Schmierung keine so deutlichen Überschmierungszustände auf, da der transportierte Schmierstoff nur teilweise in den Wälzkontakt eingeleitet und durch die Transportluft zusätzlich ausgetragen wurde. Bei der Direktschmierung konnte neben der Schmierstoffreduktion auf die Druckluft verzichtet und im Stillstand eine deutlich geringere Geräuschbelastung erzielt werden.

Hohes Potential für weitere Verbesserungen bietet die Beschichtung durch Optimierung der Schichteigenschaften hinsichtlich des Verschleißschutzes bei hohen Lasten und der Reproduzierbarkeit. Ausgangspunkt hierzu bietet die separate Entwicklung des Beschichtungsprozesses für den Außen- und Innenring. Die Beschichtung des Käfigs stellt eine weitere Möglichkeit der Lageroptimierung dar.

Der Einsatz eines Direktschmiersystems bietet neben der Applikation in Werkzeugmaschinenspindeln weitere Anwendungsmöglichkeiten, in denen die Förderung geringster Schmierstoffmengen reproduzierbar bei zeitnaher Anpassungsfähigkeit erforderlich ist. Als Beispiele sind der Ultrapräzisionsbereich zu nennen oder Anwendungen bei denen Schmierstoffreservoir und Bauraum begrenzt sind.

Mit Abschluss der Arbeit liegt ein tribologisches System Spindellager vor, das durch die applizierte Beschichtung den Betrieb bei verbesserten Lauf- und Mangelschmierungseigenschaften sowie leicht eingeschränkter Lastaufnahme gestattet. Der Einsatz der entwickelten Direktschmierung vermeidet durch zeitnah anpassungsfähige Volumenströme das Auftreten von Überschmierungszuständen sowie damit einhergehende Planscharbeits- und Genauigkeitsverluste. Der Schmierstoffverbrauch kann um ein Vielfaches gesenkt, auf schmierungsseitige Druckluft verzichtet und somit ein ressourceneffizienterer Betrieb ermöglicht werden.

Summary and Outlook

The productivity of a machine tool depends on the reliability and efficiency of its single components. Central components are the spindle bearings whose operation is classified by conditions of starvation and overlubrication. The aim of this PhD thesis is to elaborate opportunities for the tribological system spindle bearing to improve the performance also at starvation condition and to avoid overlubrication condition.

The state of the art introduces the tribological system, its operating condition and causes for its failures as well as the fundamentals of lubrication technique and coating technology for bearing components. In preparation of the experimental analysis the design of a single bearing test bench for the analysis of the lubrication film thickness as well as further used test benches, test spindle, specimen and test program are presented in chapter 4.

On the basis of measured loads while machining the operating conditions in the spindle bearing were analysed and the loads for the experimental analysis were chosen. Investigations proved that a surplus of lubricant increases the lubrication film thickness as well as the speed and load dependent effort of suppression. The result is increased heating, thermal expansion and a loss of machining accuracy. In contrast to that an operation in starvation condition causes a failure of the spindle bearing sooner or later.

In chapter 6 the opportunities of an improvement of the operating characters at starvation condition are focused upon. The basis was the simulative rolling contact analysis of transfer of the equivalent stresses at a limit of 2000 MPa. Regarding the central influences of material properties, interfering spin motion and micro contact geometry the equivalent stress in the subsurface was analyzed. As dominant influence the surface roughness was proven. In addition to the single influences the tolerable load limit can be exceeded. The selected option to improve the performance was the coating of bearing components. Regarding actual research results three different coating systems were chosen, which differ in coating type (a-C:H:W and CrAlN), design (homogeneous and graded) as well as in the deposition technique (DC and pulse technology). The wear behavior at low and high loaded rolling contacts was evaluated at tribo discs which are components analogous to the inner ring. Critical Hertzian stress of the coated tribo discs depend on the lubricants in use and law between 1500 and 2250 MPa. Later the coating process was adapted to the spindle bearing by systematic change of energy supply at an amorphous tungsten carbide coating in DC-technology. The analysis of the coated bearings showed that by process adaption the deposition of a sufficiently stable and reproducible a-C:H:W_{DC}-coating could not be reached. By correlation of geometrical and material changes and running and wear behavior the adhesion strength measured in the running track was found as a decisive criterion for wear protection.

The application of a pulsed deposition process led to negligible geometric deviation and sufficient adhesion. In comparison to an uncoated system an improved running behavior was obvious. Until Hertzian stresses of 2500 MPa no wear could be detected. By use of a particle contaminated lubricant wear occured at stresses > 2000 MPa, starting like simulated at the highest contact stresses in the peaks. The wear increased with higher loads and number of revolution from the surface to a delamination of the complete coating over the whole ring. An advantage of the a-C:H:W_{Pulse}-coating could be proven at particle free condition.

A CrAlN-coated bearing showed a considerably better performance. At Hertzian stresses around 1400 MPa a temperature reduction minus 10 K or even higher speeds of plus 5000 rpm at the same temperature could be reached. Until Hertzian stresses of 2000 MPa no wear could be detected. At the test bench results a strong influence of additives was obvious. The additive-free and filtered ester caused a complete delamination while the lubricant containing the additives and contaminated with particles led to few locally limited inner coating wear. At starvation condition the coated bearing endured a significantly longer time. The number of rolling events is factor 3,35 times higher, but the coating shows a melting process along the whole circumference due to extremely increased temperatures. Tests in field use at machining and local Hertzian stresses up to 2225 MPa showed no wear at the bearing rings at all. The coating had significant improves regarding running behavior by an increased wear at high Hertzian stresses.

Chapter 7 focuses on the avoidance of overlubrication condition by the lubrication system. Two principles of flow generation were chosen: a pressureless micro pump system and an externally pressurized micro valve system. Basic calculations for flow generation in capillaries were evaluated and two different direct lubrication systems were designed. The required low flows oblige capillaries of an inner diameter of 0,13 - 0,25 mm. Both systems were integrated into a test spindle to analyse their calculated performance in field use. The advantage of direct lubrication is the opportunity of flow adaption without delay. The limits of the pressureless system are volumetric changes caused by pressure relation. Additionally, the low flow rates required a cyclic flow with long pause times.

Field use made apparent that the flow has got a significant influence onto the temperature profile and machining accuracy of spindle units and thus have confirmed the test bench results. The required fluid flow rates showed a strong dependence on speed but a low dependence on load. Two different areas have been distinguished. In the lower speed range < 14000 rpm a flow rate of $0,2 < q < 0,5$ µl/min for a bearing type 7014 is appropriate to exclude overlubrication and increased windage losses. In the range of higher speeds > 14000 rpm higher amounts of lubricant were displaced by air flow and squeezing. Thus no condition of overlubrication could be detected. The flow should therefore be increased > 0,5 µl/min to bar starvation condition. By reducing the fluid flow from 4,0 to 0,5 µl/min overlubrication condition could be excluded and the axial displacement of the tool centre point (TCP) could be reduced from 12 to 4 µm at the same test condition. In comparison to oil air lubrication the condition of overlubrication tends to be less significant, because just a part of the lubricant gets into the contact zone and additionally the air flow brings out the surplus. At direct lubrication a reduced consumption of oil, a complete dispense of air and a lower noise level can be realized.

The coating by optimization of the wear properties regarding high loads and reproducibility obtain a high potential for further improvements. Focus should be set on the separation of the coating process of the outer und the inner ring. The coating of the cage may be another possibility. Direct lubrication enables further improvements in applications of low fluid flows which have to be real time adaptable supply e.g. in ultra precision machine tools or with restrictions of reservoir or installation space.

As a result of this work, a tribological system spindle bearing, which was improved in its running behavior and at starvation condition at slightly reduced load capacity by coating deposition was prepared. The application of a prototypically implemented direct lubrication reduces overlubrication and windage as well as precision losses by real time adaptable supply. The consumption of lubricant can be reduced to a minimum and the use of compressed air can is rendered unnecessary and therefore an efficient operation can be enabled without a waste of resources.

9 Literatur

References

[Abel06] Abele, E.: Beeinflussbarkeit von Lebenszykluskosten durch Wissensaustausch-Produzieren mit Blick auf die Lebenszykluskosten. In: wt-werkstatttechnik online 96. Jg., 2006, Heft 7/8, S. 447-454

[Abel10] Abele, E.; Altintas, Y.; Brecher, C.: Machine Tool Spindle Units. In: CIRP Annals – Manufacturing Technology, Vol. 59, 2010, No. 2, p. 781-802

[ALTH09] N.N.: Althen GmbH Meß- und Sensortechnik. URL: http://www.althen.de/public/media/PDF_Datenblatt/1a_Druckmesstechnik/de/1a-EPIH-drucksensor-en.pdf?PHPSESSID=2pkdoil83skrv1sds21ip0p790

[ASME11] Chudoba, T.: Fa. ASMEC, Messbericht zur Probenanalyse. 08.07.2011

[AWK05] Brecher, C. et al.: Spitzentechnologie im Werkzeugmaschinenbau – innovativ und bedarfsgerecht. In: Tagungsband zum Aachener Werkzeugmaschinenkolloquium „Wettbewerbsfaktor Produktionstechnik – Aachener Perspektiven". Aachen, 02.-03. Juni 2005. Aachen: Shaker, 2005, S. 351-391

[AWK11] Brecher, C.; Bäumler, S.; Bode, H.; Breitbach, T.; Hansch, S.; Hennes, N.; Prust, D.; Tannert, M.; Thoma, C.; Wagner, P.; Witt, S.; Würz, T.: Ressourceneffizienz im Werkzeugmaschinenbau, Proceedings of Aachener Werkzeugmaschinenkolloquium (AWK) 2011, Brecher, C., Klocke, F., Schmitt, R., Schuh, G. (Hrsg.), Wettbewerbsfaktor Produktionstechnik: Aachener Perspektiven, 2011

[Baly05] Baly, H.: Reibung fettgeschmierter Wälzlager. Diss. Universität Hannover, 2005

[BART10] N.N.: Bartels Mikrotechnik GmbH. URL: https:/bartels-mikrotechnik.de/index.php/german/mp-6-go.html [Stand 24.10.2010]

[Barz96] Barz, M.: Die Schmierfilmbildung in fettgeschmierten schnelllaufenden Spindellagern. Diss. Univ. Hannover, 1996

[Beis07] Beiss, W.: Vorlesungsumdruck zu Werkstoffkunde I, Aachen, 2007

[Bern08] Berns, H.: Eisenwerkstoffe – Stahl und Gusseisen, Berlin, 2008

[Beth92] Bethke, J.: Entwicklung einer praktisch einsetzbaren Messtechnik für die Schmierfilmdicke in Wälzlagern und anderen realen tribologischen Systemen, Diss. Univ. Kaiserslautern, 1992

[BIEL07] N.N.: Bielomatik Leuze GmbH + Co KG. MMS Lagerschmierung (überwacht) BAL 30995090. Bedienungsanleitung, 2007. Firmenschrift

[Bobz06] Bobzin, K.; Lugscheider, E.; Nickel, R.; Immich, P.: $(Cr_{1-x},Al_x)N$ ein Review über ein vielseitig einsetzbares Schichtsystem. In: Mat.-wiss. u. Werkstofftech. 37. Jg., Nr. 10, 2006, S. 833-841

[Bobz07] Bobzin, K.; Gold, P.W.; Nickel, R.; Loos, J.; Bagcivan, N.; Krämer, A.; Plogmann, M.: PVD-Beschichtungen für trockenlaufende Hybridwälzlager. In: Vakuum in Forschung und Praxis 19, 2007, Nr. 2, S. 6-12

[Bobz09a] Bobzin, K.; Bagcivan, N.; Goebbels N.; Yilmaz, K.: The Wettability of DLC Coatings with Ester and Polyalphaolefin, In: Poceedings Friction, Wear and Wear Protection 2008, Wiley-VCH, Weinheim, p. 241-246

[Bobz09b] Bobzin, K.: Einfluss der Schmierstoffbenetzung auf das Triboverhalten PVD-beschichteter Maschinenelemente. Abschlussbericht IGF-Vorhaben-Nr. 15418N

[Bouz08] Bouzakis, K.D.; Asimakopoulos, A.; Bacsiolas, M.: Characterization of fatigue and adhesion properties of a-C:H/CrN coatings on bearing rings by impact tests. In: Surf. Coat. Tech. 202 (24), 2008

[Brae98] Brändlein, J.: Die Wälzlagerpraxis. Mainz: Vereinigte Fachverlage GmbH, 1998

[Bran06] Brand, J.: Dünnschichttechnik – mit Hightechoberflächen zu neuen Produkten. In: Tagungsband Fertigungstechnisches Kolloquium Stuttgart. 20.-21.09.2006

[Brec08] Brecher, C.; Gerlach, G.: Abschlussbericht zum Innonet Projekt „PiezoSpin“ Entwicklung von intelligenten piezokeramischen Aktoren für den Einsatz in Werkzeugmaschinenspindeln. Aachen, 30.04.2008

[Brec09a] Brecher, C.; Gerlach, G.: Einsatzpotential umweltfreundlicher Tribosysteme in Spindellagern bei Anwendung in Werkzeugmaschinenspindeln. Gesellschaft für Tribologie e.V. GFT Tagung, Göttingen, 2009

[Brec09b] Brecher, C.; Gerlach, G.: Performance of DLC-coated spindle ball bearings. In: Friction, Wear and Wear Protection. Weinheim. Wiley-VCH GmbH&Co. KGaA, 2009, p. 560-567

[Brec09c] Brecher, C.; Gerlach, G.: Aufbau und Untersuchung einer direktgeschmierten Werkzeugmaschinenspindel. In: T+S, 56. Jg., Nr. 6, 2009, S. 12-18

[Brec10] Brecher, C.; Hoffmann, A.; Spachtholz, G.; Gerlach, G.: Abschlussbericht Entwicklung schnell laufender, wälzgelagerter Hauptspindeln für Werkzeugmaschinen 2007 - 2008. Forschungsvereinigung Werkzeugmaschinen und Fertigungstechnik e.V. (FWF) Aachen, 2010

[Brec12a] Autorenkollektiv: Brecher, C. (Hrsg.): Effizienzsteigerung von Werkzeugmaschinen durch Optimierung der Technologien zum Komponentenbetrieb – EWOTeK. Aachen: Apprimus, 2012

[Brec12b] Brecher, C.; Gerlach, G.: Testing and Wear Analysis of HNS Spindle Ball Bearings coated with a-C:H:W. In: Tribology Transactions, Vol. 55, 2012, Issue 04, p. 481-490

[Brec12c] Brecher, C.; Gerlach, G.: Abschlussbericht zum Transferprojekt T03 des SFB442 „PVD-beschichtete Spindellager bei Einsatz einer regelbaren Direktschmierung“, RWTH Aachen, 2012

[Brue72] Brüser, P.: Untersuchung über die elastohydrodynamische Schmierfilmdicke bei elliptischen Hertzschen Kontaktflächen. Diss. TU Braunschweig, 1972

[Brue05] Bruenner, C.; Spieß, G.: Überwachte Schmierung, Hochgeschwindigkeitsspindeln mit integriertem Öl-Luft-Schmiersystem. In: Antriebstechnik (2005), Heft 9, 340, S. 68-72

[Bugi09] Bugiel, C.: Tribologisches Verhalten und Tragfähigkeit PVD-beschichteter Zahnflankenkontakte. Diss. RWTH Aachen, 2009

[Butz07] Butz, F.: Lösungen zur Gestaltung der Loslagerung von Werkzeugmaschinenspindeln, Diss. RWTH Aachen, 2007

[Cann04] Cann, P.M.E.; Damiens, B.; Lubrecht, A.A.: The transition between fully flooded and starved regimes in EHL. In: Tribology International, 2004, No. 37, p. 859-864

[CEME07] N.N.: CemeCon AG. Entwicklungsprojekt „Innovative Spindellagerkinematiken mit nanostrukturierten, beschichteten Oberflächen“ (AIF). Zwischenbericht. CemeCon AG, 2007

[Cous03] Cousin, R.: Vorlesungsskript Strömungstechnik. FH-Köln, 2003

[Czic09] Czichos, H.: Plenarvortrag zur GFT-Tagung – Reibung, Schmierung und Verschleiß. 21.-23. September, Göttingen, 2009

[Czic10] Czichos, H.; Habig, K.-H.; Santner, E.(Hrsg.); Woydt, M. (Hrsg.): Tribologie Handbuch – Reibung und Verschleiß. Bd.3. Wiesbaden: Friedr. Vieweg & Sohn/GWV Fachverlage GmbH, 2010

[Daub01] Dauber, O.: Elastohydrodynamische Rollreibung in Stahl-Keramik-Kontakten. Diss. Universität Karlsruhe, 2001

[Daws94] Dawson, D.: Coatings Tribology – Properties, Techniques and Applications in Surface Engineering. New York: Elsevier, 1994

[Derf99] Derflinger, V.; Brändle, H.; Zimmermann, H.: New hard/lubricant coating for dry machining. In: Surf. Coat. Tech., 1999, No. 113, p. 286-292

[Dows77] Dowson, D.; Higginson, G.R.: Elastohydrodynamic Lubrication. 2. Aufl. Oxford: Pergamon Press LTD, 1977

[ELBA06] N.N.: Elbau Elektronik Bauelemente GmbH Berlin. Evaluation Kit: EV-Kit DAF 01. 2006. Firmenschrift

[Enge79] Engel, L.; Winter, H.: Wälzlagerschäden. In: Antriebstechnik, 18. Jg., 1979, Nr. 3, S. 71-74

[Erke98] Erkens, G.: PVD-Prozesstechnik zur Beschichtung von Spindellagern unter 160℃. Diss. RWTH Aachen, 1998

[Erke06] Erkens, G.; Rasa, T.; Müller, J.; Brecher, C.; Spachtholz, G.: Über die Vorteile gepulster Plasmen zur Abscheidung innovativer tribologischer Hochleistungsschichten auf Lagerkomponenten. In: Galvanotechnik, 2006, Bd. 97, S. 1224-1235

[EUND11] N.N.: E+A AG. Permanentmagnet-Rotor mit CFK-Bandage. URL: http://www.eunda.ch/index.php?option=com_content&task=view&id=17&Itemid=54 [Stand 05.08.11]

[Feil93] Feil, A.: Diagnose fettgeschmierter Hauptspindellager. Produktionstechnik Berlin 133. Hanser, 1993

[Foep36] Föppl, L.: Der Spannungszustand und die Anstrengung bei der Berührung zweier Körper, In: Forschung im Ingenieurwesen, Bd. 7, Berlin: Springer, 1936

[Frit09] Fritsch, B.: Mischreibung im Wälzkontakt bei Betriebsmedienschmierung. Diss. Otto-von-Guericke-Universität Magdeburg, 2009

[FUCH11] N.N.: Fuchs Europe Schmierstoffe GmbH. Schmierfette auf Mineralölbasis für Wälz- und Gleitlager. URL: https:/fuchs-europe.de/schmierfette_mineraloelbasis .html [Stand 15.08.2011]

[Gatz10] Gatzen, M.: Wälzlagerschmierung mit polymerhaltigen Fetten. Diss. Universität Hannover, 2010

[Gebe06] Gebert, K.; Greubel, K.: Asynchron- und Synchronmotoren für kompakte Motorspindeln. In: Tagungsband zur Konferenz „Elektrisch-mechanische Antriebssysteme – Innovationen – Trends – Mechatronik". Böblingen, 27.-28. September 2006. (Reihe: VDI-Berichte, Bd. 1963). S. 201-216

[Gebe07] Gebert, K.: Motor Spindles – Latest state of technology. 57th CIRP General Assembly – STC M. July 2007

[Gebe08] Gebert, K.: Fettnachschmierung erhöht Lebensdauer der eingebauten Wälzlager deutlich. In: Maschinenmarkt, 2008, S. 38-41

[GFT93] N.N.: GFT Gesellschaft für Tribologie e.V.: Wälzlagerschmierung, 1993

[Gles09] Gleß, M.: Wälzkontaktermüdung bei Mischreibung. Diss. Otto-von-Guericke-Universität Magdeburg, 2009

[GMN10a] N.N.: GMN Paul Müller Industrie GmbH & Co. KG: Fett-Nachschmierung am Außenring mit AG-Lagern. 2010. Firmenschrift

[GMN10b] N.N.: GMN Paul Müller Industrie GmbH & Co. KG: Hochpräzisionskugellagerkatalog Nr. 40000805. 2010. Firmenschrift

[GMN11a] N.N.: GMN Paul Müller Industrie GmbH & Co. KG: GMN Globus. URL: https/gmn.de/de/kugellager/ service/downloads-kataloge.html [Stand 08.08.2011]

[GMN11b] N.N.: GMN Paul Müller Industrie GmbH & Co. KG: GMN Maschinenspindeln. URL: http://www.gmn.de/front_content.php?idcat=60&idart=183 [Stand 23.11.2007]

[Gold07] Gold, P.W.: Tribologie. Vorlesungsumdruck, Aachen: Trans-aix-press, 2007

[Gros07] Grossl, A.: Einfluss von PVD-Beschichtungen auf die Flanken- und Fußtragfähigkeit einsatzgehärteter Stirnräder. Diss. FZG TU München, 2007

[Grot05] Grote, K.H.: Dubbel – Taschenbuch für den Maschinenbau, 21. Auflage, Berlin Springer, 2005

[Grub49] Grubin, A.N.: Fundamentals of the hydrodynamic theory of lubrication of heavily loaded cylindrical surfaces. In: Investigation of the Contact of Machine components, (Englische Übersetzung vom Dept. of Science and Industry, London), von Kh. F. Ketova (Red.). TsNITMAh, Moskau, Buch Nr. 30, S. 115-166, 1949

[Gupt92] Gupta, P.; Cheng, H.; Zhu, D.; Forster, N.; Schrand, J.: Viscoelastic Effects in Mil-L-7808 Type Lubricant, Part I: Analytical Formulation. In: Tribology Transactions. Bd. 35, 1992, Nr. 2, S. 269-274

[GYGE09] N.N.: Fritz Gyger AG, Ventilspezifikation SMLD 300G, Thun-Gwatt, 2009. Firmenschrift

[GYGE10] N.N.: Fritz Gyger AG, URL: https:/fgyger.ch [Stand 24.10.2010]

[Hamr81] Hamrock, B.; Dawson, D.: Ball bearing lubrication. New York: John Whiley, 1981

[Hamr04] Hamrock, B.J.; Schmid, S.R.; Jacobson, B.O.: Fundamentals of Fluid Film Lubrication. Second Edition. New York: Marcel Dekker, 2004

[Harr07] Harris, T.A.: Rolling Bearing Analysis. 5. Auflage. New York: John Wiley & Sons, 2007

[Hart56] Hartung, H.A.: Density-Temperature-Pressure Relations for Liquid Lubrications. Transactions of the ASME 78, 1956

[Hart07] Hartinger, M.: CFD Modelling of Elastohydrodynamic Lubrication. PhD thesis, Imperial College London, 2007

[Hein84] Heinicke, G.: Tribochemistry. München: Carl Hanser, 1984

[HELL09] N.N.: Gebr. Heller Maschinenfabrik GmbH. Bedienungsanleitung der Werkzeugmaschine H2000, 2009. Firmenschrift

[Heng90] Hengerer, F.: Werkstoffe und Wärmebehandlung für Kugeln und Rollen. In: Draht – Fachzeitschrift für Drahtherstellung. 41. Jg., 1990, Nr. 2, S. 116-118

[Hert95] Hertz, H.: Über die Berührung fester Körper, gesammelte Werkte. Leipzig, 1895

[Hert96] Hertz, H.: On the Contact of Rigid Elastic Solids and on Hardness. In: Miscellaneous Papers. London: MacMillan, 1896

[HNP10] N.N.: HNP Mikrosysteme GmbH. URL https:/hnp-mikrosysteme.de/baureihe-nd.htm [Stand 24.10.2011]

[Holl95] Holleck, H.; Schier, V.: Multilayer PVD coatings for wear protection. In: Surf. Coat. Tech., 1995, No. 113, p. 328-336

[Holm94] Holmberg, K.; Matthews, A.: Coatings Tribology – Properties, Techniques and Applications in Surface Engineering, Amsterdam: Elsevier, 1994

[Holm07] Holmberg, K.; Ronkainen, H.; Laukkanen, A.; Wallin, K.: Friction and wear of coated surfaces – scales, modelling and simulation of tribomechanisms. Surf. Coat. Tech., 2007, No. 202, p. 1034-1049

[Hura04] Hurasky-Schönwerth, O.: Einsatzverhalten von PVD-Beschichtungen und biologisch schnell abbaubaren synthetischen Estern im tribologischen System des Zahnflankenkontaktes. Diss. RWTH Aachen, 2004

[IBC11] N.N: IBC Wälzlager GmbH. URL: www.ibc-waelzlager.eu/content/view/49/57/lang,de [Stand 15.08.2011]

[Idel05] Idelchik, I.E.; Steinberg, M.O.; Myrtynenko, O.G.; Malyavskaya, G.R.: Handbook of Hydraulic Resistance. Second edition; Jaico Publishing House, 2005

[IDEX09] N.N.: IDEX Health&Science, Products for Chromatography and Fluid Application, Las Vegas: Creel Printing Company, 2009

[Itoi98] Itoigawa, F.; Nakamura, T.; Matsubara, T.: Starvation in ball bearing lubricated by oil and air lubrication system. Tribology for Energy Conservation. Proceedings of the 24th Leeds Lyon Symposium on Tribology, London, 1998

[Jaco99] Jacod, B.; Pubilier, F.; Cann, P.M.E.; Lubrecht, A.A.: An Analysis of Track Replenishment Mechanisms in the Starved Regime. In: Tribology Series, 1999, Vol. 36, p. 483-492

[Jaco10] Jacobs, G.; Plogmann, M.: Tribology – Lecture Documentation, Aachen, 2010

[Janc89] Janczuk, B.: The components of surface tension of liquids and their usefulness in determinations of surface free energy of solids. In: Journal of Colloid Interfacial Science 127, 1989, p. 59-66

[Jone60] Jones, A.B.: A general theory for elastically constrained ball and radial roller bearings under arbitrary load and speed conditions. In: Journal of Basic Engineering, Transactions of the ASME. Vol. 82, 1960, No. 2, p. 309-320

[Karb02] Karbacher, R.: Entwicklung und Prüfung eines neuen Hochleistungsfettes für hohe Drehzahlen. VDI Berichte 1706, Gleit- und Wälzlagerungen, Düsseldorf: VDI, 2002, S. 309-324

[KISS11] N.N.: KISSOFT, Berechnungsprogramm für Welle, Lager. URL: http:kisssoft.ch/deutsch/products/kisssoft.php [Stand 11.08.2011]

[KIST91] N.N.: Kistler Instrumente AG: 3-Komponenten-Dynanometer 9255B. Datenblatt. Winterthur, 1991. Firmenschrift

[Kloc02] Klocke, F.; König, W.: Drehen, Fräsen, Bohren. (Reihe Fertigungstechnik, Bd. 1). 7. Auflage. Berlin: Springer, 2002

[Klug95] Kluge, J.: Entwurfsgrundlagen zur Berechnung, Gestaltung und Dimensionierung von Werkzeugmaschinen Hauptspindeln für Fertigungsverfahren mit geometrisch bestimmter Schneide. Diss. Tu Chemnitz-Zwickau, 1995

[KLUE06] N.N.: Klueber Lubrication München KG. Das Geheimnis des Rundlaufs. München, 2006. Firmenschrift

[Koch96] Koch, A.: Steigerung der Höchstdrehzahl von Schrägkugellagern bei Ölminimalmengenschmierung. Diss. RWTH Aachen, 1996

[Krei08] Kreil, O.: Einfluss der Oberflächenstruktur auf Druckverteilung und Schmierfilmdicke im EHD-Kontakt. Diss. Techn. Universität München, 2008

[Kres03] Kress, C. Frhr. v.: Keramik im Wälzlager – ein wirtschaftlicher Weg. In: Bartz, W.J.: Keramiklager – Werkstoffe, Gleit- und Wälzlager, Dichtungen. Renningen, 2003, S. 155-168

[Krop06] Kropp, P.; Petrik, M.: Optimierte Stahlzahnräder für Minimalmengenschmierung oder Trockenlauf. Abschlussbericht Industrielle Gemeinschaftsforschung, AiF-Vorhaben Nr. 13745 N, 2006

[KRUE04] N.N.: KRÜSS GmbH. Firmenschrift Drop Shape Analyses DSA1 v1.90, Benutzerhandbuch für Kontaktwinkelmess-System DSA100, 2004. Firmenschrift

[Kuhl09] Kuhlmann, J.: Tribologische Eigenschaften von Wälzlagerschmierfetten von dauerhaft niedrigen Betriebstemperaturen. Diss. Uni Hannover, 2009

[Kuhn06] Kuhn, M.: Verschleißschutzkonzepte für Wälzlager mittels PVD Beschichtungen. Diss. RWTH Aachen, 2006

[LEE10] N.N.: The Lee company. URL: https:/theleeco.com/EFSWEB2.NSF/MDG!OpenView [Stand 24.10.2011]

[Lehn10] Lehnert, C.-P.: Fremdgetriebene Spindeln sind angesagt. Weiss GmbH, 2010. Firmenschrift

[Levi11] N.N.: Levitec GmbH. Einbaumotoren. URL: http://www.levitec.de/Produkte/Einbaumotoren/Synchronmotoren/464 [Stand 05.08.11]

[Loos01] Loos, J.: Leistungsfähige Wälzlager durch den Einsatz von PVD Verschleißschutzschichten und umweltverträglichen Tribosystemen. Diss., RWTH Aachen, 2001

[Love06] Lovell, M.; Morrow, C.: Contact Analysis of anisotropic coatings with application to ball bearings. In: Tribology Transactions. Vol. 49:1, 2006, p. 33-38

[Lugs98] Lugscheider, E.; Knotek, O.; König, W.; Stock, H.-R.; Hellmann, S.; Zimmermann, H.; Lake, M. K.; Fritsch, R.; Seidel, F.: Beschichtungen lassen Werkzeuge kalt. In: Materialwissenschaft und Werkstofftechnik. Bd. 29, 1998, Nr. 29, S. 525-536

[Lugt11] Lugt, P.M.; Morales-Espejel, G.E.: A Review of Elasto-Hydrodynamic Lubrication Theory. Tribology Transactions, Vol. 54:3, 2011, p. 470-496

[Lund47] Lundberg, G.; Palmgren, A.: Dynamic capacity of rolling bearings. In: Acta polytechnica, mechanical engineering series 1. Royal Swedish Academy, Nr. 3, 1947

[Maac05] Maack, H.-H.: Modulares Schmiersystem für eine bedarfsabhängige Minimalmengenschmierung. BMBF-Abschlussbericht, 2005

[Maes07] Maes, M.: Gepulste Abscheidung von (Cr,Al)N PVD-Niedertemperatur-Schichtsystemen für Hochleistungsbauteile. Diss., RWTH Aachen, 2007

[Mart05] Martin, W.: Moderne Diagnosestrategie – Basis für eine „Proaktive Instandhaltung". In: Tagungsvortrag: „Forum Vision Instandhaltung". 25.-26.02.2005, F. 22

[Mart11] Martin, G.; Tap, R.; Schillinger, H.; Musayev, Y.; Gierl, J., Hosenfeldt, T.: Schichtsysteme – Ein modernes Konstruktionselement zur Reibungsreduzierung und Lebensdauererhöhung für Wälz- und Gleitlager. In: Tagungsband Gleit- und Wälzlagerungen – Gestaltung, Berechnung, Einsatz. VDI-Berichte Nr. 2147, 24.-25. Mai 2011

[Mass07] Massmann, T.: Wirkmechanismen additivierter Schmierstoffe in der Kaltmassivumformung. Diss. RWTH Aachen, 2007

[Meie01] Meier, S.: Flexible PECVD-Technologie für kontaktmechanische beanspruchte a-C:H-Schichten. Diss. TU Braunschweig, 2001

[META11] N.N.: Sulzer Metaplas GmbH: Ergebnisse der untersuchten Beschichtung. Projekttreffen zum Transferprojekt des SFB442, 2010

[Metz08] Metzele, M.: Ein Beitrag zur zustandsorientierten Instandhaltung von schnelllaufenden Werkzeugmaschinen-Hauptspindeln. Diss. RWTH Aachen, 2008

[Moel01] Moeller, M.: Untersuchungen zur Leistungssteigerung von Hybridwälzlagern im Trockenlauf durch PVD-Beschichtungen. Diss. RWTH Aachen, 2001

[Moel06] Moeller, B.: Hochgeschwindigkeits-Spindellager – Gestaltung von Spindel-Lager-Systemen. Tagungsband, Werkzeugmaschinenlabor, RWTH Aachen, 2006

[Murr10] Diverse Autoren: Murrenhoff, H. (Hrsg.): Umweltverträgliche Tribosysteme – Die Vision einer umweltfreundlichen Werkzeugmaschine. New York: Springer, 2010

[NATI11] N.N.: National Instruments: URL: http://www.ni.com/dataacquisition/d/ [Stand 17.08.2011]

[NSK11] N.N.: NSKeurope, URL: https/nskeurope.de/cps/rde/xchg/eu_de/hs.xsl/ produkt-neue -bauarten-von-spindellagern.html [Stand 17.08.2011]

[OERL11] N.N.: Oerlikon Balzers Coating: Oerlikon Balzers Coatings setzt Meilensteine, URL: https:/oerlikon.com/balzers/de/ [Stand 17.08.2011]

[Ophe86] Ophey, L.: Dämpfungs- und Steifigkeitseigenschaften vorgespannter Schrägkugellager. Diss. RWTH Aachen, 1986

[Owen69] Owens, D. K.; Wendt, R.C.: Estimation of the Surface Free Energy of Polymers. In: Journal of Applied Polymer Science, 1969, Vol. 13, p. 1741-1747

[Palm57] Palmgren, A.: Neue Versuche über Energieverluste in Wälzlagern. VDI Berichte, Band 20, S. 117-121, 1957

[Pask07] Paskvale, S.: Properties of PVD hard coatings. Ljubljana, 2007

[Petr51] Petrusevich, A.I.: Fundamental conclusions from the contact hydrodynamic theory of lubrication, Izv. Akad. Nauk SSR (OTN), Vol. 2, 1951

[PICO10] N.N.: Pico Dosiertechnik GmbH & Co.KG, URL: https:/picodostec.com/produkte/dosierventile/index.html [Stand 24.10.2010]

[Popo05] Popovici, G.: Effects of Lubricant Starvation on Performance of Elasto-Hydrodynamically Lubricated Contacts. PhD Thesis. University of Twente, 2005

[Rahm06] Rahmann, M.: A Review of High-Speed Machining of Titanium Alloys. In: JSME International Journal, Vol. 49, 2006, No. 1, p. 11-20

[Reim04] Reimann, H.-J.: Lager- und Spindelkompetenz aus einer Hand – Neue Motorspindeln steigern die Produktivität der Werkzeugmaschine. In: Antriebstechnik. 2004, Nr. 4, S. 32-34

[Reic11] Reichelt, M.: Mikroanalytische Klärung des Verschleißschutzes durch Grenzschichtbildung in langsam laufenden Wälzlagern. Diss. RWTH Aachen, 2011

[Rode80] Rodermund, H.: Extrapolierende Berechnung des Viskositätsverlaufs unter hohen Drücken. In: Schmierungstechnik und Tribologie. 27. Jg., 1980, Nr. 1

[Roed09] Roeder, G.: Kapazitive Messung von Innendurchmessern. Diss. Universität Kaiserslautern, 2009

[Roet03] Röttger, K.: Walzen hartgedrehter Oberflächen. Diss. RWTH Aachen, 2003

[SCHA00] N.N.: Schaeffler Gruppe Industrie: Wälzlagerschäden – Schadenserkennung und Begutachtung gelaufener Wälzlager. WL82 102/2 DA, 2000. Firmenschrift

[SCHA11a] N.N.: Schaeffler Gruppe Industrie: BEARINX®-online Spindelberechnung, URL: https:/bearingx-online.ina.de [Stand 08.08.2011]

[SCHA11b] N.N.: Schaeffler Gruppe Industrie: Hochgenauigkeitslager – Super Precision Bearings. Schweinfurt, 2010. Firmenschrift

[SCHA11c] N.N.: Schaeffler Gruppe Industrie: INSOCOAT® – Schutz gegen Stromdurchgang, URL: https:/skf.com/skf/news/html/popup.jsp?contentId=081568& language =de&lang=de [Stand 15.03.2011]

[Schl06] Schlicht, H.: Die Werkstoffermüdung bei Wälzbeanspruchung – Eine Hypothese zum Mechanismus. Mat.-wiss. u. Werkstofftech. 37. Jg., 2006, Nr. 5, S. 383-395

[Schl07] Schlicht, H.; Broszeit, E.: Die Werkstoffbeanspruchung im Wälzkontakt bei hoher Flächenpressung, ermittelt nach Hertz und nach der EHD-Strömungshypothese. Mat.-wiss. u. Werkstofftech. 38. Jg., 2007, Nr. 4, S. 255-262

[Schm85] Schmidt, U.: Der Einfluss der Oberflächenrauheit auf die Schmierfilmausbildung in realen EHD-Wälzkontakten, VDI Berichte 549, Gleit- und Wälzlagerungen, Gestaltung, Berechnung, Einsatz, Tagung Neu-Ulm, 14./15.03.1985

[Scho95] Schouten, M.J.W.; Leeuwen, H.J. van: Die Elastohydrodynamik: Geschichte und Neuentwicklungen. VDI Berichte Nr. 1207, S. 1-47, 1995

[Scho10] Schomburg, W.K.: Vorlesungsskript Konstruktion in der Mikrotechnik II. Lehrstuhl für Konstruktion und Entwicklung von Mikrosystemen (KEmikro); Aachen 2010

[Scho11] Schöning, M.: Einfluss von Drossel und Umrichter auf die Betriebseigenschaften des Motors. In: Tagungsordner zum Fachseminar „Gestaltung von Spindel-Lager-Systemen". Aachen, 06.07.2011. Aachen: WZL Forum (Veranst.), 2011

[Schr05] Schröder, W.: Strömungsmechanik. Aachen: An der Lottbek, 2005

[Schu92] Schulz, H.: High-Speed Machining. In: Annals of Cirp, Vol. 41, 1992, No. 2, p. 637-643

[Schw10] Schwarze, H.: Skript zum Versuch: Druckverluste in hydraulischen Systemen. Institut für Tribologie und Energiewandlungsmaschinen, Technische Universität Clausthal, 2010

[Seme10] Semenov, A.P.; Khrushchov, M.M.: Influence of environment and temperature on tribological behavior of diamond and diamond-like coatings, Journal of friction and wear, Vol. 31, 2010, No. 2, p. 142-158

[SENS06] N.N.: Sensirion AG, Datenblatt SLG 1430, Staefa, 2006, Firmenschrift

[SIEM07] N.N.: SIEMENS AG. SinuCom Installation/Service Tools – Operational Manual. Siemens AG, Erlangen, 2007

[SKC11] N.N.: SKC Gleittechnik GmbH: URL: http://www.skc-technik.de/bilder/gleitbelaege.pdf [Stand 11.08.2011]

[SKF09] N.N.: SKF Gruppe. Strömungswächter und –sensoren. 2009. Firmenschrift

[SKF11a] N.N.: SKF Gruppe: URL: https:/skf.com/portal/skf/home/products?lang=de &maincatalogue=1&newlink=1_0_31 [Stand 11.08.2011]

[SKF11b] N.N.: SKF Gruppe: URL: http://www.skf.com/skf/news/html/popup.jsp\lang= de&contentID=897420&updateProfileLocale=true Mikrodosiersystem von SKF sorgt für präzise und kontinuierliche Schmierstoff-Zuführung im µl-Bereich. Presseinformation [Stand 15.11.2011]

[Spac08] Spachtholz, G.: Erweiterung des Leistungsbereichs von Spindellagern. Diss. RWTH Aachen, 2008

[Spal11] Spaltmann, D.; Löhr, M.; Effner, U.; Scholz, C.; Manier, C.; Woydt, M.: Wälzbeständigkeit von Diamant artigen Kohlenstoffschichten. In: Diamond Business, Eltmann 2/2011

[Sper98] Sperrfechter, T.: Keramische Bauteile im elastohydrodynamischen Kontakt. Diss. Universität Karlsruhe, 1998

[Spie06] Spiess, G.: Spindle lubrication – technique and monitoring. In: Tagungsordner zum Fachseminar „Gestaltung von Spindel-Lager Systemen". Aachen, 05.-06. Dezember 2006. Aachen, ADITEC GmbH (Veranst.), 2006

[SpiL11] NewSpilad Version 8.0 – Berechnungsprogramm des Werkzeugmaschinenlabors der RWTH Aachen (Stand 10.01.2011)

[Stac11] Stache, H.: Schmierung hochdrehender Werkzeugmaschinen-Hauptspindeln – Ausbildung reaktiver Schichten mit Hilfe von Additiven in Schmierstoffen zur Reduzierung von Reibung und Verschleiß. In: Tagungsordner zum Fachseminar „Gestaltung von Spindel-Lager-Systemen". Aachen, 06.07.2011. Aachen: WZL Forum (Veranst.), 2011

[Stei96] Steinert, T.: Das Reibmoment von Kugellagern mit bordgeführtem Käfig. Diss. RWTH Aachen, Shaker, 1996

[Sure07] Surek, D.: Angewandte Strömungsmechanik für Praxis und Studium. Wiesbaden: Teubner, 2007

[Teut05] Teutsch, R.: Kontaktmodelle und Strategien zur Simulation von Wälzlagern und Wälzführungen. Diss. TU Kaiserslautern, 2005

[Toen01] Tönshoff, H.K.; Friemuth, T.; Andrae, P.; Ben Amor, R.: High-Speed or High-Performance Cutting – A Comparison of New Machining Technologies. In: Annals of the German Academic Society for Production Engineering (WGP) Production Engineering, Vol. VIII, 2001, No. 1, p. 5-8

[Tuel99] Tüllmann, U.: Das Verhalten axial verspannter, schnelldrehender Schrägkugellager. Diss. RWTH Aachen, 1999

[Tsch08] Tschätsch, H.; Dietrich, J.: Praxis der Zerspantechnik – Verfahren, Werkzeuge, Berechnungen. (Reihe Vieweg Praxiswissen). 9. Aufl. Wiesbaden: Vieweg, 2008, S. 303-305

[Venn08] Venner, C.H.; Popovici, G.; Lugt, P.M.; Organisciak, M.: Film thickness modulations in starved elastohydrodynamically lubricated contacts induces by time-varying lubricant supply. Journal of Tribology, Vol.130 041501, 2008

[Vitr08] Vitr, M.: CAM-NC-Kopplung für einen durchgängigen, bidirektionalen Informationsfluss zwischen Planung und Fertigung, In: „Potenziale und Trends im Bereich der CAD/CAM/NC-Verfahrenskette". Seminar WZL Aachen,19.-20.11.2008

[Volg91] Volger, J.G.: Ermüdung der oberflächennahen Bauteilschicht unter Wälzbeanspruchung. Diss. RWTH. Aachen, 1991

[Voll94] Voll, H.: Gestaltung und Auslegung von Hauptspindeln und deren Lagerungen für Werkzeugmaschinen unter Berücksichtigung technischer und ökonomischer Aspekte. Diss. TU Dresden, 1994

[Voll10] Voll, M.: Telefonat mit Dr. Martin Voll. Leiter Anwendungstechnik bei der Firma Schaeffler Gruppe vom 04.03.2010

[Wahl06] Wahler, M.: Schmierung bestimmt die Lebensdauer. Antriebspraxis 01, 2006, S. 38-41

[Weck05a] Weck, M.; Brecher, C.: Werkzeugmaschinen – Mechatronische Systeme, Vorschubantriebe, Prozessdiagnose. (Reihe: Werkzeugmaschinen, Bd. 3), 6. Aufl. Berlin: Springer, 2005

[Weck05b] Weck, M.; Brecher, C.: Werkzeugmaschinen – Messtechnische Untersuchung und Beurteilung, dynamische Stabilität. (Reihe: Werkzeugmaschinen, Bd. 3), 7. Aufl. Berlin: Springer, 2005

[Weck06] Weck, M.; Brecher, C.: Werkzeugmaschinen – Konstruktion und Berechnung. (Reihe: Kompendium Werkzeugmaschinen Fertigungssysteme, Bd. 2). 8. Aufl. Berlin: Springer, 2006

[WEIS08] N.N.: Konstruktion und Fertigung einer direktgetriebenen Werkzeugmaschinenspindel und Referenzversuche. Firma Weiss Spindeltechnologie GmbH, 2008

[Wemh01] Wemhöner, J.: Keramik – ein Meilenstein auf dem Weg zum Hochleistungswälzlager. In: Tagungsband zum „20. Hagener Symposium Pulvermetallurgie". Pulvermetallurgie in Wissenschaft und Praxis 17, 15.-16. November 2001

[Wien05] Wiendl, S.B.: Mikrotribologische Untersuchungen an fettgeschmierten Wälzlagern. Diss. Univ. Hannover, 2005

[Wijn99] Wijnant, Y.H.; Wensing, J.A.; van Nijen, G.V.: The Influence of Lubrication on the dynamic Behavior of Ball Bearings. Journal of Sound and Vibration, 1999, 222 (4), p. 579-596

[WinL11] WinLager 11.0 – Berechnungsprogramm des Werkzeugmaschinenlabors der RWTH Aachen (Stand 10.01.2011)

[WOER10] N.N.: Woerner GmbH Co.KG. URL: https:/woerner.de/w1/lieferprogramm.htm?OpenForm&M=Produkte&N=1&L=DD [Stand 24.10.2011]

[Wolf57] Wolf, K.L.: Physik und Chemie der Grenzflächen. Band I. Die Phänomene im Allgemeinen. Berlin: Springer, 1957

[Wu82] Wu, S.: Polymer Interference and Adhesion. New York: Dekker, 1982

[Yone05] Yonekura, D.; Chittenden, R.J.; Dearnley, P.A.: Wear mechanism of steel roller bearings protected with thin hard and low friction coatings. In: Wear, Vol. 259, 2005, p. 779-788

[Zwir04] Zwirlein, O.; Schlicht, H.: Werkstoffanstrengung bei Wälzbeanspruchung – Einfluss von Reibung und Eigenspannungen. In: Mat.-wiss. u. Werkstofftech. 2004, Jg. 11, Nr. 1, S. 1-14

[Zwir82] Zwirlein O.; Schlicht, H.: Rolling Contact Fatigue mechanism – Accelerates Test vs. Field performance. In: ASTM 771, 1982, p. 358-379

Normen, Richtlinien

[ASTM03] ASTM F 2094-03 Standard Specification for Silicon Nitride Bearing Balls. ASTM International, West Conshohocken, 2003

[DIN78] Norm, DIN 50106 (Dezember 1978). Druckversuch – Prüfung metallischer Werkstoffe

[DIN81] Norm, DIN 51818 (Dezember 1981). Konsistenz-Einteilung für Schmierfette

[DIN88a] Norm, DIN 50323-1 (November 1988). Tribologie – Begriffe

[DIN88b] Norm, DIN 620, Teil 2 (Februar 1988). Wälzlagertoleranzen für Radiallager

[DIN92] Norm, DIN 50324 (Juli 1992). Tribologie; Prüfung von Reibung und Verschleiß; Modellversuche bei Festkörpergleitreibung (Kugel-Scheibe-Tribometer) (zurückgezogen)

[DIN93] Norm, DIN 50323-3 (Dezember 1993). Tribologie – Reibung – Begriffe, Arten, Zustände, Kenngrößen

[DIN95] Norm, DIN 50323-2 (August 1995). Tribologie – Verschleiß

[DIN98] Norm, DIN EN ISO 13565-2 (April 1998). Oberflächenbeschaffenheit: Tastschnittverfahren – Oberflächen mit plateauartigen funktionsrelevanten Eigenschaften Teil 2: Beschreibung der Höhe mittels linearer Darstellung der Materialanteilkurven

[DIN99a] Norm, DIN 628-6 (Juli 1999). Wälzlager: Radial-Schrägkugellager. Teil 6: Einreihig, Berührungswinkel 15 °- 25 °

[DIN99b] Norm, DIN ISO 4406 (Dezember 1999). Fluidtechnik – Hydraulik-Druckflüssigkeiten – Zahlenschlüssel für den Grad der Verschmutzung durch feste Partikel

[DIN00] Norm, DIN EN ISO 683-17 (April 2000). Für eine Wärmebehandlung bestimmte Stähle, legierte Stähle und Automatenstähle – Teil 17: Wälzlagerstähle

[DIN02] Norm, DIN ISO 1925 (Mai 2002). Auswuchttechnik – Begriffe

[DIN03a] Norm, DIN ISO 281, Beiblatt 1 (April 2003). Dynamische Tragzahlen und nominelle Lebensdauer – Lebensdauerbeiwert a_{DIN} und Berechnung der erweiterten modifizierten Lebensdauer

[DIN03b] Norm, DIN ISO 281, Beiblatt 4 (April 2003). Dynamische Tragzahlen und nominelle Lebensdauer – Verfahren zur Berechnung der modifizierten Referenzlebensdauer für allgemein belastete Wälzlager

[DIN03c] Norm, DIN 1342-1 (November 2003). Viskosität. Teil 1: Rheologische Begriffe

[DIN04] DIN ISO 15243 (February 2004). Rolling bearings – Damages and failures – Terms characteristics and causes

[DIN06] Norm, DIN EN ISO 6507 (März 2006). Metallische Werkstoffe – Härteprüfungen nach Vickers

[DIN09] Norm, DIN ISO 76 (Januar 2009). Wälzlager – Statische Tragzahlen

[VDI92] Richtlinie VDI 3198, (August 1992). Beschichten von Werkzeugen der Kaltmassivumformung

[VDI01] Richtlinie VDI 3824, Blatt 4 (August 2001). Qualitätssicherung bei der PVD- und CVD-Hartstoffbeschichtung. Prüfplanung für Hartstoffschichten

[VDI02] Richtlinie VDI 3824, Blatt 1 (März 2002). Qualitätssicherung bei der PVD- und CVD-Hartstoffbeschichtung. Eigenschaftsprofile und Anwendungsgebiete von Hartstoffbeschichtungen

[VDI05] Richtlinie VDI 2840 (November 2005). Kohlenstoffschichten – Grundlagen, Schichttypen und Eigenschaften

Offenlegungsschriften/Patente

[DE2000] Offenlegungsschrift DE 10 011 659 A1 (10.03.2000). NSK Ltd.

[DE2007a] Offenlegungsschrift DE 10 2007 049 674 A1 (17.10.2007). Schaeffler KG.

[DE2007b] Offenlegungsschrift DE 10 2007 062 389 A1 (22.12.2007). Schaeffler KG.

[DE2007c] Schutzrecht DE 60 2004 007 157-T2 (20.03.2007). Mol, H.A.: Verfahren und Vorrichtung zum Messen der Dicke eines Schmierfilms zwischen Oberflächen

[DE2011] Gebrauchsmusterschrift DE 20 2011 000 700 U1 (28.03.2011). SKF GmbH.

[EP1998a] Schutzrecht EP 0 854 314 A2 (22.07.1998). Barmag AG.

[EP1998b] Schutzrecht EP 0 350 734 A1 (30.06.1998). Siemens AG

[EP2008] Schutzrecht EP 1 941 971 A1 (09.07.2008). Paul Müller GmbH & Co. KG.

[US2002] Schutzrecht US 6 357 922 (19.03.2002). The Timken Company.

10 Anhang

Appendix

A1 Vergleich gängiger Schmierungsverfahren

Comparison of established lubrication principles

In Tabelle 10.1 sind die Eigenschaften der derzeit eingesetzten Schmierungsverfahren Fett-, Fettnachschmierung sowie Öl-Luft-Schmierung gegenübergestellt.

Tabelle 10.1: Vergleich gängiger Schmierungsverfahren, nach [Weck05b]
Comparison of different lubrication principles, see [Weck05b]

		Fettschmierung	**Fettnachschmierung**	**Öl-Luft-Schmierung**
Konstruktion	Umgebungsbauteile	keine Schmierkanäle erforderlich	aufwändige Schmierkanalführung für jedes Lager	
	Kanalführung	-	Abdichtung, Kühlung (Ausbluten des Fettes)	Abdichtung
Betrieb	Planscharbeitsverluste (T, MR)	im Einlauf	bei Zu-/Überschmierung	bei Überschmierung
	Schmierfilmaufbau	Aufbau des optimalen Schmierfilms	Aufbau des optimalen Schmierfilms	Aufbau eines EHD-Schmierfilms f = f(q), ggf. erhöhter Schmierfilm
	Einlauf	Fetteinlauf erforderlich	jeweiliger Einlauf förderlich	-
	bei Drehzahländerung	begrenztes Nachfließverhalten		schneller Schmierfilmaufbau
	zeitnahe Anpassung des Volumenstroms	unmöglich	nicht möglich	totzeitbehaftet
	Prinzip bei Kontamination	Binden und Abdichten		Austragen von Partikeln durch den Schmierstoff
Betriebsgrenzen	Drehzahlkennwert n x d_m [mm/min]	< 2,2 10^6 [GMN10]	< 2,3 10^6 [GMN10]	bis 3,2 10^6
	Lebensdauer	Fettwechsel nach 1000-5000 Betriebsstunden	je nach Herstellerangaben und Abfuhr des gebrauchten Fettes	
Wirtschaftlichkeit	Anschaffung (Aggregat)	einfacher Aufbau	Zusatzaggregat erforderlich	Zusatzaggregat erforderlich
	Betrieb	-	mittel-hoch	mittel-hoch

A2 Versuchsparameter der Spindellager im Maschinen- und Prüfstandseinsatz

Parameters of spindle bearings in field use and tests

Tabelle 10.2: Versuchsparameter und Belastungsgrößen der Spindellager im Maschineneinsatz

Parameters and load condition of the spindle bearings in field use

St.	Lauf	F_{ax} [N]	F_{rad} [N]	D [min^{-1}]	$p_{H,a}$ [MPa]	$p_{H,i}$ [MPa]	$\alpha_{B,a}$ [°]#	$\alpha_{B,i}$ [°]#	Dauer [h]	Überrollungen AR/IR [10^6]
1	SL24		-	..24000	1094-1349	1098-1171	16-10	16-18	57	384/508
2	PL24		-	..24000	1094-1349	1098-1171	16-10	16-18	84	446/585
3	DL20	1000	-	20000	1290	1194	10,8	17	24	223/295
4	$Zspg_1$ AlMgMn		753 4400*	12000	1097-1356 706-1914	1096-1414 250-2050	8-16 1-11	10-18 9-29	ca. 4	22/29,5
5	$Zspg_2$ C45		1800 2532#	1500	795-1482 350-1545	860-1608 370-1680	3-18 4-10	3-18 10-25	ca. 4	2,8/3,7

*a_p = 12 mm, D = 19000 min^{-1}, #a_p = 5,0 mm, D = 1500 min^{-1}, Maschinenleistungsgrenze erreicht (Maximalwert)

Tabelle 10.3: Versuchsparameter sowie Belastungsgrößen unter Axiallast (SPL1)

Test parameter and load condition under axial load (SPL1)

St.	Lauf	F_{ax} [N]	F_{rad}** [N]	D [min^{-1}]	$p_{H,a}$ [MPa]	$p_{H,i}$ [MPa]	$\alpha_{B,a}$ [°]#	$\alpha_{B,i}$ [°]#	Dauer [h]	Überrollungen AR/IR [10^6]
1	SL24			..24000	1135-1358	1500-1459	14-10	14-17	57	453/585
2	PL24			..24000	1135-1358	1500-1459	14-10	14-17	84	650/840
3	DL20	1000	-	20000	1293	1467	10,7	16,3	250	2745/3546
4	SL32			..32000	1094-1504	1500-1448	16-8	16-17	46	469/605
5	DL30			30000	1466	1450	8,0	17,3	150	2480/3200
6	SL13	1500	2026	..13000	912-1605	1179-2064	12-17	9-17	24	108/140
7	DL12			12000	998-1600	1175-2073	13-18	10-16	150	988/1280
10	$DL20_F$	2000	-	20000	1478	1780	13,8	18	100	2128/1647

**1500 N durch Kolbenkraft ***Maximalwerte #Druckwinkel über dem Lagerumfang

Tabelle 10.4: Versuchsparameter sowie Belastungsgrößen unter kombinierter und höherer Last (SPL2)

Test parameter and load condition under combined and higher load (SPL2)

Nr.	Lauf	F_{ax} [N]	F_{rad}** [N]	D [min^{-1}]	$p_{H,a}$ [MPa]	$p_{H,i}$ [MPa]	$\alpha_{B,a}$ [°]#	$\alpha_{B,i}$ [°]#	Dauer [h]	Überrollungen AR/IR [10^6]
1	SL24		-	..24000	1135-1362	1476-1418	15-10	15-18	57	384/508
2	PL24	1000	-	..24000	1135-1362	1476-1418	15-10	14-17	84	446/585
3	DL20		-	20000	1295	1430	10,9	17,2	250	2327/3074
4	SL13			..13000	864-1593	1110-2012	11-15	12-17	24	92/122
5	DL12			12000	974-1586	1109-2006	12-15	15-17	150	837/1106
6	SL13*	1500	2026	..13000	1153-1967	1376-2523	14-16	16-18	24	63/84
7	DL12*			12000	1144-1963	1378-2520	14-16	16-18	150	419/553
8	$DL20_F$	2000	-	20000	1501	1774	13,5	17,7	100	930/1229

*halbe Anzahl Wälzkörper **1500 N durch Kolbenkraft ***Maximalwerte #Druckwinkel über dem Lagerumfang

A3 Bestimmung der Materialeigenschaften

Analysis of material properties

Für die simulative Abbildung sind die Werkstoffeigenschaften von zentraler Bedeutung, da die Materialmodelle möglichst gut abgebildet sein müssen. Aus Mangel an Literaturkennwerten wurden die verwendeten Werkstoffe analysiert. Die für die Simulation erforderlichen elastischen und plastischen Materialparameter für den Substratwerkstoff 100Cr6 martensitisch durchgehärtet, sind durch Druckversuche nach [DIN78] ermittelt (Bild 10.1). Diese Parameter sind Grundlage für das elastisch-plastische Materialmodell des Substrats ohne Berücksichtigung möglicher Materialverfestigungen. Ein Vergleich mit Druckversuchen bzw. Festigkeitswerten von 100Cr6 der Lagerhersteller ergibt eine gute Übereinstimmung [SCHA11a].

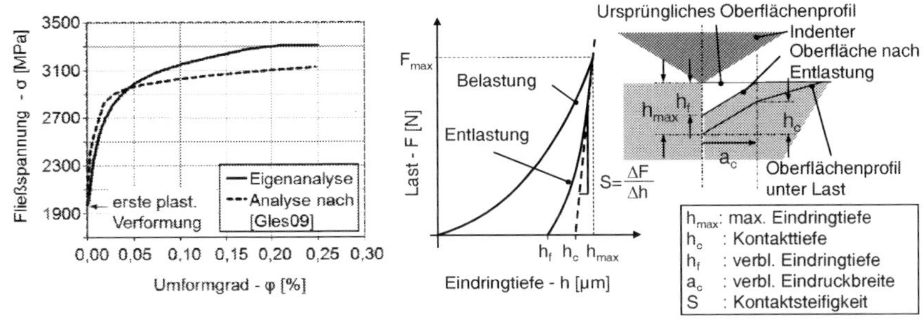

Bild 10.1: Ergebnisse der Stauchprobe für 100Cr6 martensitisch durchgehärtet (Fließkurve) und Vorgehensweise von Nanoindentertests zur Bestimmung von E-Modul und Härte

Results of the test specimen 100Cr6 martensitic hardened (flow curve) and procedure of nanoindenter tests for the analysis of E-modulus and micro hardness

Der Fließkurve ist zu entnehmen, dass erste plastische Verformung bei 1990 N/mm² einsetzt. Dieser Wert findet Übereinstimmung mit den Dauerfestigkeitsangaben bei [DIN03a], die für einen Punktkontakt bei Wälzlagerstahl 100Cr6 eine maximale Hertzsche Pressung von etwa 2000 N/mm² angeben (0,001 % Umformgrad).

Die Analyse des Beschichtungsmaterials erfolgte durch Firma ASMEC [ASME11]. In Bild 10.2 sind die ermittelten Messwerte an den Proben dargestellt. Es zeigt sich, dass die 100Cr6 den höchsten und a-C:H:W das geringste E-Modul aufweist. Mit zunehmender Tiefe steigt dieses leicht an. CrAlN besitzt nach dem im Oberflächenbereich von 0,15 µm zunehmenden E-Modul einen konstanten Wert.

Das E-Modul von CrAlN liegt signifikant unterhalb der Literaturwerte. Ebenso ist die oberflächennahe Schicht deutlich duktiler als angegeben [Bobz06].

Zur Bestimmung der Fließgrenze wurde an den Proben Mikro-Scratchtests mit kugelförmiger Indenterspitze (Radius 5,6 µm) durchgeführt. Ziel ist es, den elastisch-plastischen Übergang zu ermitteln und daraus die Grenzbelastung zu bestimmen. In Bild 10.3 sind die Ergebnisse für die Proben dargestellt.

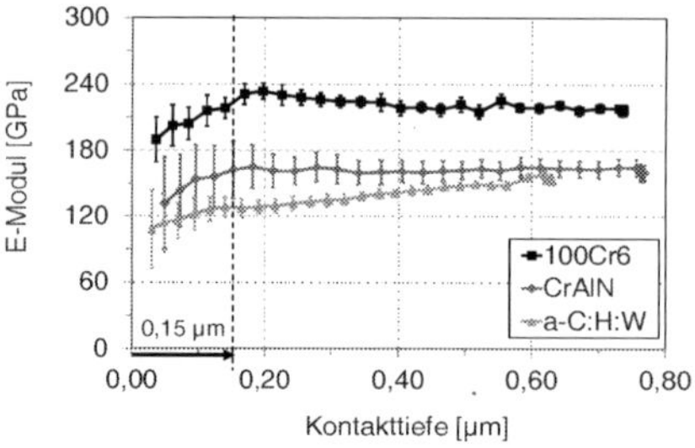

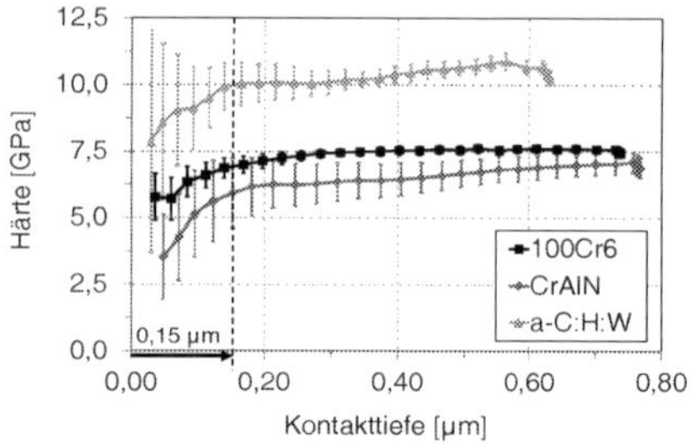

Bild 10.2: Tiefenabhängiger E-Modul (links) und tiefenabhängige Härte (rechts) der Werkstoffproben

E-modulus (left) and hardness (right) of the materials depending on the depth

[1] erster Oberflächenscan

[2] Reibkoeffizient

[3] Eindringtiefe unter Belastung

[4] verbleibende Eindringtiefe

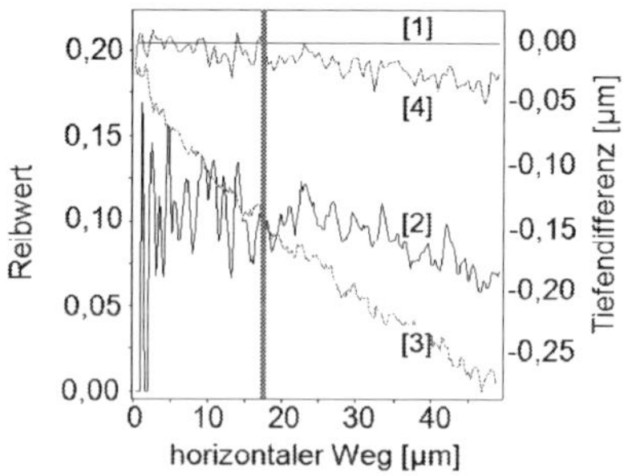

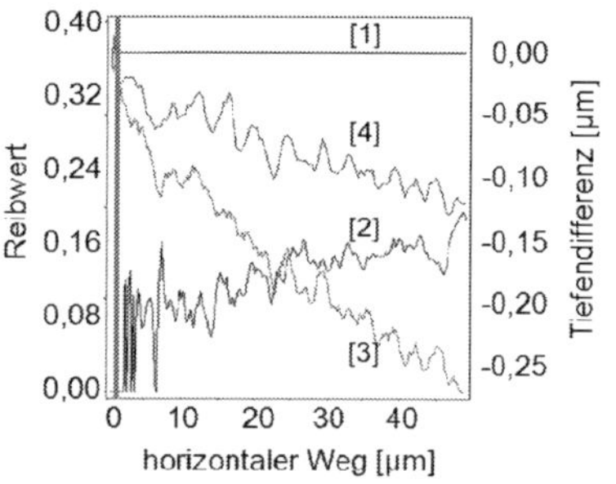

Bild 10.3: Scratchtest-Verläufe der Materialproben mit a-C:H:W_{DC}-(links) und CrAlN-(rechts) Beschichtung

Scratch test characteristics of the coated specimen of a-C:H:W_{DC} (left) and CrAlN (right)

A4 Übersicht der Versuche zur Direktschmierung

Test program for direct lubrication

Tabelle 10.5: Versuchsprogramm zur Direktschmierung

Test program of direct lubrication

Bild-Nr.	Lauf	D [min^{-1}]	F_{rad} [N]	t_h [h]	q [µl/min]	p_{Ein} [bar]	t_0 [ms]	f [Hz]
7.4 li					0,75 – 2,45			
7.4 re					0,13; 0,25; 0,50			
7.8 re					0,00 – 7,00	2; 3; 5; 7		
7.9 li					0,00 – 7,00	2; 4; 7	30	0,2
7.9 re					0,00 – 1,75	2	0,6; 1,0	0,2; 0,3; 0,5
7.10 li					0,00 – 0,55	2	0,6; 1,2; 7,5	0,2; 0,3; 0,4
7.10 re					0,00 – 1,20	2; 4; 7	0 – 30	0,2
7.11					0,00 – 66,00	0 - 8	0 – 30	0,2
7.13	DL	6000		2	0,00 – 4,00			
7.14	SL	0 – 24000		2	0,25 – 0,40			
7.15	SL	0 – 12000	3500	2	0,00 – 4,00			
7.17 li					0,13 – 2,00	3; 7	60 – 3250	0,2
7.17 re					0,13 – 2,00	3; 7	60 – 3250	0,2
7.18	SL	0 – 24000		2	0,13 – 2,00	3; 7	60 – 3250	0,2
7.19 li	SL	0 – 24000		2	0,13 – 2,00	3; 7	60 – 3250	0,2
7.19 re	SL	0 – 24000		2	1,00 – 4,00			

A5 Komponentenübersicht des druckbehafteten Direktschmiersystems

Overview of the components of the pressurized direct lubrication system

In Tabelle 10.6 sind die beiden Systemkonfigurationen für das druckbehaftete Direktschmiersystem gegenübergestellt.

Tabelle 10.6: Komponentenübersicht des druckbehafteten Direktschmiersystems (Konfiguration 1 und 2)

Overview of the components of the pressurized direct lubrication system (configuration 1 and 2)

	Systemkonfiguration	**1) Labortest**			**2) Maschineneinsatz**		
Nr.	**Komponente**	**l [m]**	**Ø [m]**	**$R_{fl,i}$ [kg/(m⁴·s)]**	**l [m]**	**Ø [m]**	**$R_{fl,i}$ [kg/(m⁴·s)]**
1	Manometer						
2	Reservoir	0,080	0,0500	$9{,}575 \cdot 10^{3}$	0,080	0,0550	$9{,}575 \cdot 10^{3}$
2.1	Adapter G1/4"	0,010	0,0120	$5{,}282 \cdot 10^{5}$	0,010	0,0120	$5{,}282 \cdot 10^{5}$
4	Schnellentlüftungsventil	0,020	0,0120	$1{,}056 \cdot 10^{6}$	0,020	0,0120	$1{,}056 \cdot 10^{6}$
4.1	Adapter	0,002	0,0060	$1{,}690 \cdot 10^{6}$	0,002	0,0060	$1{,}690 \cdot 10^{6}$
4.2	Zufuhrkapillare	0,250	0,0005	$4{,}381 \cdot 10^{12}$	0,250	0,0005	$8{,}762 \cdot 10^{11}$
4.3	Adapter	0,002	0,0060	$1{,}690 \cdot 10^{6}$	0,002	0,0060	$1{,}690 \cdot 10^{6}$
5	Filter	0,005	0,0001	$5{,}476 \cdot 10^{13}$	0,005	0,0001	$5{,}476 \cdot 10^{13}$
5.1	Adapter	0,002	0,0060	$1{,}690 \cdot 10^{6}$	0,002	0,0060	$1{,}690 \cdot 10^{6}$
5.2	Kapillare	0,250	0,0005	$4{,}381 \cdot 10^{12}$	0,020	0,0005	$3.505 \cdot 10^{11}$
5.3	Adapter	0,002	0,0150	$4{,}327 \cdot 10^{4}$	0,002	0,0150	$4{,}327 \cdot 10^{4}$
6	Durchflusssensor	0,003	$1{,}5 \cdot 10^{-4}$	$2{,}163 \cdot 10^{12}$	0,003	$1{,}5 \cdot 10^{-4}$	$2{,}163 \cdot 10^{12}$
6.1	Adapter	0,002	0,0060	$1{,}690 \cdot 10^{6}$	0,002	0,0060	$1{,}690 \cdot 10^{6}$
6.2	Kapillare	0,100	0,0005	$1{,}752 \cdot 10^{12}$	0,020	0,0005	$3{,}505 \cdot 10^{11}$
6.3	Adapter	0,002	0,0060	$1{,}690 \cdot 10^{6}$	0,002	0,0060	$1{,}690 \cdot 10^{6}$
7	Verteiler	0,001	0,0015	$2{,}163 \cdot 10^{8}$	0,001	0,0015	$2{,}163 \cdot 10^{8}$
7.1	Adapter	0,002	0,0060	$1{,}690 \cdot 10^{6}$	0,002	0,0060	$1{,}690 \cdot 10^{6}$
7.2	Kapillare	0,250	0,0002	$1{,}711 \cdot 10^{14}$			
7.3	Sensoradapter	0,002	0,0175	$2{,}335 \cdot 10^{4}$			
8	Drucksensor	0,008	0,0100	$8{,}214 \cdot 10^{5}$	0,008	0,0100	$8{,}214 \cdot 10^{5}$
8.1	Adapter	0,002	0,0060	$1{,}690 \cdot 10^{6}$	0,002	0,0060	$1{,}690 \cdot 10^{6}$
8.2	Kapillare zum Ventil	0,250	0,0001	$2{,}738 \cdot 10^{15}$	0,020	0,0002	$5{,}607 \cdot 10^{12}$
8.3	Adapter	0,002	0,0060	$1{,}690 \cdot 10^{6}$	0,002	0,0060	$1{,}690 \cdot 10^{6}$
9	Mikroventil	0,020	0,0002	$4{,}327 \cdot 10^{13}$	0,020	0,0002	$4{,}327 \cdot 10^{13}$
9.1	Adapter	0,002	0,0060	$1{,}690 \cdot 10^{6}$	0,002	0,0060	$1{,}690 \cdot 10^{6}$
9.2	Kapillare zum Lager	0,250	0,0001	$2{,}738 \cdot 10^{15}$	0,200	0,0002	$5{,}607 \cdot 10^{13}$
10	Lageradapter	0,002	0,0085	$4{,}196 \cdot 10^{5}$	0,002	0,0085	$4{,}196 \cdot 10^{5}$
	Gesamt			$5{,}762 \cdot 10^{15}$			$1{,}678 \cdot 10^{14}$

A6 Aufbau der direktgeschmierten Maschinenspindel

Design of the direct lubricated spindle system

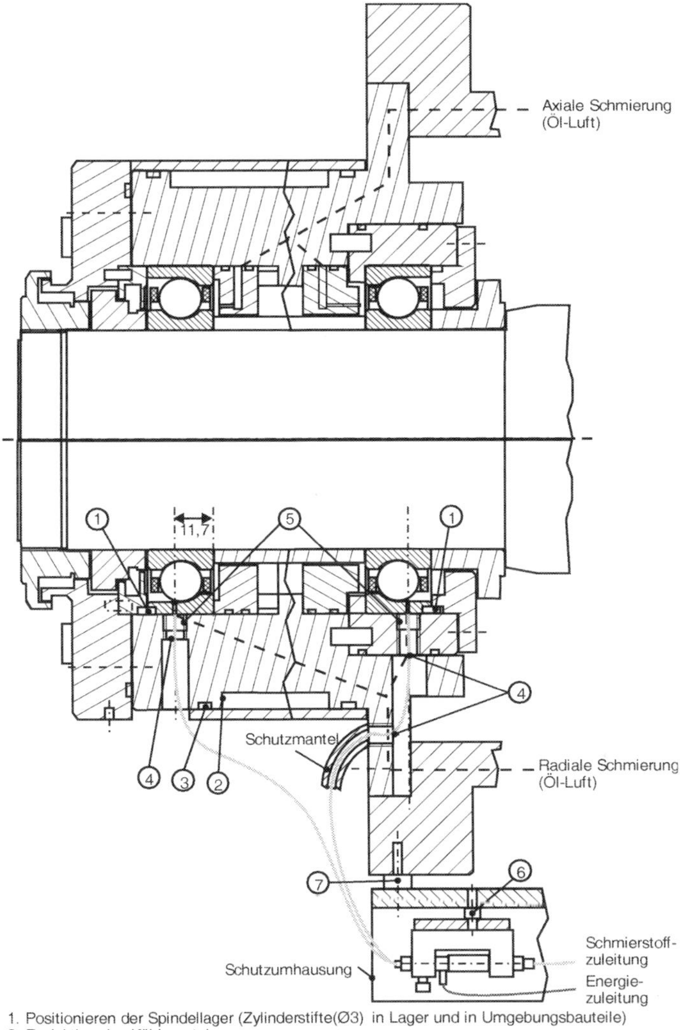

1. Positionieren der Spindellager (Zylinderstifte(Ø3) in Lager und in Umgebungsbauteile)
2. Reduktion des Kühlmantels
3. Änderung der vorderen O-Ring-Position
4. Einbringen von Gewinden (1/4"-28 UNF) und Bohrungen (Ø8,5) für die Schmierungsadapter
5. Einschrauben von Adaptern F356.
6. Anbindung Ventilhalter an Dämpfungselement (M2,5)
7. Anbindung des Dämpfungselements an den Flansch

Bild 10.4: Aufbau der Werkzeugmaschinenspindel bei axialer (oben) und radialer Öl-Luft- und Direktschmierung (unten)

Design of the machine tool spindle with axial (above) and radial oil air lubrication and direct lubrication (below)

Persönliche Angaben	Name, Vorname:	Gerlach, Jan Gero
	Geburtsdatum, -ort:	16.02.1978, Hamm (Westfalen)
	Staatsangehörigkeit:	deutsch
	Familienstand:	ledig
Schulbildung	1986 – 1990	Grundschule, Breinig
	1990 – 1997	Goethe-Gymnasium, Stolberg (Rhld.), Zeugnis der allgemeinen Hochschulreife (06.1997)
Studium	10.1998 – 09.2001	Vordiplom Maschinenbau an der RWTH Aachen, Abschluss im September 2001
	10.2001 – 12.2005	Diplom Maschinenbau an der RWTH Aachen, Vertiefungsrichtung Fertigungstechnik, Abschluss im Dezember 2005
	10.2003 – 08.2004	Auslandsstudium an der Universidad Politécnica de Valencia, Spanien
Praktika	1997 - 2001	26 Wochen Tätigkeit bei verschiedenen Unternehmen des Maschinenbaus als Praktikant: DVS–Lehrgang für Dünnblechschweißen, W. Hoven Maschinenfabrik GmbH & Co., Albert Hoffmann GmbH, FEV Motorentechnik GmbH
Wissenschaftlicher Werdegang	05.2001 – 04.2003	Studentische Hilfskraft bei der FEV Motorentechnik GmbH, Abteilung Motorenentwicklung (Ventiltrieb)
	11.2004 – 01.2006	Studentische Hilfskraft am Fraunhofer-Institut für Produktionstechnologie IPT, Abteilung Produktionsmaschinen, Gruppe Leichtbau und Faserverbundtechnik
	02.2006 – 01.2012	Wissenschaftlicher Mitarbeiter am Lehrstuhl für Werkzeugmaschinen am Werkzeugmaschinenlabor (WZL) der RWTH Aachen, Abteilung Maschinentechnik, Gruppe Auslegung und Untersuchung von Maschinenkomponenten
Beruflicher Werdegang	seit 06.2012	Projekt Manager bei Aker Solutions, Abteilung Technology and Innovation, Erkelenz
	seit 05.2013	Team Leader Project & Knowledge Management bei Aker Solutions, Abteilung Technology and Innovation, Erkelenz

FSC
www.fsc.org
MIX
Papier | Fördert
gute Waldnutzung
FSC® C083411

Kolibri 360 GmbH
Ferdinand-Jühlke-Straße 7
99095 Erfurt, Deutschland
produktsicherheit@kolibri360.de